PowerShell 4.0 対応

動くサンプルで学べる

Windows PowerShell

コマンド&スクリプティングガイド

五十嵐貴之 著

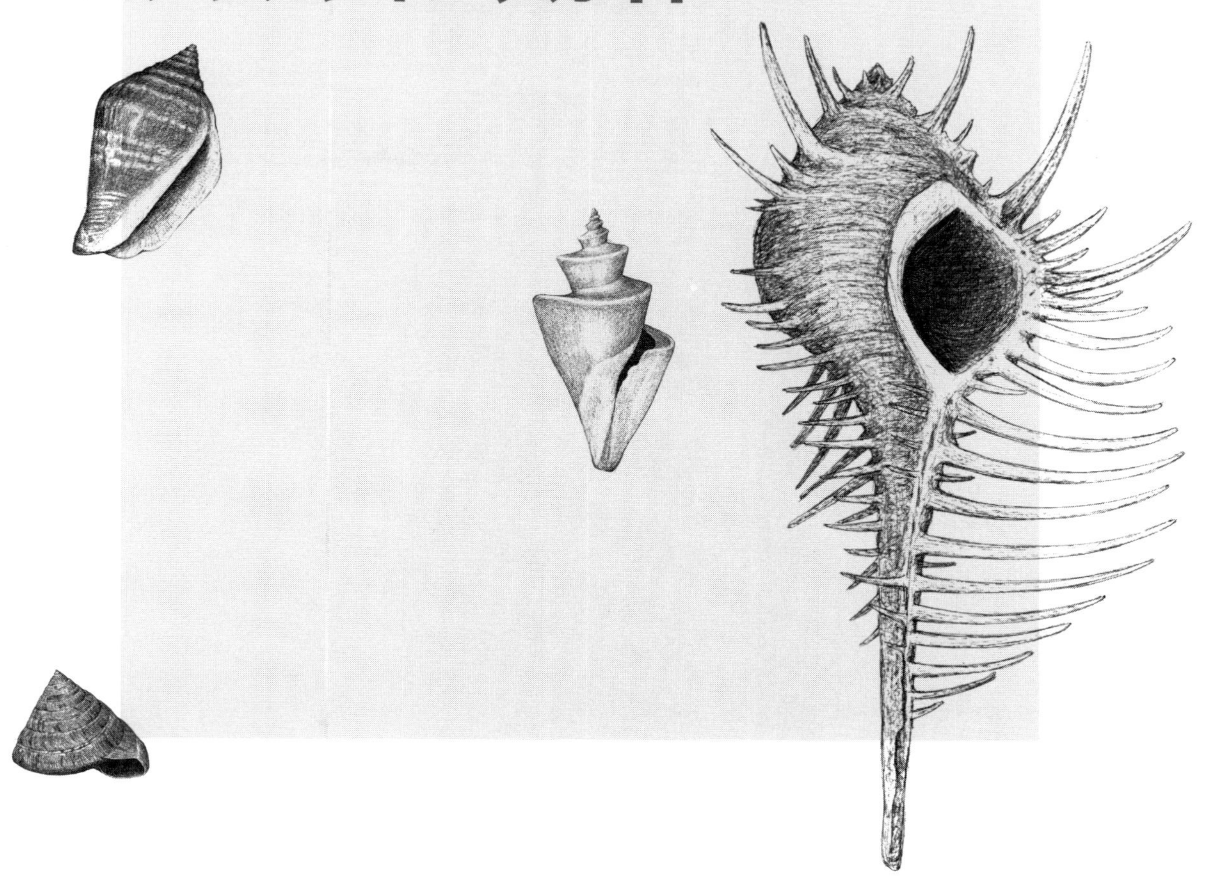

ソシム

● 本書に掲載された各スクリプトで、スクリプトファイル名（***.ps1 など）が記載されているものは以下の URL からダウンロード可能です。

➡ https://www.socym.co.jp/book/974

はじめに

「なぜ、Windows PowerShellが必要なのでしょうか。」

多くの方が感じている疑問だと思います。

実際、本書執筆時点で最新のOS環境であるWindows 8.1でも、Windows PowerShellより以前のバッチ処理の主流であったWSH（Windows Scripting Host）は正常に動作しますし、さらにMS-DOSの時代から存在したDOSコマンドもコマンドプロンプトで動作可能です。

今後、WSHやDOSコマンドが使えなくなるというのであればまだしも、これらの技術が正常に動作する現状において、なぜWindows PowerShellに乗り換える必要があるのでしょうか。

それは、バッチ処理の可能性を広げるためです。

Windows PowerShellは、Windows OSに搭載されている.NET Frameworkの機能を引き出して使用することができる、唯一のコマンド型シェルです。DOSコマンドやWSHでは、それができません。WSHに不自由を感じていなくとも、他の技術を知らなければ「WSHは不自由だった」ということに気付く事さえできません。

ジェラルド・M・ワインバーグ著「プログラミングの心理学」の「天才仕立て屋レビン」の話にもあるとおり、プログラマーの多くは往々にして、自分が不自由だということにさえ気付いていないのです（「天才仕立て屋レビン」の話しについては、ジェラルド・M・ワインバーグ 著「プログラミングの心理学」の第4部「プログラミングの道具」第11章「プログラミング言語」をご覧ください）。

本書は、Windows PowerShellのサンプル書籍です。

本書で掲載しているサンプルは、実際の業務を想定して開発していますので、多くのサンプルはすぐにでも業務で実践的に導入することができるでしょう。

また、WSHやコマンドプロンプトからの乗り換えを意識して著しましたので、現在これらの技術によってバッチ処理を作成している企業のシステム管理者に特にお勧めします。

本書の構成は、次のとおりです。

第1章は、「Windows PowerShellとは何か」という最も基礎的な部分から説明します。

Windows PowerShellが動作するために必要なシステム要件や、本書を読み進める上で必要な用語解説などが中心です。また、WSHやコマンドプロンプトからの乗り換えによる利点についても詳細まで述べています。

第2章は、Windows PowerShellの「コマンドレット」と「スクリプト」について、機能別に説明します。

詳しくは後述しますが、コマンドレットとは、PowerShellが標準で提供する組み込みコマンドのことを言います。スクリプトとは、変数や制御構文を使用して処理を実行するプログラムのことを言います。

ここでは、コマンドレットとスクリプトを使用して、ファイルシステムを管理する方法や外部ファイルを操作する方法などを説明します。

第3章は、Windows PowerShellスクリプトによる実際の業務を想定したサンプルプログラムを、多数掲載しています。データベースから取得したデータをExcelシートに出力したり、パソコンごとにインストールされているアプリケーションの一覧を取得する方法など、どれも即業務に適用できるものばかりです。

Windows 7の発売以降、最新のOSには必ず標準搭載されるようになったWindows PowerShellは、それが持つ強力な仕様によって、今後のWindows OSにおけるバッチ処理の主流となっていくのは間違いありません。

もし、あなたがWindows PowerShellについて、まだ詳細を理解していないのであれば、Windows PowerShellを学ぶタイミングは、本書に興味を持たれてこのまえがきを読んでいる今なのです。

本書が、Windows PowerShellによってあなたの業務効率を改善するためのきっかけになることができれば、これに越した喜びはありません。

五十嵐　貴之

とにかく早く
PowerShellを試したい人へ

本書は、業務でWindows PowerShellを使用する場合に役立つサンプルを多く掲載することに重点を置いて著しています。

本書を手に取られた方には、すぐにでも掲載されているサンプルを業務に取り入れ、活用したいという方もいらっしゃるかも知れません。

実際、スクリプト言語の持つ魅力の1つは、その手軽さです。テキストエディタでVBScriptを作成し、ファイルのバックアップやメールの自動送信などを行った経験がある方は、Windows PowerShellでも同様に、手っ取り早くスクリプトを作成して実行し、既知の技術との違いを比較したいことでしょう。

しかし、Windows PowerShellスクリプトの場合、使用する前にお膳立てが必要となります。Windows PowerShellスクリプトは、Windows PowerShellの初期設定の状態では使用することができないのです。

この初期設定を変更する方法については、第3章の「スクリプトの実行ポリシーと署名について」をご覧ください。

それだけではなく、Windows PowerShellスクリプトの拡張子である「ps1」ファイルをダブルクリックしても、Windows PowerShellスクリプトは実行されません。Windows OSに標準搭載されているメモ帳が起動し、スクリプトの内容がそこに表示されるだけです。Windows PowerShellスクリプトをダブルクリックで実行したい場合は、拡張子の関連付けを変更する必要があります。

スクリプト言語の魅力と言えば、前述のとおり、その手軽さです。

しかし、初期状態では実行できないスクリプトとなると、それだけで手軽さといった意味では敷居が上がってしまいます。Windows PowerShellスクリプトをユーザーに配布する場合にしても、そのユーザー環境でWindows PowerShellの設定がスクリプトの実行を許可するように変更されていなければならないのです。

なぜ、このようなスクリプト言語の長所を排除する必要があったのでしょうか。

その理由は、Windows PowerShellがよりセキュアなスクリプト言語を目指したことにあります。

Windows PowerShell以前のスクリプト技術と言えば、WSHが挙げられます。WSHの場合、コンピューターの設定を変更することになしに、作成したスクリプトファイルをダブルクリックで簡単に実行することができ、また配布したスクリプトも配布先でダブルクリックすることで実行することができました。

しかし、その手軽さゆえ、WSHの技術はウィルスの作成にも利用されていました。WSHの強力かつ手軽な言語的魅力は、手軽にウィルスを開発するためにも利用されてきたのです。

それを危惧したWindows PowerShellの開発チームは、Windows PowerShellのスクリプトを初期設定では実行できないようにすることで、入手したPowerShellスクリプトファイルの実行をユーザーが意図的でない限り、実行できないようにしたのです。

目 次

第2章 PowerShell プログラミングの基礎 81

第4章 実践的なサンプルスクリプト 315

付録 357

第1章

Windows PowerShellの概要

本章では、Windows PowerShellを学ぶ上で、最初に身に付けておきたい基本的な知識を説明します。用語解説はもちろん、Windows PowerShellを他の技術と比較した場合にどこが優れているかを中心に説明します。特に、旧来のコマンドプロンプトやWSH（Windows Scripting Host）と比較した場合、Windows PowerShellに乗り換える利点は何か、といったことを中心に説明します。

詳細は後述しますが、Windows PowerShellの特長を挙げるとすれば、以下の点が最も重要だと著者は考えます。

①.NET Frameworkが提供する膨大かつ強力なライブラリを自在に利用することが可能
② コマンドの実行結果がテキスト形式ではなくオブジェクト形式である
③ コマンドの命名規則に統一性がある

まず、①について。Windows PowerShellは、.NET Frameworkのライブラリを自在に利用することができる、唯一のWindows標準のコマンドラインシェルです。.NET Frameworkで動作するプログラムを開発した経験があれば、.NET Frameworkのライブラリを利用できるコマンドラインシェルの価値は、瞬時に理解できることでしょう。.NET Frameworkで動作するプログラムの開発経験がない場合でも、Windows PowerShellと旧来の技術を比較することで、その技術革新の恩恵が.NET Frameworkによるものであることを理解し、Windows PowerShellの特長として意識することができるでしょう。

次に、②について。これは例を用いて説明しないと、なかなか理解し難いかと思います。

しかし、この辺りは本章をお読みいただければ、きっと理解していただけることでしょう。MicrosoftがWindows PowerShellを「次世代シェル」と呼ぶ所以は、ここにあります。

③について。これまで、Windowsにおけるコマンドシェルと言えばコマンドプロンプトでした。コマンドプロンプトでは、コマンドの命名規則に統一性がなかったため、自分の知識にないコマンドは想定し難いものがありました。しかし、Windows PowerShellはコマンドの命名規則に統一性があるため、自分の知識にないコマンドであっても行いたい処理の内容からコマンドを想定しやすいものになっています。そのため、某大な数のコマンドを記憶する必要がなくなったのです。

さて、Windows PowerShellの特長を簡単に述べましたが、本文ではさらに詳しく述べます。

「なぜ、Windows PowerShellが必要なのでしょうか。」

「はじめに」の書き出しでも問いましたが、本章ではこの問いに答えたいと思います。

1-1 Windows PowerShell とは

Windows PowerShellを一文で説明すると、以下のような答えが適当でしょう。

「Windows PowerShellは、Windows OS用の新しいコマンドラインシェルであり、システム管理に役立つように設計されたスクリプト言語です。」

Windows PowerShell（以降、本書ではPowerShellと表記します）の「シェル（Shell）」は「貝殻」の意味で、Windows OSとそのユーザーの間で命令（コマンド）と結果のやり取りを行うための仕組みのことを言います。ちょうど、Windows OSを貝殻のようにシェルが覆っている姿を想像するとよいでしょう。そのシェルを通して、ユーザーはWindowsと様々なやり取りを行うのです。

例えば、Windows エクスプローラーもシェルです。

こちらはGUI（Graphical User Interface：グラフィカル ユーザー インターフェイス）を搭載したシェルで、Windows ユーザーがマウスを操作することで、Windows OSに対してコマンドを実行します。

これに対し、PowerShellやコマンドプロンプトのように、基本操作を文字列入力（コマンドライン）で行うものをCUI（Character User Interface：キャラクター ユーザー インターフェイス）と言います。

また、「スクリプト（Script）」は「台本」の意味で、コンピューターの動作を台本のように記述する簡易的なプログラミング言語のことをいいます。一般的には、小さくて単純なプログラムのことを指す場合が多いようです。

PowerShellのスクリプトは、複数もしくは単一のPowerShellコマンドを実行する手順を記述したテキストファイルのこと、もしくはその内容のことを指します。

1-1-1 PowerShellの特長

PowerShellを効率よく学ぶには、PowerShellの特長を理解することが大切です。14ページでも述べましたが、著者が考えるPowerShellの最も重要な特長は、以下の3点です。

①.NET Frameworkが提供する膨大かつ強力なライブラリを自在に利用することが可能
②コマンドの実行結果がテキスト形式ではなくオブジェクト形式である
③コマンドの命名規則に統一性がある

それでは、この3点について、それぞれを1つずつ詳しくみていくことにしましょう。

.NET Frameworkが提供する膨大かつ強力なライブラリを自在に利用することが可能

.NET Frameworkとは、Microsoft社が提供するアプリケーションやWebサービスの構築や導入および実行のためのプラットフォームです。ライブラリ（Library）とは、汎用性の高いプログラムを再利用可能な形にしたものを言います。

ところで、.NET Frameworkのライブラリを利用できる利点とは、具体的にはどういうことでしょうか。

例えば、PowerShellではスクリプト上でWindowsフォームを作成し、そのフォーム上にTextBoxオブジェクトやLabelオブジェクト、CommandButtonオブジェクトなどを生成することができるため、市販ソフトウェアのようなしっかりとしたGUIを持つシステムも、PowerShellだけで作成することができます。また、メールを送信したり、RSSを取得したり、データベースに接続することも、.NET Frameworkライブラリを呼び出すことで、PowerShellなら簡単に実装することができます。同様の処理をWSHで実装するとしたら、COM（Component Object Model）の呼び出しが必要となりますが、COMの呼び出しはPowerShellでも可能です。

つまり、PowerShellとWSHを比較した場合、.NET Frameworkの呼び出しができるかどうかの違いによって、PowerShellは「やれること」と「手法の選択肢の幅」がWSHよりも大きく増えたことになります。

.NET Frameworkが登場したのは今から既に10年以上前の2002年ですが、それ以降バージョンをアップを着実に重ね続けており、今もその機能を強化し続けています。

.NET Framework年表

バージョン	リリース日
.NET Framework 1.0	2002年1月5日
.NET Framework 2.0	2005年11月7日
.NET Framework 3.0	2006年11月6日
.NET Framework 3.5	2007年11月19日
.NET Framework 4.0	2010年4月13日
.NET Framework 4.5	2012年8月15日

.NET Framework同様、PowerShellも着実にバージョンアップを重ね続けています。本書執筆時点(2014年12月)におけるPowerShellの最新バージョンは、4.0ですが、後方互換性を保ったままバージョンアップが行われているため、以前のバージョンで動作したスクリプトは新しいバージョンでも動作が保証されています。

PowerShell年表

年月	内容	主な変更点
2006年11月	Windows PowerShell 1.0　リリース	
2009年10月	Windows PowerShell 2.0　リリース	リモートコンピューターでの実行が可能になった。バックグラウンドジョブ機能の追加。PowerShell ISEの追加など。
2012年9月	Windows PowerShell 3.0　リリース	DLR (Dynamic Language Runtime)に対応など。
2013年10月	Windows PowerShell 4.0　リリース	DSC (Desired State Configuration)に対応など。

PowerShellは、最近のWindows OSには初期状態でインストールされています。初期状態でインストールされているPowerShellのバージョンを任意でアップさせることも可能ですが、Windowsのバージョンによってはインストールできないバージョンも存在します。

Windowsのバージョンと PowerShellのバージョンの比較は、次表をご覧ください。

Windowsのバージョンと PowerShellのバージョン

Windows バージョン	初期状態のインストールバージョン		インストール可能な PowerShell のバージョン
	.NET Framework	PowerShell	
Windows Vista SP2	.NET Framework 3.0	―	PowerShell 1.0、2.0
Windows 7 SP1	.NET Framework 3.5 SP1	PowerShell 2.0	PowerShell 3.0、4.0
Windows 8	.NET Framework 4.5	PowerShell 3.0	―
Windows 8.1	.NET Framework 4.5	PowerShell 4.0	―
Windows Server 2003 SP2	―	―	PowerShell 1.0、2.0
Windows Server 2003 R2 SP2	.NET Framework 2.0	―	PowerShell 1.0、2.0
Windows Server 2008 SP2	.NET Framework 2.0	PowerShell 1.0　※1	PowerShell 2.0、3.0
Windows Server 2008 R2 SP1	.NET Framework 2.0	PowerShell 2.0　※2	PowerShell 3.0、4.0
Windows Server 2012	.NET Framework 4.5	PowerShell 3.0　※3	PowerShell 4.0
Windows Server 2012 R2	.NET Framework 4.5	PowerShell 4.0　※3	―

※1 初期状態では有効化されていませんが、サーバーマネージャーの「役割と機能」によって有効化することで利用可能になります。
※2 PowerShellのGUIを利用するには、サーバーマネージャーの「役割と機能」によって「.NET Framework 3.5.1」と「Windows PowerShell Integrated Scripting Environment (ISE)」を有効にする必要があります。
※3 PowerShell 2.0エンジンを動作させるには、コントロールパネルの「プログラムと機能」もしくはサーバーマネージャーの「役割機能」によって「.NET Framework 3.5」および「Windows PowerShell 2.0 エンジン」を有効にする必要があります。

PowerShellは.NET Frameworkのライブラリを利用しますので、動作環境には.NET Frameworkが必要です。

PowerShellの動作に必要な.NET Frameworkのバージョン

PowerShell のバージョン	必要な .NET のバージョン	
	CUI	GUI ※1
PowerShell 1.0	.NET Framework 2.0 以上	―
PowerShell 2.0	.NET Framework 2.0 以上	.NET Framework 3.5 以上
PowerShell 3.0	.NET Framework 4.0 以上	.NET Framework 4.0 以上

※1 PowerShellのGUIとは、開発環境である「PowerShell ISE」やコマンドレットの実行時に表示されるウィンドウを指します。

コマンドの実行結果がテキスト形式ではなくオブジェクト形式である

PowerShellは、実行結果をテキストではなくオブジェクトとして出力します。実行結果をオブジェクトとして出力する利点については、次の例をみてみましょう。

あるフォルダに含まれるファイルやフォルダの件数を、実行結果の出力がテキストであるコマンドプロンプトとWSHで取得した場合と、実行結果の出力がオブジェクトであるPowerShellの場合を比較してみます。

まず、コマンドプロンプトの例をみてみましょう。

コマンド

```
> dir C:¥TEST
ドライブ C のボリューム ラベルがありません。
ボリューム シリアル番号は 9E87-32F3 です

C:¥TEST のディレクトリ

2013/08/25  11:35    <DIR>          .
2013/08/25  11:35    <DIR>          ..
2013/08/20  20:52           582,547 Sharaku1102.lzh
2013/08/20  20:40         6,969,809 SmillaEnlarger-0.9.0.zip
2013/08/21  21:42            33,280 todo (1).xls
2013/08/20  19:30            33,280 todo.xls
2013/08/25  09:25            97,797 vb2008_new01.pdf
2013/08/25  09:27           240,363 vb2008_vb601.pdf
2013/08/25  09:27           101,728 vb2008_vb602.pdf
               7 個のファイル           8,058,804 バイト
               2 個のディレクトリ  63,439,749,120 バイトの空き領域
```

コマンドプロンプトの場合、実行結果はテキスト形式で出力されます。そのため、バッチファイルで指定フォルダのファイル数のみを取得したい場合、dirコマンドの実行結果の文字列からファイル数に関する部分だけを抜き取らなくてはなりません。

これを実現すると、次のようになります。

バッチファイル

```
01: @echo off
02: cd C:¥TEST
03: for /F %%a in ('dir ^| find "個のファイル"') do set files=%%a
04: echo %files%
05: pause
```

バッチファイル解説

01:	画面表示を行わないようにします
02:	カレントディレクトリをCドライブのTESTフォルダに移動します
03:	テキストで出力されたdirコマンドの実行結果を読み込み、ファイル件数に該当する部分の文字列だけを取得します
04:	取得した文字列を画面に表示します
05:	バッチファイルを一時停止します

実行結果

```
7
続行するには何かキーを押してください . . .
```

出力結果がテキストのコマンドプロンプトの場合、このような回りくどい方法にせざるを得ません。ファイルの件数を取得するコマンドがないためとも言えますが、テキストの実行結果を解析するプログラムにバグがあった場合、プログラムの意図せぬ挙動が業務に問題を及ぼすかもしれません。

次に、COMの呼び出しが可能なWSH（VBScript）で、同じようにファイル件数を取得するスクリプトを作成してみましょう。

COMとは、Microsoftが提供する部品化されたプログラムのことで、Windows OSが提供する様々な機能を開発中のアプリケーションに組み込むための機能です。

スクリプト　➡1-1-1_01.vbs

```
01: Option Explicit
02: 
03: 'ファイルの件数を取得したいフォルダのパス
```

04:	Const FOLDER_PATH = "C:¥TEST¥"
05:	
06:	'FileSystemObjectのインスタンスを生成
07:	Dim fso
08:	Set fso = CreateObject("Scripting.FileSystemObject")
09:	
10:	'ファイルの件数を取得したいフォルダのインスタンスを生成
11:	Dim folderObj
12:	Set folderObj = fso.GetFolder(FOLDER_PATH)
13:	
14:	'カウントしたファイルの件数をメッセージボックスで表示
15:	Call MsgBox(CStr(folderObj.Files.Count))
16:	
17:	'生成したインスタンスを解放
18:	Set folderObj = Nothing
19:	Set fso = Nothing

スクリプト解説

01:	変数の宣言を強制します
02:	
03:	(コメント行です)
04:	定数「FOLDER_PATH」を宣言します
05:	
06:	(コメント行です)
07:	変数「fso」を宣言します
08:	変数「fso」にScripting.FileSystemObjectのインスタンスをセットします
09:	
10:	(コメント行です)
11:	変数「folderObj」を宣言します
12:	変数「folderObj」に定数「FOLDER_PATH」に指定されているフォルダオブジェクトのインスタンスをセットします
13:	
14:	(コメント行です)
15:	フォルダオブジェクトのCountプロパティを参照し、ファイル件数をメッセージボックスで表示します
16:	

17:	(コメント行です)
18:	フォルダオブジェクトのインスタンスを解放します
19:	Scripting.FileSystemObjectのインスタンスを解放します

これを実行すると、次のような結果が返ります。

テキストの実行結果を解析するコマンドプロンプトの場合と比較すると、フォルダのオブジェクトから件数に該当するプロパティを参照するWSHの方がスムーズな方法です。しかし、たかだかファイルの件数を取得するだけに、これだけの行数のスクリプトを書かなくてはなりません。

それでは、今度はPowerShellの場合をみてみましょう。PowerShellの起動方法やコマンドの入力方法については後述します(P.50〜)。

ファイルの件数を取得する前に、試しにまずはファイルの一覧を取得してみましょう。PowerShellでは、コマンドプロンプトで使用していたいくつかのコマンドを、そのまま使用することができます。

```
> dir C:¥TEST
```

```
Mode                LastWriteTime     Length Name
----                -------------     ------ ----
-a---        2013/08/20     20:52     582547 Sharaku1102.lzh
-a---        2013/08/20     20:40    6969809 SmillaEnlarger-0.9.0.zip
-a---        2013/08/21     21:42      33280 todo (1).xls
-a---        2013/08/20     19:30      33280 todo.xls
-a---        2013/08/25      9:25      97797 vb2008_new01.pdf
-a---        2013/08/25      9:27     240363 vb2008_vb601.pdf
-a---        2013/08/25      9:27     101728 vb2008_vb602.pdf
```

コマンドプロンプトでdirコマンドを実行した場合の結果と、PowerShellでdirコマンドを実行した場合の結果を比較したら、今度はファイルの件数だけを実行結果として表示させてみましょう。

実行結果がオブジェクトのPowerShellの場合、ファイルの件数を取得するにはテキスト解析は不要です。

コマンド

```
> @(dir C:¥TEST).Count
7
```

dirコマンドの実行結果を、要素が1つだけの配列を返すという意味の"@()"で囲い、後ろに".Count"と書いただけです。コマンドプロンプトやWSHで作成したスクリプトと比較すると、とても簡単に目的を実行できたのを確認できました。

このように、従来の技術と比較した場合、PowerShellなら業務における様々な処理のバッチ化をもっと簡略化することができるのです。

実行結果がオブジェクトであることの利点は、他にもあります。PowerShellには、複数のコマンドを連携するためのパイプラインという機能があります。パイプラインはコマンドプロンプトにもありますが、コマンドプロンプトの場合、パイプラインを通じたデータのやり取りはテキスト形式のデータです。しかしPowerShellの場合、パイプラインを通じてやり取りされるデータはオブジェクト形式のデータです。

そのため、ファイルの件数を取得する場合と同様、コマンドプロンプトではパイプラインを通じてやりとりされるテキストから必要なデータを文字列解析して取得する必要がありますが、PowerShellは必要なデータのオブジェクトのプロパティから取得することができるのです。

●従来のコマンドシェル（コマンドプロンプト）の場合

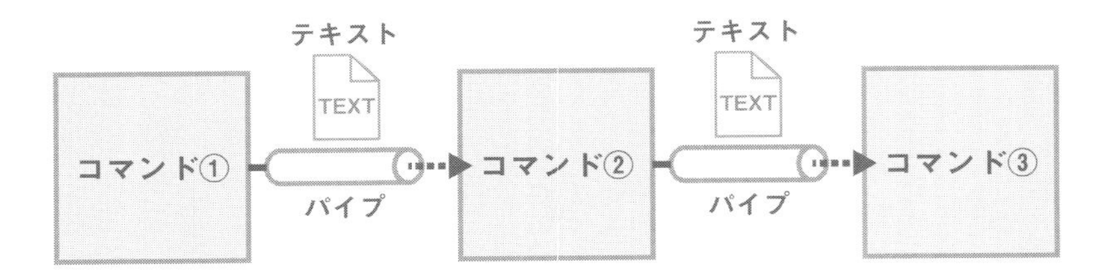

●PowerShell の場合

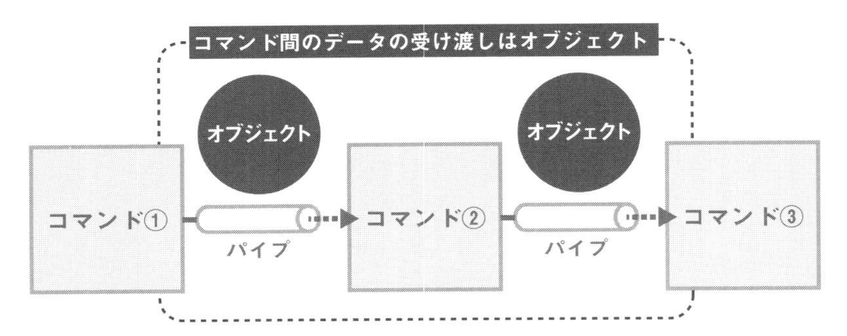

コマンドの命名規則に統一性がある

PowerShellのコマンドは、「動詞-名詞」という表現で統一されています。

動詞にはコマンドレットで何をしたいかを指定し、名詞にはコマンドレットの対象を指定します。コマンドレットの動詞と名詞は、必ず“-”(ハイフン)で区切ります。

動詞の例で言えば、コマンドレットでオブジェクトを取得する場合は「Get」、値や状態を設定する場合は「Set」、新たに作成する場合は「New」、削除する場合は「Remove」を指定します。名詞の例で言えば、「Alias」(エイリアス)、「History」(履歴)などがあります。

これらの動詞と名詞を組み合わせることで、知識にないコマンドであっても直感的にコマンドを推測しやすくなっています。

動詞	名詞	コマンド	コマンドの意味
Get	Item	Get-Item	(ファイルやフォルダなどの)アイテムを取得する
Set		Set-Item	(ファイルやフォルダなどの)アイテムを設定する
New		New-Item	(ファイルやフォルダなどの)アイテムを作成する
Remove		Remove-Item	(ファイルやフォルダなどの)アイテムを削除する
Get	Service	Get-Service	サービスを取得する
Set		Set-Service	サービスを設定する
New		New-Service	サービスを作成する
Get	EventLog	Get-EventLog	イベントログを取得する
New		Set-EventLog	イベントログを作成する
Remove		Remove-EventLog	イベントログを削除する

例えば、現在のシステム日時を取得するには、次のようなコマンドレットを実行します。

```
> Get-Date

2014年6月9日 8:10:50
```

PowerShellコマンドレットは、大文字小文字を区別しません。そのため、「GET-DATE」や「get-date」と入力しても、同様の結果を得ることができます。

日付(Date)を得る(Get)ためのコマンドレットが「Get-Date」とは、非常にわかりやすいと思いませんか?

コマンドプロンプトのコマンドと比較すると、コマンドの想定しやすさが瞭然です。

1-1-2 旧来の技術との比較

さて、先ほどPowerShellの特長を旧来の技術と比較しながら説明してきましたが、ここでもう少し、旧来の技術との比較を見ていきたいと思います。

PowerShellが登場したとはいえ、コマンドプロンプトやWSHといった旧来の技術も、最新のWindows環境でも問題なく動作します。そのため、今まで作成したバッチファイルやWSHスクリプトを破棄して、すべてをPowerShellに置き換える必要はありませんし、旧来の技術で新たなバッチファイルやWSHスクリプトを作成することも可能です。

それではなぜ、PowerShellを開発する必要があったのでしょうか。

旧来の技術からPowerShellに乗り換える必要性を見い出すには、PowerShellと旧来の技術を比較することが重要です。

では、PowerShellと旧来の技術を比較し、PowerShellのどこが優れているのかを説明します。

コマンドプロンプトとの比較

コマンドプロンプトのCUIは、PowerShellのコマンドレットに相当します。ところで、Windows OSはGUIのエクスプローラーによる操作が基本ですが、CUIのコマンドプロンプトが必要となるのはなぜでしょうか。例えば、「C:¥text_file」フォルダに存在するファイルから、ファイル名に“sample”の文字列を含むファイルを「C:¥sample」フォルダにコピーする場合を考えてみます。GUIのエクスプローラーによる操作の場合、「C:¥text_file」フォルダのファイル数が少なければ特に問題はないのですが、当該フォルダのファイル数が多くなるにつれ、ファイル名を1つずつ目視で確認するのは大変です。

しかし、この作業をCUIのコマンドプロンプトで行う場合、以下のコマンドを実行するだけで済みます。

```
> copy C:¥text_file¥*sample*.* C:¥sample
C:¥text_file¥sample01.txt
C:¥text_file¥sample02.txt
C:¥text_file¥sample03.txt
        3 個のファイルをコピーしました。
```

「C:¥test_file」の中に存在するファイル数に関わらず、実行するコマンドはこれだけです。

GUIのエクスプローラーは、操作がわかりやすいのが特長ですが、このような単純作業の繰り返しは、CUIのコマンドプロンプトの方が得意です。

この他にも、コマンドプロンプトにはネットワーク接続状況を確認するためのコマンドや、ディスクの状態を確認して修復するためのコマンドなど、非常に便利なコマンドが存在します。

しかし、コマンドプロンプトにはいくつかの問題点があります。1つは、コマンドプロンプトのコマンドには命名規則が存在しないため、コマンドを覚えづらいという欠点があります。コマンドプロンプトは、Windows OSのバージョンアップと供に進化し、増え続けてきましたが、何百と存在するこれらのコマンドから目的とするコマンドを調べるのは一苦労でした。

その点、PowerShellのコマンドレットには命名規則が存在します。そのため、目的とする操作からコマンドを推測しやすくなっているのは前述のとおりです。

また、コマンドプロンプトには、あらかじめ複数のコマンドをテキストファイルに記述しておくことで、まとまった操作を一度に実行するバッチファイルとしての機能が存在しますが、コマンドプロンプトでは構造化されたプログラムを記述することができません。プログラムの構造化については後述しますが(P.135)、プログラムを構造化すると、人間にとってわかりやすいプログラムを作成することができます。コマンドプロンプトによるバッチファイルは、処理が複雑になるほど、決してわかりやすいものではありませんでした。

このような背景があったため、コマンドプロンプトを超える新たな技術が必要とされたのです。

そのため、PowerShellとコマンドプロンプトは完全互換ではなく、全く違う技術上に成り立っています。ただし、コマンドプロンプトからPowerShellに移行しやすいように、コマンドプロンプトで使用していたいくつかのコマンドは、PowerShellでも使用することができるようになっています。前述のDirコマンドも、それにあたります。これらは、エイリアス(Alias)という機能によって成り立っています。エイリアスについては、後述します(P.35)。

WSH（Windows Scripting Host）との比較

WSHは、Windows Scripting Hostの略で、Windows上で動作するスクリプトの実行環境のことを言います。WSHには、GUIのデスクトップ環境で実行される「wscript.exe」と、CUIのコンソール環境で実行される「cscript.exe」の2種類存在します。

WSHは、COM（Component Object Model）と連携することにより、Microsoft Office製品であるExcelやWordを操作したり、SQL Serverなどのデータベースにアクセスすることが可能です。

また、VB（Visual Basic）というプログラミングの初心者向けに開発されたプログラミング言語を、さらに簡便化したスクリプト言語であるVBScriptによって、構造化されたプログラミングを行うことが可能です。

おそらく、PowerShell登場以前は、業務における様々なバッチ処理はこのWSHによって開発されたものが多いことでしょう。

そのため、本書ではPowerShellとWSHとの比較をより詳しくみてみることにします。

Windowsに標準搭載されているか

WSHは、Windows XP以降のOSには標準で搭載されていますが、PowerShellは、Windows XPには標準では搭載されていません。また、Windowsのバージョンによって搭載されているPowerShellのバージョンが違います（もっとも、本書執筆時点では、既にWindows XPは開発元であるMicrosoft社のサポート対象外OSとなっています。サポート対象外となったOSを使い続けるのは、セキュリティの面において、大変危険です。業務においてWindows XPを使用し続けている企業があれば、早急に他のOSへの移行を検討すべきでしょう）。

PowerShellを実行するには.NET Frameworkが必要となるため、Windows XPとWindows Server 2003にPowerShellをインストールする場合、あらかじめ.NET Frameworkをインストールする必要があります。PowerShellのバージョンによって、必要となる.NET Frameworkのバージョンにも違いがあります。

シェル機能について

WSHは、スクリプトの実行環境であり、コマンドプロンプトのような対話型シェルの機能を保持していません。これに対し、PowerShellは、対話型のコンソールウィンドウを持っており、スクリプトの実行も可能です。

バックグランドでの処理について

WSHには、実行結果をコンソールウィンドウに表示するcscript.exeと、実行結果をコンソールウィンドウに表示しないwscript.exeの2種類存在します。

PowerShellの場合、コンソールウィンドウを表示するpowershell.exeしか存在しないため、コンソールウィンドウを表示しないでスクリプトを実行する方法がありません。

そのため、WSHでPowerShellのコンソールウィンドウを最小化した状態でPowerShellスクリプトを実行するといった工夫が必要となります。

また、PowerShell 1.0では、バックグラウンドでの処理ができないため、1つのコマンドを実行すると、そのコマンドが終了するまで次のコマンドを実行することができませんでしたが、PowerShell 2.0以降、ジョブをバックグラウンドで実行する機能が追加されたため、1つのコマンドをバックグラウンドで実行中に他のコマンドを実行するといったことも可能となりました。

セキュリティについて

WSHの場合、Windowsの設定を変更せずに誰もがスクリプトを作成し、実行することができます。

PowerShellの場合、PowerShellの初期設定の状態では、PowerShellスクリプトを作成することはできるのですが実行することができません。PowerShellスクリプトを実行するためには、PowerShellの設定を変更する必要があります。PowerShellスクリプトの実行を許可する際、署名されていないPowerShellスクリプトは実行できないようにするといったことも可能です。

そのため、見知らぬスクリプトをうっかり実行してしまうといった危険性がないため、PowerShellスクリプトの方がWSHよりもセキュアであると言えますが、反面、実行できる環境が制限されるために配布しづらいという欠点があります。

開発言語について

WSHで使用できるプログラミング言語には、Visual Basic言語が元となったVBScriptとJava言語に似たJScriptの2種類があります。

PowerShellの場合、言語の選択肢はありません。

.NET Frameworkライブラリの呼び出しについて

WSHには.NET Frameworkのクラスライブラリを呼び出すための機能がありませんが、PowerShellには.NET Frameworkのクラスライブラリを呼び出すための機能があります。そのため、COMの呼び出ししかできないWSHと比べ、スクリプトでやれることの幅が広がったと言えます。

ちなみに、クラスライブラリのクラス(Class)とは、データおよびその操作をまとめたオブジェクトの雛形のことを言います。ライブラリ(Library)とは、汎用性の高いプログラムを再利用可能な形でまとめたものを言います。

COM（Component Object Model）の呼び出しについて

COMの呼び出しは、WSHでもPowerShellでも可能です。ただ、WSHではファイル操作やレジストリー操作の場合でもCOMを呼び出す必要がありますが、PowerShellではファイル操作やレジストリー操作のためのコマンドレットが用意されており、COMの呼び出しを意識する必要がありません。

WMIの呼び出しについて

WMI（Windows Management Instrumentation）の呼び出しは、WSHでもPowerShellでも可能です。

ただし、COMの場合と同様、WSHではWMIを呼び出す必要がある処理でも、PowerShellには専用のコマンドレットが用意されている場合があります。

WSHでは、WMIの呼び出しが少々面倒であるため、専用のコマンドが用意されているPowerShellは、それだけスクリプトの行数が少なく済みます。

次ページの例を見てみましょう。例えば、WSHではコンピューターをログオフ／再起動／シャットダウンする場合、以下のようにWMIを呼び出す必要があります。

スクリプト ➡1-1-2_01.vbs

```
01: Option Explicit
02:
03: 'シャットダウン
04: Call ShutdownWin32(1)
05:
06: '再起動
07: 'Call ShutdownWin32(2)
08:
09: Private Sub ShutdownWin32(ByVal intParam)
10:     On Error Resume Next
11:
12:     Dim objSysSet
13:     Set objSysSet = GetObject( _
14: "winmgmts:{impersonationLevel=impersonate,(Shutdown)}" _
15:     ).InstancesOf("Win32_OperatingSystem")
16:
17:     Dim objSys
18:     For Each objSys In objSysSet
19:         objSys.Win32Shutdown intParam
20:     Next
21:
22:     If Not (Err.Number = 0) Then
23:         Err.Clear
24:     End If
25:
26:     On Error GoTo 0
27: End Sub
```

スクリプト解説

01:	変数の宣言を強制します
02:	
03:	(コメント行です)
04:	12行目に定義したShutdownWin32()関数を引数1で実行します
05:	

06:	(コメント行です)
07:	(コメント行です。再起動の場合は4行目をコメントアウトし、この行のコメントを外します)
08:	
09:	ShutdownWin32()関数を定義します
10:	以降の処理でエラーが発生した場合、そのまま処理を続行します
11:	
12:	変数「objSysSet」を定義します
13:	変数「objSysSet」にWMIのインスタンスをセットします
14:	(16行目続き)
15:	(16、17行目続き)
16:	
17:	変数「objSys」を定義します
18:	変数「objSys」のコレクションが存在する間、繰り返し処理を行います
19:	変数「objSys」にセットされたインスタンスより、Win32Shutdown()メソッドを実行します
20:	21行目で定義した繰り返し処理の終了位置です
21:	
22:	エラー番号が0でなければ、下の処理を行います
23:	エラーをクリアします
24:	25行目で定義したIF文の終了位置です
25:	
26:	13行目で定義したエラー処理を解除します
27:	12行目で定義した関数の終了位置です

このように、WMIの機能を呼び出しのは少々手間です。WSHでスクリプトを作成した経験がある方でも、WMIを使用したスクリプトを何も見ずに作成できる方は少ないのではないでしょうか。

これに対し、PowerShellにはWindowsをシャットダウンしたり再起動するためのコマンドレットが用意されているため、以下のようにたったの1行でWindowsをシャットダウンすることができます。

```
> Stop-Computer
```

コンピューターを再起動させる場合は、Restart-Computerコマンドレットを実行します。

```
> Restart-Computer
```

Stop-ComputerコマンドレットおよびRestart-Computerコマンドレットは、PowerShellのバージョンが2.0以降で使用可能です。

バージョン1.0の場合は、WSHと同様、WMIを直接呼び出す必要がありますが、PowerShellからWMIを呼び出す場合でもWSHよりPowerShellの方が簡単です。

PowerShellからWMIを呼び出してコンピューターをシャットダウンさせるには、次のコマンドを実行します。

```
> (Get-WmiObject -Class Win32_OperatingSystem -ComputerName .).Win32Shutdown(1)
```

Win32Shutdown()のパラメータに2を指定すると、Windowsを再起動することができます。

```
> (Get-WmiObject -Class Win32_OperatingSystem -ComputerName .).Win32Shutdown(2)
```

さて、様々な視点からPowerShellとWSHの比較を行いましたが、著者が思う最も大きな違いは、セキュリティに関する仕様の違いでしょうか。

すでに述べましたが、WSHの場合、Windows OSであれば初期状態で実行が可能なため、スクリプトファイルを別のパソコンに配布して実行することが可能でした。しかし、その手軽さの反面、コンピューターウィルスの作成にも使用されてきました。

PowerShellの場合、PowerShellスクリプトの実行を許可するかどうかの判断は、コンピューター毎に設定が必要です。

そのため、配布先のコンピューターでPowerShellの設定を変更しなくてはなりませんが、PowerShellスクリプトの実行を許可していないコンピューターではPowerShellで作成したコンピューターウィルスが実行される心配はありません。

COLUMN

WSH（VBScript）をPowerShellスクリプトに変換する

WSHで作成したスクリプトをPowerShellのスクリプトに変換するための方法は、Microsoft社からは提供されていません。

既存のWSHスクリプトをPowerShellスクリプトに置き換えたいのであれば、新たにPowerShellスクリプトを作成する必要があります。

WSH（VBScript）で作成したスクリプトをPowerShellスクリプトで置き換える場合は、以下のサイトが参考になるでしょう。

●VBScript のスクリプトを Windows PowerShell のスクリプトに変換する方法はありますか
http://gallery.technet.microsoft.com/scriptcenter/3002aff2-d444-4f6f-b0b7-2ca77f95e9ca

ただ、現在の最新のWindows環境であるWindows 8.1でもWSHは問題なく動作しますので、既存のWSHスクリプトを今すぐPowerShellスクリプトに置き換える必要性はありません。

しかし、今後のWindows OSにおけるバッチ処理の主流は、PowerShellに乗り替わっていくことは間違いありません。

現在新たに作成しようとしているスクリプトがあるのでしたら、ぜひともPowerShellで作成することをお勧めします。もっとも、本書の読者であれば、きっとそのようにするでしょう。

1-1-3 エイリアスについて

PowerShellには、エイリアス(Alias)という機能があります。

エイリアスとは、既存のコマンドレットに別名を付ける機能です。例えば、PowerShellとWSHとの比較でも説明しましたが、コマンドプロンプトには、ファイルやフォルダの一覧を表示するためのdirコマンドがあります。

コマンドプロンプトで「C:¥TEMP」フォルダに存在するファイルやフォルダの一覧を取得したい場合は、次のコマンドを実行します。

コマンド

```
> dir C:¥TEMP
ドライブ C のボリューム ラベルがありません。
ボリューム シリアル番号は 468F-1E09 です

C:¥TEMP のディレクトリ

2014/06/16  20:57    <DIR>          .
2014/06/16  20:57    <DIR>          ..
2014/05/18  20:41    <DIR>          BabelProject
2014/05/18  20:39    <DIR>          booksample
2014/05/18  20:38    <DIR>          ikachiProject
2014/05/18  22:20    <DIR>          moshimoDS
2014/06/07  22:52    <DIR>          myBooks
2014/05/18  20:38    <DIR>          myProjects
2014/05/18  21:16    <DIR>          ntcProjects
2014/05/18  20:38    <DIR>          Tools
2014/06/16  20:31             4,680 ライセンス.txt
2014/06/16  20:31             1,170 更新履歴.txt
              2 個のファイル               5,850 バイト
             10 個のディレクトリ  46,229,889,024 バイトの空き領域
```

PowerShellの場合、ファイルやフォルダの一覧を取得するには、Get-ChildItemコマンドレットを実行します。

```
> Get-ChildItem C:¥TEMP


   ディレクトリ: C:¥TEMP
```

```
Mode                LastWriteTime     Length Name
----                -------------     ------ ----
d----        2014/05/18     20:41            BabelProject
d----        2014/05/18     20:39            booksample
d----        2014/05/18     20:38            ikachiProject
d----        2014/05/18     22:20            moshimoDS
d----        2014/06/07     22:52            myBooks
d----        2014/05/18     20:38            myProjects
d----        2014/05/18     21:16            ntcProjects
d----        2014/05/18     20:38            Tools
-a---        2014/06/16     20:31       4680 ライセンス.txt
-a---        2014/06/16     20:31       1170 更新履歴.txt
```

コマンドプロンプトのdirコマンド同様、ファイルとフォルダの一覧をGet-Childコマンドレットによって取得できることを確認できました。

ところで、このGet-ChildItemコマンドレットには、“dir”というエイリアスが定義されています。そのため、Get-ChildItemコマンドレットを、dirコマンドで呼び出すことができるのです。

つまり、PowerShellコンソールウィンドウよりdirコマンドを実行すると、Get-ChildItemコマンドレットを実行した場合と同じ結果を得ることができます。

```
> dir C:¥TEMP


    ディレクトリ: C:¥TEMP


Mode                LastWriteTime     Length Name
----                -------------     ------ ----
d----        2014/05/18     20:41            BabelProject
d----        2014/05/18     20:39            booksample
d----        2014/05/18     20:38            ikachiProject
d----        2014/05/18     22:20            moshimoDS
d----        2014/06/07     22:52            myBooks
d----        2014/05/18     20:38            myProjects
d----        2014/05/18     21:16            ntcProjects
d----        2014/05/18     20:38            Tools
-a---        2014/06/16     20:31       4680 ライセンス.txt
-a---        2014/06/16     20:31       1170 更新履歴.txt
```

このdirコマンドのように、エイリアスには、従来のコマンドプロンプトからの移行のためのものが初期状態でいくつか登録されています。

さらに、UNIXのシェルコマンドもエイリアスとして登録されているものがあります。例えば、上記のGet-ChildItemコマンドレットには「ls」というUNIXコマンドのエイリアスが登録されています。

ただし、スイッチやパラメータに関しては、PowerShell独自のものです。コマンドプロンプトやUNIXシェルとは相違がありますので、注意が必要です。

また、エイリアスには、コマンドレットの略字が登録されているものもあります。例えば、Get-ChildItemコマンドレットには「gci」というエイリアスが登録されていますし、使用可能なPowerShellのコマンドレットの一覧を取得するGet-Commandコマンドレットには、「gcm」というエイリアスが登録されています。

エイリアスの一覧を取得するには

現在登録されているエイリアスを調べるには、Get-Aliasコマンドレットを実行します。

```
> Get-Alias


CommandType     Name                                               ModuleName
-----------     ----                                               ----------
Alias           % -> ForEach-Object
Alias           ? -> Where-Object
Alias           ac -> Add-Content
Alias           asnp -> Add-PSSnapin
Alias           cat -> Get-Content
Alias           cd -> Set-Location
Alias           chdir -> Set-Location
Alias           clc -> Clear-Content
Alias           clear -> Clear-Host
Alias           clhy -> Clear-History
Alias           cli -> Clear-Item
Alias           clp -> Clear-ItemProperty
Alias           cls -> Clear-Host
Alias           clv -> Clear-Variable
Alias           crsn -> Connect-PSSession
```

```
Alias           compare -> Compare-Object
Alias           copy -> Copy-Item
Alias           cp -> Copy-Item
Alias           cpi -> Copy-Item
Alias           cpp -> Copy-ItemProperty
Alias           curl -> Invoke-WebRequest
Alias           cvpa -> Convert-Path
Alias           dbp -> Disable-PSBreakpoint
Alias           del -> Remove-Item
Alias           diff -> Compare-Object
Alias           dir -> Get-ChildItem
Alias           dnsn -> Disconnect-PSSession
Alias           ebp -> Enable-PSBreakpoint
Alias           echo -> Write-Output
Alias           epal -> Export-Alias

...以下、略
```

また、Get-Aliasコマンドレットは、後述するPowerShellプロバイダーにも登録されていますので、PowerShellコンソールウィンドウから「alias」と入力して実行しても、同様の結果を得ることができます。

エイリアスを作成・削除するには

PowerShellには、独自で新たなエイリアスを作成したり、既存のエイリアスを変更・削除するための機能があります。

新たなエイリアスを作成するには、New-Aliasコマンドレットを使用します。また、既存のエイリアスを変更・追加するには、Set-Aliasコマンドレットを使用し、エイリアスを削除するには、Remove-Itemコマンドレットを使用します。

では、実際に独自のエイリアスを作成してみましょう。まず、Get-ChildItemコマンドレットに「test」というエイリアスを付けてみます。実行するコマンドは、次のようになります。

コマンド

```
> New-Alias test Get-ChildItem
```

エイリアスが作成されたかどうかを確認するために、Get-Aliasコマンドレットを実行してみましょう。

Get-Aliasコマンドレットを実行した結果、次のような結果を得ることができます。

コマンド

```
> Get-Alias

CommandType     Name                                               ModuleName
-----------     ----                                               ----------

...略

Alias           spsv -> Stop-Service
Alias           start -> Start-Process
Alias           sujb -> Suspend-Job
Alias           sv -> Set-Variable
Alias           swmi -> Set-WmiInstance
Alias           tee -> Tee-Object
Alias           test -> Get-ChildItem  ←「test」エイリアスが追加されています
Alias           trcm -> Trace-Command
Alias           type -> Get-Content
Alias           wget -> Invoke-WebRequest
Alias           where -> Where-Object
Alias           wjb -> Wait-Job
Alias           write -> Write-Output
```

実行結果より、「test」というエイリアスが作成されていることを確認することができるかと思います。

では、この「test」エイリアスを実行し、Get-ChildItemコマンドレットと同様の処理が実行されるかどうかを確認してみましょう。

Get-ChildItemコマンドレットと「test」エイリアスの実行結果が、同じであることを確認してみてください。

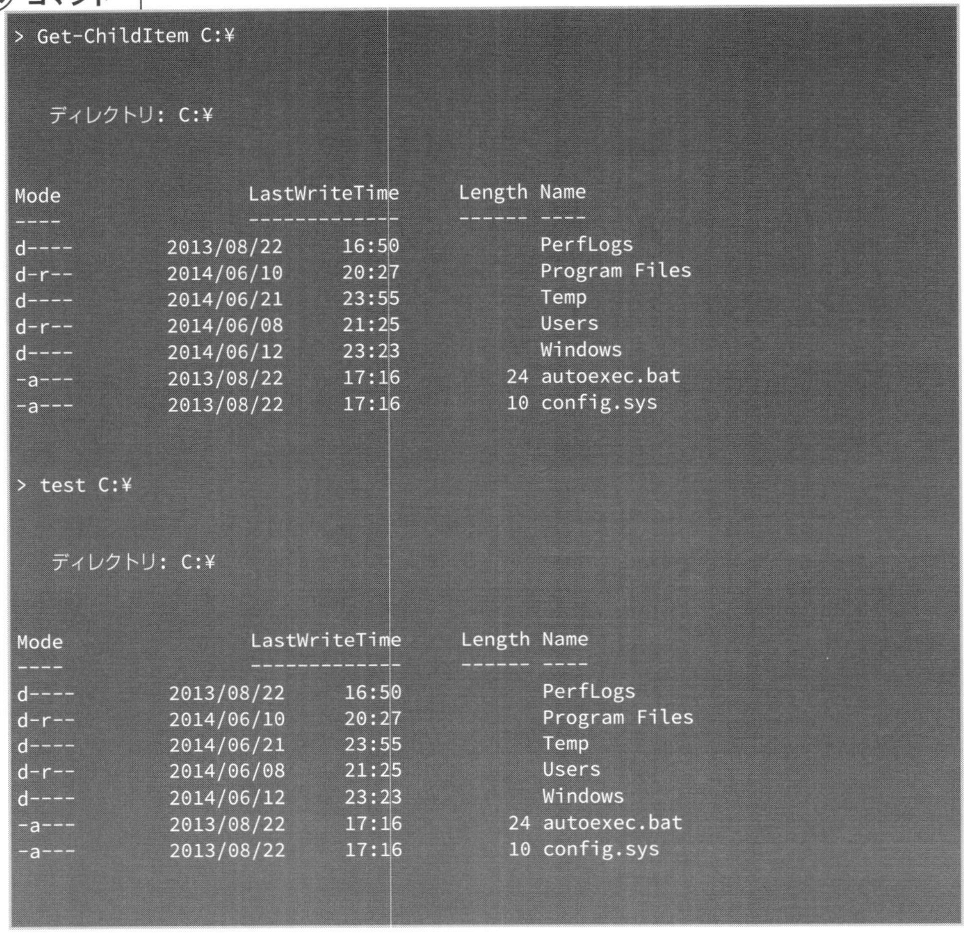

```
> Get-ChildItem C:¥


    ディレクトリ: C:¥


Mode                LastWriteTime     Length Name
----                -------------     ------ ----
d----        2013/08/22     16:50            PerfLogs
d-r--        2014/06/10     20:27            Program Files
d----        2014/06/21     23:55            Temp
d-r--        2014/06/08     21:25            Users
d----        2014/06/12     23:23            Windows
-a---        2013/08/22     17:16         24 autoexec.bat
-a---        2013/08/22     17:16         10 config.sys


> test C:¥


    ディレクトリ: C:¥


Mode                LastWriteTime     Length Name
----                -------------     ------ ----
d----        2013/08/22     16:50            PerfLogs
d-r--        2014/06/10     20:27            Program Files
d----        2014/06/21     23:55            Temp
d-r--        2014/06/08     21:25            Users
d----        2014/06/12     23:23            Windows
-a---        2013/08/22     17:16         24 autoexec.bat
-a---        2013/08/22     17:16         10 config.sys
```

Get-ChildItemコマンドレットと「test」エイリアスの実行結果が同じであることを確認したら、今度は今ほど作成した「test」エイリアスを削除してみましょう。

エイリアスを削除するには、次のようにRemove-Itemコマンドレットのパラメータに削除したいエイリアス名を指定して実行します。

```
> Remove-Item Alias:test
```

ところで、エイリアスにはパラメータを含めることができません。あくまでも、エイリアスはコマンドレットに別名を付けるだけの機能です。そのため、パラメータを指定したエイリアスを作成したい場合は、エイリアスではなく、後述する関数を作成します(P.155)。

1-1-4 PowerShellプロバイダーとPowerShellドライブについて

PowerShellプロバイダーとは、ファイルシステムやレジストリーなどのデータ領域を抽象化する仕組みを言います。PowerShellドライブとは、ハードディスク上のドライブにアクセスするのと同様に、パスを使用してPowerShellプロバイダーにアクセスするための仕組みを言います。

PowerShellドライブによるデータ領域へのアクセスは、ファイルシステムドライブをモデルにしています。つまり、PowerShellプロバイダーからデータ領域にアクセスする場合は、ハードドライブのデータにアクセスする場合と同様、データ領域に続いてコロン（:）を入力します。

例えば、PowerShellに組み込まれているすべてのエイリアスの一覧を取得するには、次のコマンドを実行します。

コマンド

```
> Get-ChildItem alias:

CommandType     Name                                               ModuleName
-----------     ----                                               ----------
Alias           % -> ForEach-Object
Alias           ? -> Where-Object
Alias           ac -> Add-Content
Alias           asnp -> Add-PSSnapin
Alias           cat -> Get-Content
Alias           cd -> Set-Location
Alias           chdir -> Set-Location
Alias           clc -> Clear-Content
Alias           clear -> Clear-Host
Alias           clhy -> Clear-History
Alias           cli -> Clear-Item
Alias           clp -> Clear-ItemProperty
Alias           cls -> Clear-Host
```

```
Alias           clv -> Clear-Variable
Alias           cnsn -> Connect-PSSession
Alias           compare -> Compare-Object
Alias           copy -> Copy-Item
Alias           cp -> Copy-Item
Alias           cpi -> Copy-Item
Alias           cpp -> Copy-ItemProperty
Alias           curl -> Invoke-WebRequest
Alias           cvpa -> Convert-Path
Alias           dbp -> Disable-PSBreakpoint
Alias           del -> Remove-Item
Alias           diff -> Compare-Object
Alias           dir -> Get-ChildItem
Alias           dnsn -> Disconnect-PSSession
Alias           ebp -> Enable-PSBreakpoint
Alias           echo -> Write-Output
Alias           epal -> Export-Alias
Alias           epcsv -> Export-Csv

...以下、略
```

標準で組み込まれているPowerShellプロバイダーは、次表のとおりです。

プロバイダー名	説明
Alias	エイリアスに定義されているデータ領域
Environment	環境変数に定義されているデータ領域
FileSystem	ファイルシステムに関するデータ領域
Function	関数に関するデータ領域
Registry	レジストリーに関するデータ領域
Variable	変数に関するデータ領域
Certificate	証明書に関するデータ領域

現在のセッションで使用可能なプロバイダーの一覧を表示するには、次のコマンドを実行します。

コマンド

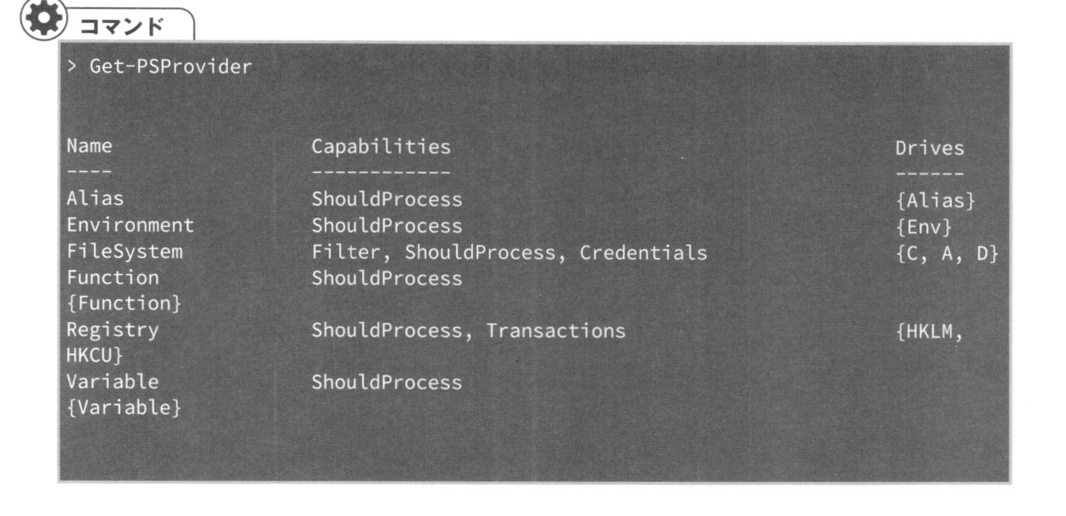

```
> Get-PSProvider


Name                 Capabilities                              Drives
----                 ------------                              ------
Alias                ShouldProcess                             {Alias}
Environment          ShouldProcess                             {Env}
FileSystem           Filter, ShouldProcess, Credentials        {C, A, D}
Function             ShouldProcess
{Function}
Registry             ShouldProcess, Transactions               {HKLM,
HKCU}
Variable             ShouldProcess
{Variable}
```

また、標準で組み込まれているPowerShellドライブは、次表のとおりです。

ドライブ名	プロバイダー	内容
C	FileSystem プロバイダー	ハードディスクにアクセスします。
Alias	Alias プロバイダー	エイリアスにアクセスします。
cert	Certificate プロバイダー	証明書ストアもしくは証明書にアクセスします。
Env	Environment プロバイダー	環境変数にアクセスします。
Function	Function プロバイダー	定義済みの関数にアクセスします。
HKCU	Registry プロバイダー	レジストリーにアクセスします。「HKEY_CURRENT_USER」がルートです。
HKLM	Registry プロバイダー	レジストリーにアクセスします。「HKEY_LOCAL_MACHINE」がルートです。
Variable	Variable プロバイダー	定義済みの変数にアクセスします。

1-1-5 コアコマンドについて

コアコマンドとは、PowerShellプロバイダーで使用するために設計されたコマンドレットのことを言います。そのため、コアコマンドは使用頻度が高いことが予想され、基本となるコマンドセットであると言えます。コアコマンドに定義されているコマンドレットは、次のとおりです。

ChildItemコマンドレット

コマンドレット	概要
Get-ChildItem	1つ以上の指定された場所から項目および子項目を取得します。コマンドプロンプトの「Dir」コマンドに相当します。

Contentコマンドレット

コマンドレット	概要
Add-Content	指定した項目に内容を追加します。コマンドプロンプトの「type」コマンドに相当します。
Clear-Content	ファイルからテキストを削除するなど、項目の内容を削除します。ただし、項目自体は削除しません。
Get-Content	指定された場所の項目の内容を取得します。
Set-Content	項目に内容を書き込むか、新しい内容で置き換えます。

Itemコマンドレット

コマンドレット	概要
Clear-Item	項目の内容を削除します。項目自体は削除しません。
Copy-Item	名前空間内のある場所から別の場所に項目をコピーします。コマンドプロンプトの「copy」コマンドに相当します。
Get-Item	指定された場所にある項目を取得します。
Invoke-Item	指定した項目に対して、既定のアクションを実行します。
Move-Item	項目をある場所から別の場所に移動します。コマンドプロンプトの「move」コマンドに相当します。
New-Item	新しい項目を作成します。
Remove-Item	指定した項目を削除します。コマンドプロンプトの「del」コマンドに相当します。
Rename-Item	Windows PowerShell プロバイダーの名前空間にある項目の名前を変更します。コマンドプロンプトの「ren」コマンドに相当します。
Set-Item	項目の値を、コマンドで指定した値に変更します。

ItemProperty コマンドレット

コマンドレット	概要
Clear-ItemProperty	プロパティの値を削除しますがプロパティ自体は削除しません。
Copy-ItemProperty	プロパティとその値を、指定された場所から別の場所へコピーします。
Get-ItemProperty	指定した項目のプロパティを取得します。
Move-ItemProperty	プロパティをある場所から別の場所に移動します。
New-ItemProperty	項目の新しいプロパティを作成し、その値を設定します。
Remove-ItemProperty	項目からプロパティとその値を削除します。
Rename-ItemProperty	項目のプロパティの名前を変更します。
Set-ItemProperty	項目のプロパティの値を作成または変更します。

Location コマンドレット

コマンドレット	概要
Get-Location	現在の作業場所に関する情報を取得します。コマンドプロンプトの「cd」コマンドに相当します。
Pop-Location	現在の場所を、最後にスタックにプッシュした場所に変更します。コマンドプロンプトの「popd」コマンドに相当します。
Push-Location	現在の場所を、場所のリスト(スタック)の最上部に追加します。コマンドプロンプトの「pushd」コマンドに相当します。
Set-Location	現在の作業場所を、指定された場所に設定します。コマンドプロンプトの「cd」コマンドに相当します。

Path コマンドレット

コマンドレット	概要
Join-Path	パスと子パスを1つのパスに結合します。パスの区切り記号はプロバイダーによって追加されます。
Convert-Path	Windows PowerShellのパスをWindows PowerShellプロバイダーのパスに変換します。
Split-Path	指定されたパスの部分を返します。
Resolve-Path	パス中のワイルドカード文字を解決し、パスの内容を表示します。
Test-Path	パスのすべての要素が存在するかどうかを確認します。コマンドプロンプトの「if exist」に相当します。

PSDrive コマンドレット

コマンドレット	概要
Get-PSDrive	現在のセッション内のWindows PowerShellドライブを取得します。
New-PSDrive	Windows PowerShellドライブを現在のセッションに作成します。
Remove-PSDrive	Windows PowerShellドライブをその場所から削除します。

PSProviderコマンドレット

コマンドレット	概要
Get-PSProvider	指定したWindows PowerShellプロバイダーに関する情報を取得します。

1-1-6 パイプラインについて

パイプラインは、コマンドの実行結果を次のコマンドへ渡すための機能です。

前述のとおり、PowerShellのパイプラインはデータがオブジェクト型で渡されるのが特長です。コマンドプロンプトのように、パイプラインを通じて渡ってきたデータをテキスト解析する必要がありません。

非常に便利な機能ですが、WSHにはパイプラインの機能がないため、文章だけでは理解しづらいことでしょう。そこで、ここでは簡単な例を挙げ、パイプラインについて説明します。次の例をみてください。Get-ChildItemコマンドレットにて、「C:¥TEMP」フォルダに存在するすべてのファイルを列挙しています。

コマンド

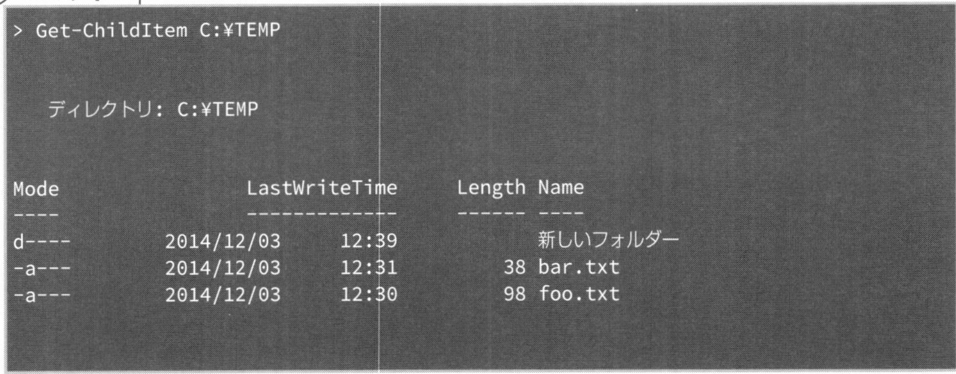

```
> Get-ChildItem C:¥TEMP


   ディレクトリ: C:¥TEMP


Mode                LastWriteTime     Length Name
----                -------------     ------ ----
d----        2014/12/03     12:39            新しいフォルダー
-a---        2014/12/03     12:31         38 bar.txt
-a---        2014/12/03     12:30         98 foo.txt
```

取得される項目として、「Mode」「LastWriteTime」「Length」「Name」の4項目がありますが、そのうち「Name」と「LastWriteTime」のみを取得したい場合、パイプラインを使用して次のようにします。

```
> Get-ChildItem C:¥TEMP | Select-Object Name, LastWriteTime

Name                                    LastWriteTime
----                                    -------------
新しいフォルダー                         2014/12/03 12:39:02
bar.txt                                 2014/12/03 12:31:03
foo.txt                                 2014/12/03 12:30:10
```

Select-Objectコマンドレットは、コマンドラインを通じたオブジェクト型のデータの項目を絞り込むためのコマンドレットです。

さらに、コマンドラインを通じたオブジェクト型のデータを並び替えるためのSort-Objectコマンドレットを使用することで、実行結果を指定した項目で並び替えることもできます。

コマンド

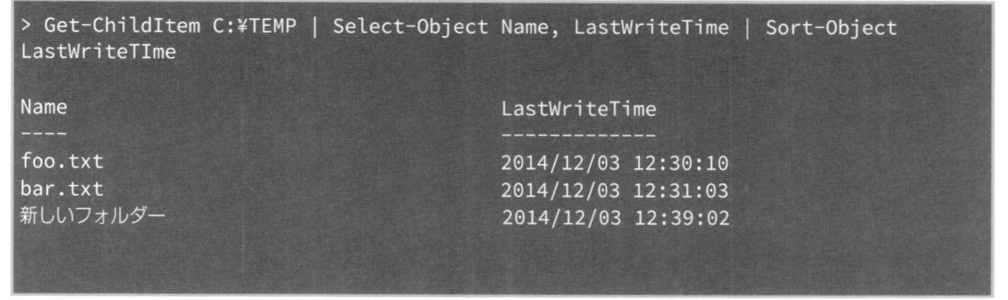

```
> Get-ChildItem C:¥TEMP | Select-Object Name, LastWriteTime | Sort-Object
LastWriteTIme

Name                                    LastWriteTime
----                                    -------------
foo.txt                                 2014/12/03 12:30:10
bar.txt                                 2014/12/03 12:31:03
新しいフォルダー                         2014/12/03 12:39:02
```

また、Where-Objectコマンドレットを使用することで、実行結果を指定した条件で絞り込むことも可能です。

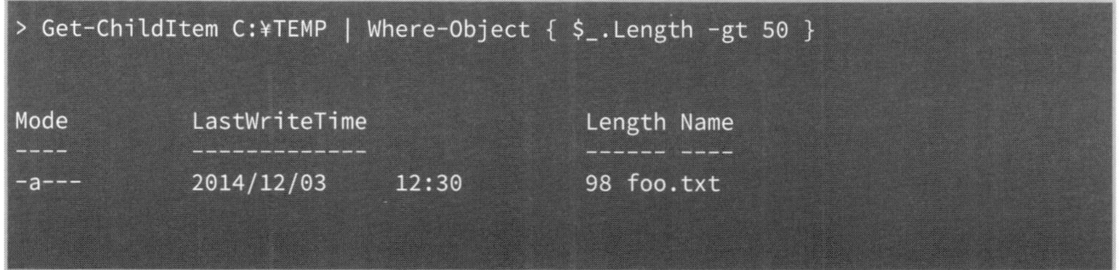

```
> Get-ChildItem C:¥TEMP | Where-Object { $_.Length -gt 50 }


Mode          LastWriteTime              Length Name
----          -------------              ------ ----
-a---         2014/12/03     12:30           98 foo.txt
```

Where-Object コマンドレットの後ろの「{}」で囲われた部分は、スクリプトブロックといいます。Where-Object コマンドレットは、その後ろに定義されたスクリプトブロック内に記述されている条件によって、パイプラインを通じたオブジェクト型のデータを絞り込みます。

「$_」は、パイプラインを通じたデータを参照するためのシェル変数です。この例では、「C:¥TEMP」フォルダに存在するファイルのうち、ファイルサイズが50byteを超えるファイルのみにデータを絞り込んでいます。「-gt」は、比較演算子です。左辺の内容が右辺よりも大きい場合に論理値の真(True)を、そうでない場合は論理値の偽(False)を返します。

「スクリプトブロック」「シェル変数」「比較演算子」については、次章「PowerShell プログラミングの基礎」の「PowerShell の文法について」(P.95)で詳しく説明します。

このように、パイプラインを使用することで、効率よくオブジェクトを処理することが可能です。パイプラインを使用しなくても PowerShell スクリプトは作成できますが、パイプラインを使用できる場合は積極的に使用していきましょう。

1-2 PowerShellの操作

ここでは、PowerShellコンソールウィンドウの使い方について説明します。また、PowerShellスクリプトの開発環境であるPowerShell ISEの使い方についても、ここで説明します。

PowerShellには、非常に使い勝手のよいヘルプ機能が搭載されています。実行するコマンドレットのパラメータを調べる場合など、頻繁に使用することが予想されます。そのため、ヘルプ機能の使い方についても、ここで説明します。

前述しましたが、PowerShellの特長としてコマンドレットの命名規則の統一化が挙げられますが、推測したコマンドレットが存在するかどうか、及びそのコマンドレットの実行によって、期待する結果が得られるかどうかを、まずはヘルプ機能によって確認するとよいでしょう。

本書では、PowerShellスクリプトをPowerShell ISEを用いて、作成します。前述のとおり、PowerShellスクリプトは、PowerShellの設定を変更しないと実行することができません。PowerShellの設定によっては、自分のコンピューターで作成したスクリプトしか実行できないようにすることもできます。この辺りの設定の変更方法についても、ここで述べます。

1-2-1 PowerShellの起動と終了

最初に、PowerShellコンソールウィンドウの起動方法と終了方法について、そして PowerShellスクリプトの開発環境であるPowerShell ISEの起動方法と終了方法について、説明します。

Windows 7とWindows 8.1の画面を用いて説明しますが、OSを問わず、PowerShell コンソールウィンドウは「ファイル名を指定して実行」ウィンドウから起動することが可能です。特に、「スタート」ボタンが廃止されてタブレットPCに対応したユーザー・インターフェイスとなったWindows 8は、どこからPowerShellを起動すればよいかがわかりづらいでしょう。そのような場合は、「ファイル名を指定して実行」ウィンドウからPowerShell を起動すると簡単です。

PowerShellコンソールウィンドウの起動と終了（Windows 8／8.1の場合）

PowerShellコンソールウィンドウを起動するには、スタートスクリーン左下の下矢印をクリックします。

アプリの一覧が表示されたら画面を中央に移動させ、「Windows システム ツール」から「Windows PowerShell」を選択します。

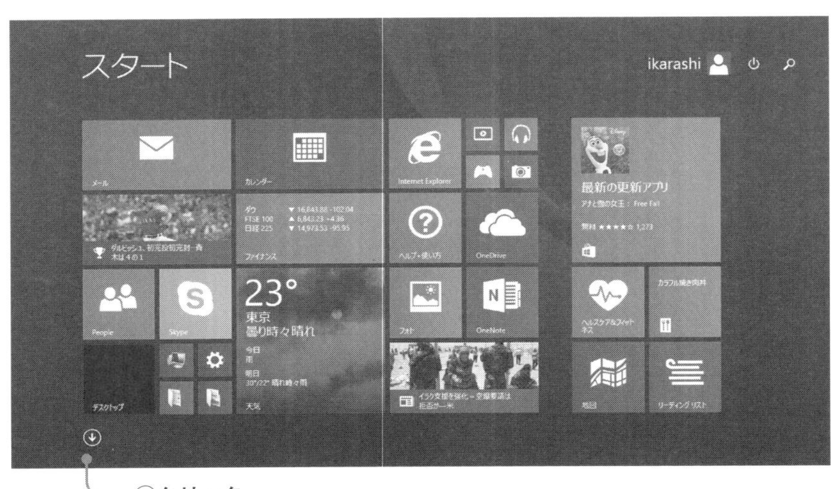

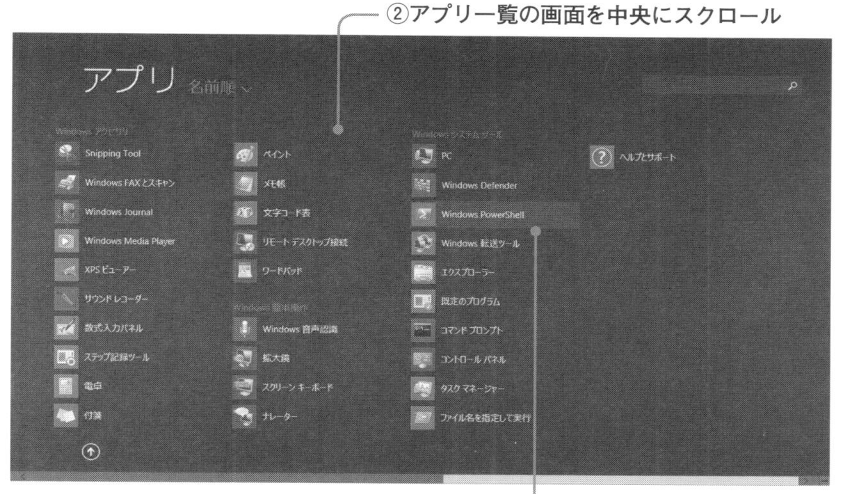

もしくは、画面右上の検索ボックスに“PowerShell”と入力し、Windows PowerShellを検索・実行します。

PowerShellコンソールウィンドウを閉じるには、「exit」と入力して[Enter]キーを押下します。または、画面右上の「×」ボタンをクリックします。

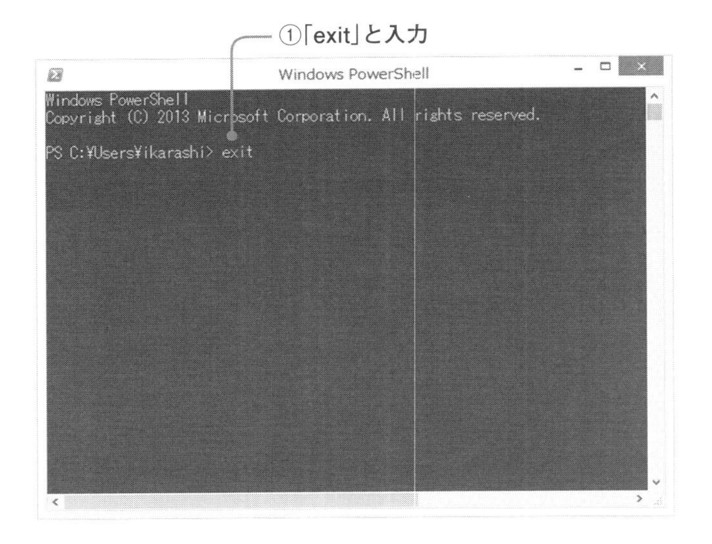

PowerShell ISEの起動と終了（Windows 8／8.1の場合）

PowerShell ISEを起動するには、「ファイル名を指定して実行」ウィンドウから PowerShell ISEの実行ファイルを呼び出す方法が簡単です。

「ファイル名を指定して実行」ウィンドウを表示するには、[Windows]キーを押しながら[R]キーを押します。[Windows]キーは、キーボードの左下の[Ctrl]キーの右隣にある、旗がなびいたアイコンのキーです。

「ファイル名を指定して実行」ウィンドウを起動したら、「名前(O)」欄に「powershell_ise」と入力して[Enter]キーを押下します。入力する文字列の大文字小文字は区別しません。

また、PowerShellコンソールウィンドウから、「ise」と入力して[Enter]キーを押下することで、PowerShell ISEを起動することも可能です。

なお、PowerShellコンソールウィンドウも、「ファイル名を指定して実行」から起動することができます。その場合は、「powershell」と入力して[Enter]キーを押下します。入力文字に大文字小文字の区別はありません。

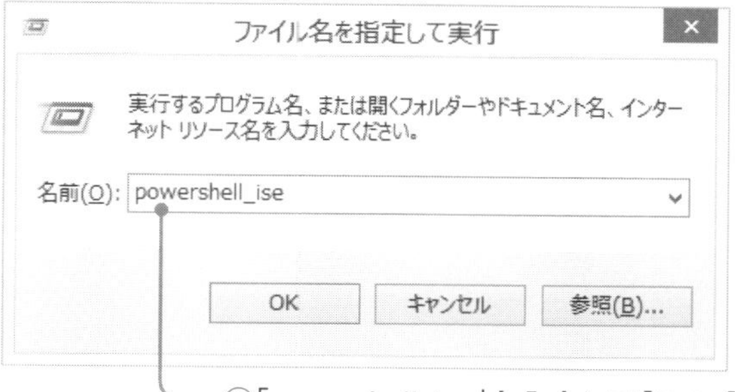

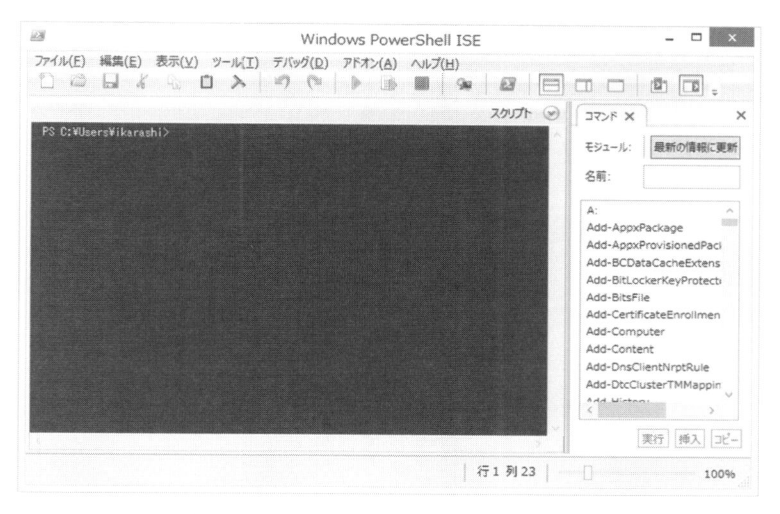

PowerShell ISEが起動した

PowerShell ISEを閉じる場合も、PowerShellコンソールウィンドウを閉じる場合と同様、「exit」と入力して[Enter]キーを押下するか、画面右上の「×」ボタンをクリックします。

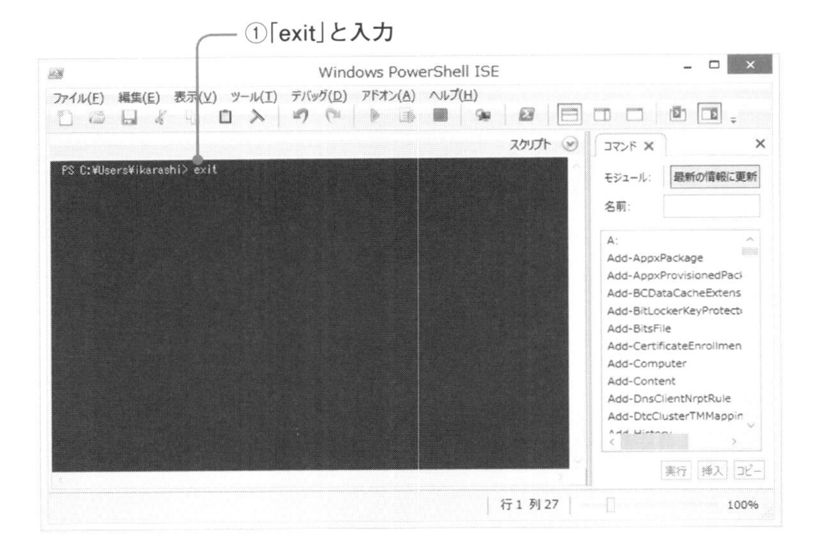

PowerShellコンソールウィンドウの起動と終了（Windows 7の場合）

PowerShellコンソールウィンドウを起動するには、「スタート」メニューから「すべてのプログラム」-「アクセサリ」-「Windows PowerShell」を開き、「Windows PowerShell」を選択します。または、Windows 8と同様の手順で、「ファイル名を指定して実行」から起動することも可能です。

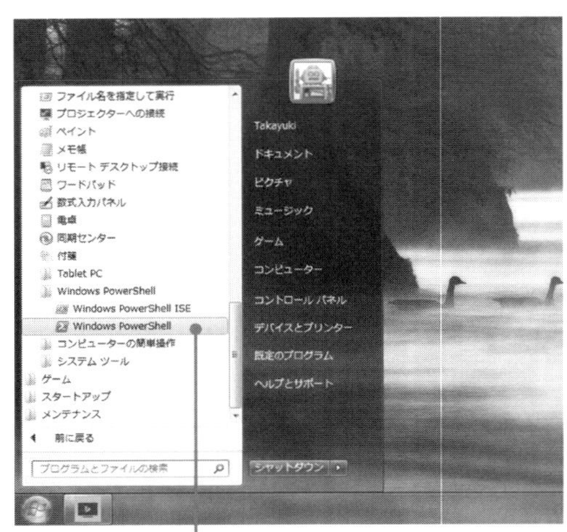

①「スタート」メニューの「すべてのプログラム」-「アクセサリ」-「Windows PowerShell」の「Windows PowerShell」を選択

PowerShellコンソールウィンドウを閉じるには、「exit」と入力して[Enter]キーを押下します。または、画面右上の「×」ボタンをクリックします。

PowerShell ISEの起動と終了（Windows 7の場合）

■起動方法

PowerShell ISEを起動するには、PowerShellコンソールウィンドウと同様、「スタート」メニューから「すべてのプログラム」－「アクセサリ」－「Windows PowerShell」を開き、「Windows PowerShell ISE」を選択します。

または、Windows 8と同様の手順で、「ファイル名を指定して実行」から起動することも可能です。

■終了方法

PowerShell ISEを閉じる場合もPowerShellコンソールウィンドウを閉じる場合と同様、「exit」と入力して[Enter]キーを押下するか、画面右上の「×」ボタンをクリックします。

コマンドプロンプトからPowerShellを呼び出すには

コマンドプロンプトから「powershell」と入力して［Enter］キーを押下することでもPowerShellを呼び出すことができます。この場合、入力する文字列の大文字小文字は区別しません。

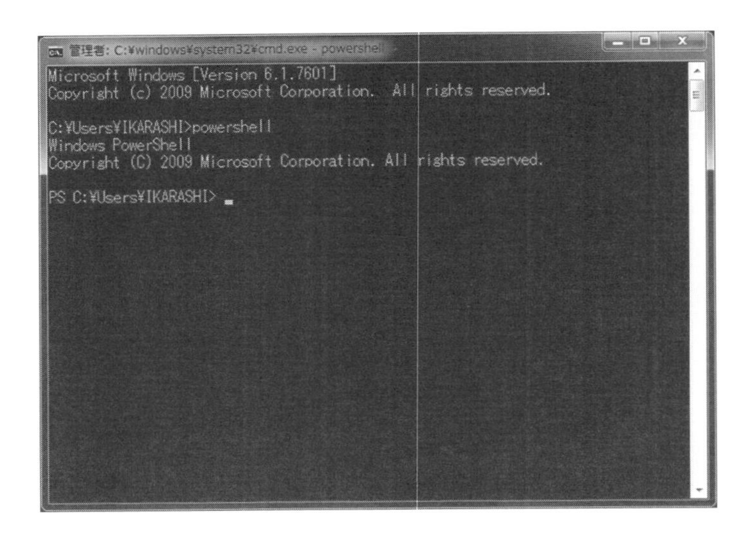

上の画像は、コマンドプロンプトからPowerShellを呼び出した画面です。

「powershell」を実行したことで、コマンドプロンプトがPowerShellコマンドレットを入力を受け付ける状態になっています。

PowerShellを終了させて画面を閉じる場合、最初に「exit」と入力して[Enter]キーを押下すると、まずはPowerShellが終了します。さらに「exit」と入力して[Enter]キーを押下すると、コマンドレットが終了してコマンドプロンプトの画面を閉じます。

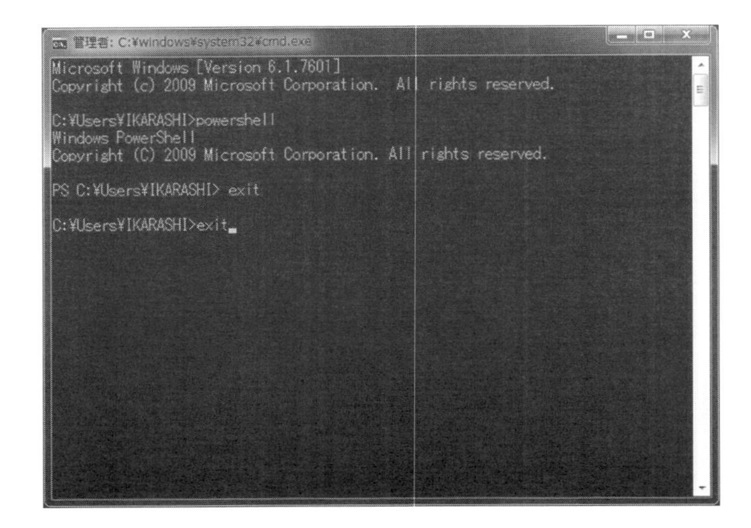

起動オプションについて

PowerShellには、起動オプションという機能があります。起動オプションを指定すると、PowerShellコンソールウィンドウの起動時の状態を変更することができます。例えば、ロゴを表示させずに起動させたり、ウィンドウを最大化した状態で起動することなどが可能です。

PowerShellの起動オプションは、次のとおりです。

起動オプション	内容
-Command	Windows PowerShell プロンプトで入力したときと同じようにコマンド テキストが実行されるように指定します。
-EncodedCommand	base64 でエンコードされた実行するコマンド テキストを指定します。
-ExecutionPolicy	コンソール セッションの既定の実行ポリシーを設定します。
-File	実行するスクリプト ファイルの名前を設定します。
-InputFormat	Windows PowerShell に送るデータの形式をテキスト文字列またはシリアル化された XML のいずれかに設定します。既定の形式は XML です。有効な値は text と XML です
-NoExit	スタートアップ コマンドの実行後、Windows PowerShell を終了しないように指定します。このパラメータは、コマンド プロンプト (cmd.exe) で Windows PowerShell のコマンドやスクリプトを実行する場合に便利です。
-NoLogo	著作権情報が表示されない状態で Windows PowerShell コンソールを起動します。
-Noninteractive	非インタラクティブ モードで Windows PowerShell を起動します。このモードでは、Windows Powershell で対話的なプロンプトが表示されません。
-NoProfile	Windows PowerShell に現在のユーザーのプロファイルを読み込まないように指示します。
-OutputFormat	出力の形式をテキスト文字列またはシリアル化された XML のいずれかに設定します。既定の形式は text です。有効な値は text と XML です。
-PSConsoleFile	指定の Windows PowerShell コンソール ファイルを読み込みます。.psc1 という拡張子のコンソール ファイルを使用して、特定の拡張子のスナップインが読み込まれて使用できるように指定できます。コンソール ファイルは、Windows PowerShell の Export-Console コマンドレットを使用して作成できます。
-Sta	シングル スレッド モードで Windows PowerShell を起動します。
-Version	互換性を維持するために使用する Windows PowerShell のバージョン (1.0 など) を設定します。

起動オプション	内容
-WindowStyle	ウィンドウのスタイルを、Normal（標準）、Minimized（最小化）、Maximized（最大化）、または Hidden（非表示）のいずれかに指定します。既定値は Normal です。

出典：http://technet.microsoft.com/ja-jp/windows/ps_tips01.aspx

例えば、PowerShellコンソールウィンドウの起動時に、ロゴが表示されないようにしてみます。

まずは、PowerShell.exeが存在するフォルダを参照、PowerShell.exeのショートカットをデスクトップに作成します。PowerShell.exeが存在するフォルダは、次のコマンドレットを入力することで確認できます。

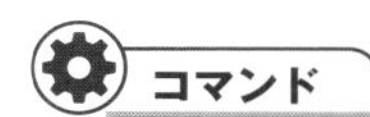


```
> $PSHome
C:¥Windows¥System32¥WindowsPowerShell¥v1.0
```

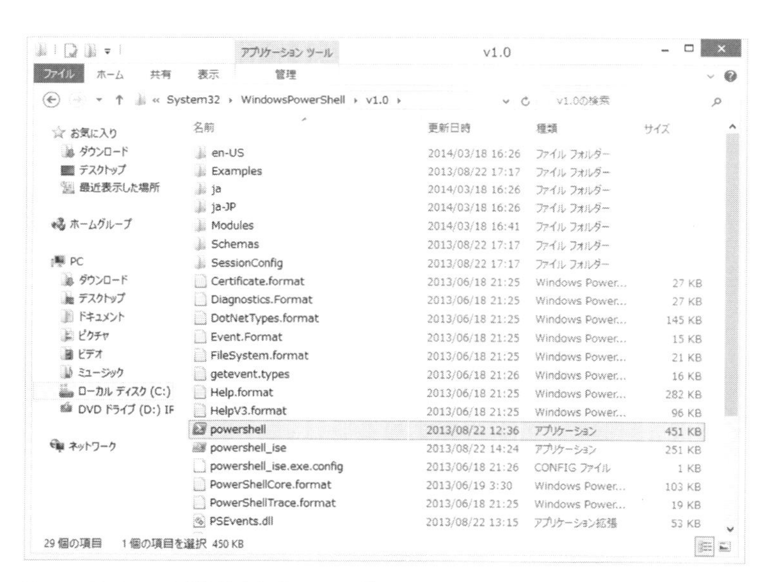

PowerShell.exeが格納されたフォルダ

ちなみに、上のコマンドにある「$PSHome」はシェル変数と言います。

シェル変数は、PowerShellが既定で保持している変数のことです。この$PSHome シェル変数を参照すると、PowerShellのインストール先フォルダのパスを取得することができます。

他にも、PowerShellのシェル変数には、例えばPowerShellのバージョンを確認するための$PSVersionTable変数があります。

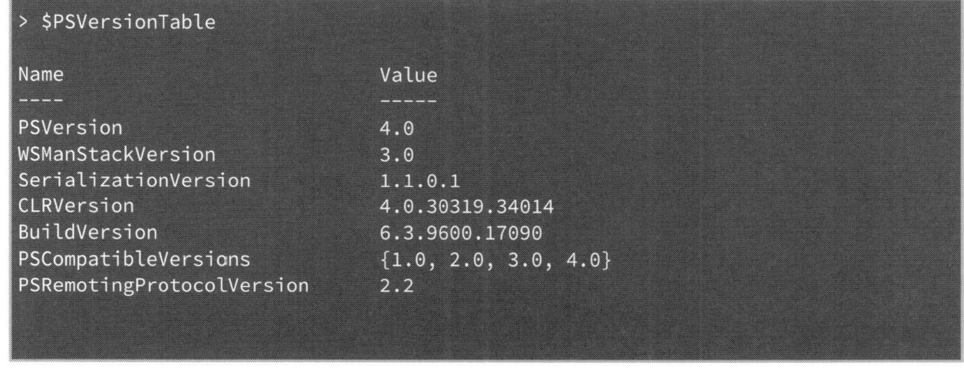

```
> $PSVersionTable

Name                           Value
----                           -----
PSVersion                      4.0
WSManStackVersion              3.0
SerializationVersion           1.1.0.1
CLRVersion                     4.0.30319.34014
BuildVersion                   6.3.9600.17090
PSCompatibleVersions           {1.0, 2.0, 3.0, 4.0}
PSRemotingProtocolVersion      2.2
```

この実行結果より、PowerShellのバージョンに該当する値は、「Name」列が"PSVersion"となっている行の「Value」列です。

この実行結果の場合、PowerShellのバージョンは4.0です。ただ、PowerShellのバージョンが1.0の場合、この$PSVersionTable シェル変数は存在しません。

さて、PowerShell.exeのショートカットをデスクトップに作成したら、そのショートカットを右クリックし、ポップアップメニューから「プロパティ」を選択します。「ショートカットのプロパティ」が表示されるので、「ショートカット」タブの「リンク先」に入力されているPowerShell.exeのパスの最後に、" -NoLogo"と追加します。

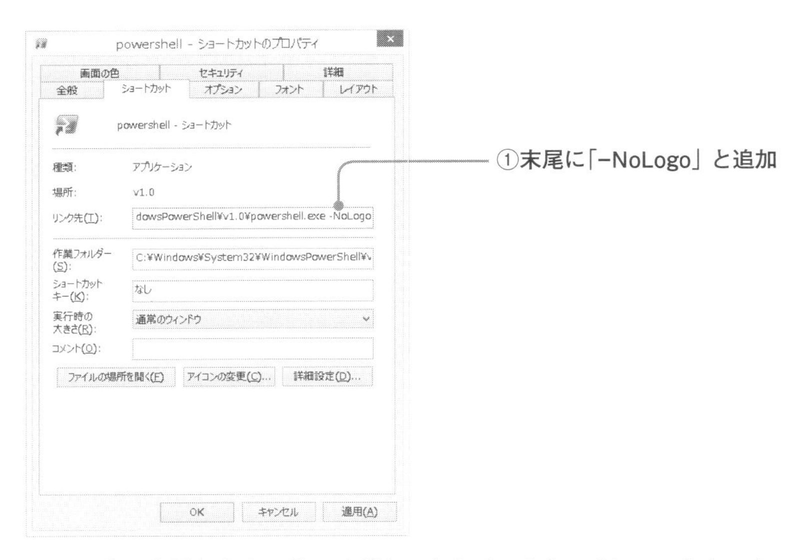

ここまで完了したら、「OK」ボタンをクリックして「ショートカットのプロパティ」画面を閉じ、このショートカットをダブルクリックで開いてみましょう。PowerShellのロゴが表示されなくなったことを確認することができます。

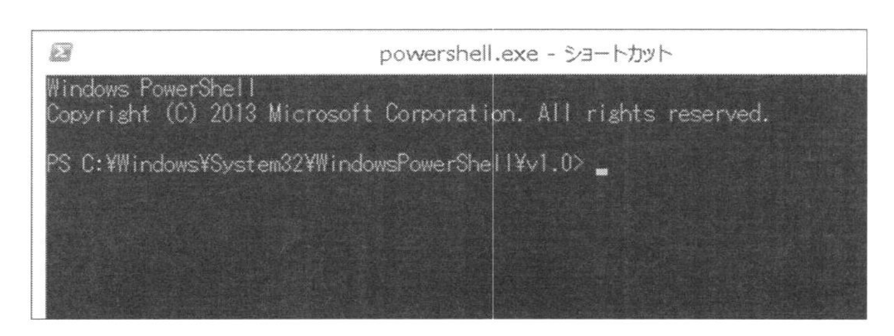

-NoLogo パラメータを指定しない場合

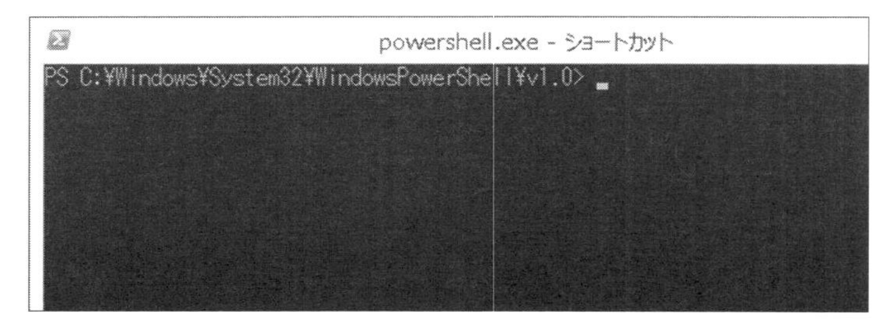

-NoLogo パラメータを指定した場合

管理者として実行するには

Windows Vista／Windows Server 2008以降のWindows OSには、ユーザーアカウント制御（UAC:User Account Control）というセキュリティ機能が搭載されました。

このUACを有効にしていると、PowerShellを通常どおりに起動（アイコンをダブルクリックで開いた場合など）した場合に管理者権限が有効となりません。そのため、PowerShellから一部のファイルにアクセスできなかったり、レジストリーを参照できないといった制限が発生します。

これを回避するには、PowerShellを管理者権限で実行する必要があります。

PowerShellを管理者権限で実行するには、PowerShellのショートカットを右クリックし、表示されたポップアップメニューから「管理者として実行」を選択します。

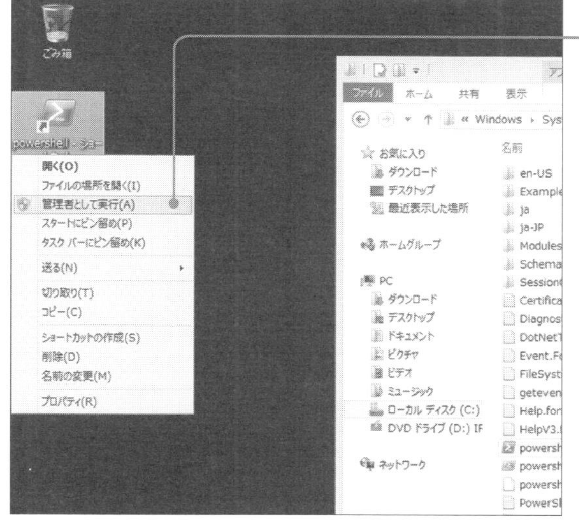

①ショートカットを右クリックし、「管理者として実行」を選択

「管理者として実行」されたPowerShellコンソールウィンドウは、次の画像のように、タイトルバーに「管理者」と表示されているのを確認することができます。

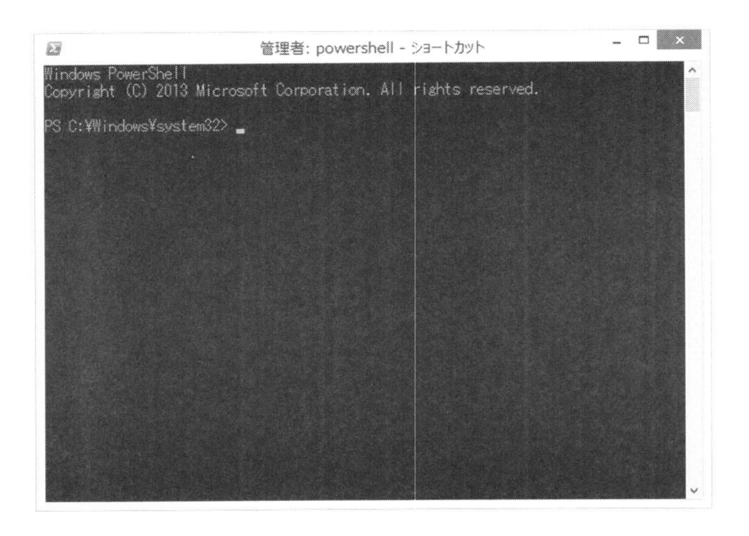

1-2-2 コマンドレットの使用方法を調べるには

PowerShellには、コマンドレットの存在を確認するためのGet-Commandコマンドレットがあります。

例えば、イベントログを取得する「Get-EventLog」というコマンドレットがありますが、PowerShellコマンドレットの命名規則に従えば、動詞にあたる「Get」の部分を変えることで、他にもイベントログに関する様々な操作を行うことができるであろうことを推測できます。

このような場合、次のようなコマンドを実行することで、イベントログに関するコマンドレットの一覧を取得することができます。

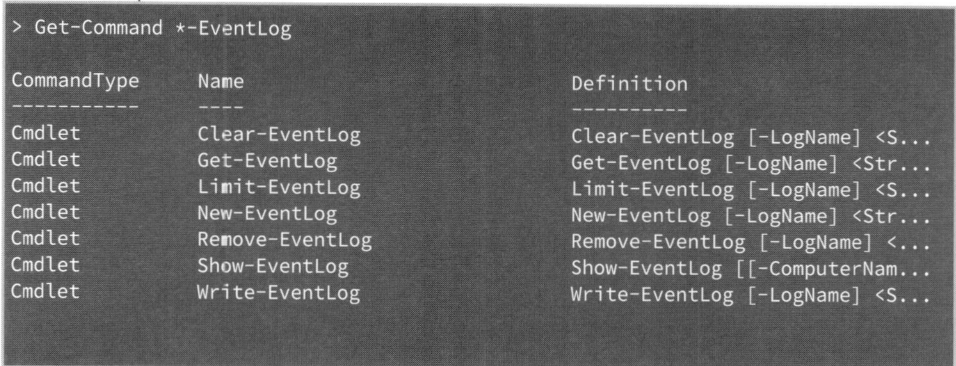

```
> Get-Command *-EventLog

CommandType     Name                          Definition
-----------     ----                          ----------
Cmdlet          Clear-EventLog                Clear-EventLog [-LogName] <S...
Cmdlet          Get-EventLog                  Get-EventLog [-LogName] <Str...
Cmdlet          Limit-EventLog                Limit-EventLog [-LogName] <S...
Cmdlet          New-EventLog                  New-EventLog [-LogName] <Str...
Cmdlet          Remove-EventLog               Remove-EventLog [-LogName] <...
Cmdlet          Show-EventLog                 Show-EventLog [[-ComputerNam...
Cmdlet          Write-EventLog                Write-EventLog [-LogName] <S...
```

Get-Commandコマンドレットは、次に続くパラメータに指定された文字列を含むコマンドレットの一覧を取得します。

この場合、"*-EventLog"の部分がパラメータです。最初の1文字目の「*」(アスタリスク)のことを、ワイルドカードといいます。ワイルドカードとは、文字列検索に使用する特殊文字のことで、どんな対象文字列にもマッチするもののことを言います。先ほどの"*-EventLog"の場合、"-EventLog"の文字列の前に何かしらの文字列を含むすべてのコマンドレットが検索結果の対象となります。

PowerShellで使用可能なワイルドカードに指定できる特殊文字は、次のとおりです。

パターン文字	説明
*	0個以上のどの文字列にもマッチします
?	任意の1文字にマッチします
[文字-文字]	ハイフン(-)によって指定した文字の範囲に含まれるいずれかの1文字にマッチします
[文字列]	指定された文字列のうちのいずれか1文字にマッチします

次は、Get-Commandコマンドレットによって取得したコマンドレットが、実行時にどのような挙動を行うかを調べてみます。

指定したコマンドレットのヘルプを参照するには、Get-Helpコマンドレットを使用します。

先ほどGet-Commandコマンドレットによって取得したコマンドレットの一覧より、Write-EventLogのヘルプを参照してみましょう。

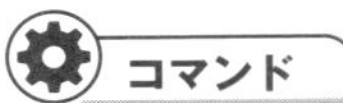

```
> Get-Help Write-EventLog

名前
    Write-EventLog

概要
    イベントをイベント ログに書き込みます。


構文
    Write-EventLog [-LogName] <string> [-Source] <string> [-EventID] <int> [-Me
    ssage] <string> [[-EntryType] {Error | Warning | Information | SuccessAudit
     | FailureAudit}] [-Category <Int16>] [-ComputerName <string>] [-RawData <B
    yte[]>] [<CommonParameters>]


説明
    Write-EventLog コマンドレットはイベントをイベント ログに書き込みます。

    イベントをイベント ログに書き込むには、イベント ログがコンピューター上に存在し、イベント ソースがイベン
ト ログに登録されている必要があります。

    EventLog という名詞を含むコマンドレット (EventLog コマンドレット) は、従来のイベント ログでのみ
有効です。Windows Vis
    ta 以降のバージョンで Windows イベント ログ技術を使用しているログからイベントを取得するには、Get-
WinEvent を使用します。


関連するリンク
    Online version: http://go.microsoft.com/fwlink/?LinkID=135281
    Clear-EventLog
    Get-EventLog
    Limit-EventLog
    New-EventLog
    Remove-EventLog
    Show-EventLog
    Write-EventLog
    Get-WinEvent

注釈
    例を参照するには、次のように入力してください: "get-help Write-EventLog -examples".
    詳細を参照するには、次のように入力してください: "get-help Write-EventLog -detailed".
    技術情報を参照するには、次のように入力してください: "get-help Write-EventLog -full".
```

PowerShellのヘルプを表示する方法は、Get-Helpコマンドレットだけではありません。PowerShellコンソールウィンドウから次のコマンドを入力し、実行してみてください。

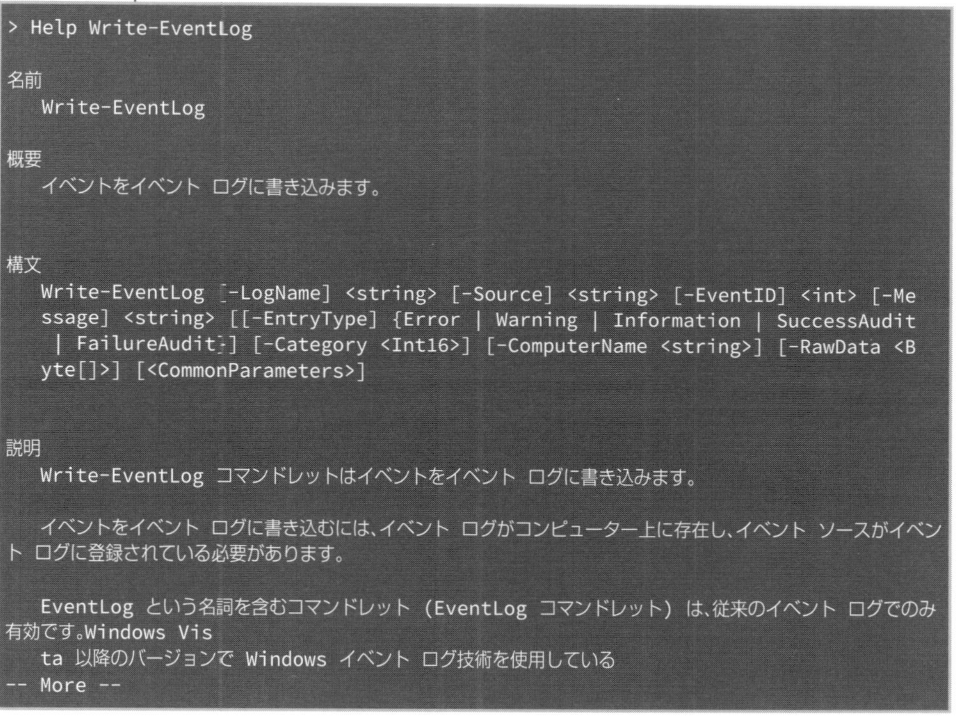

```
> Help Write-EventLog

名前
    Write-EventLog

概要
    イベントをイベント ログに書き込みます。


構文
    Write-EventLog [-LogName] <string> [-Source] <string> [-EventID] <int> [-Me
    ssage] <string> [[-EntryType] {Error | Warning | Information | SuccessAudit
     | FailureAudit}] [-Category <Int16>] [-ComputerName <string>] [-RawData <B
    yte[]>] [<CommonParameters>]


説明
    Write-EventLog コマンドレットはイベントをイベント ログに書き込みます。

    イベントをイベント ログに書き込むには、イベント ログがコンピューター上に存在し、イベント ソースがイベン
ト ログに登録されている必要があります。

    EventLog という名詞を含むコマンドレット (EventLog コマンドレット) は、従来のイベント ログでのみ
有効です。Windows Vis
    ta 以降のバージョンで Windows イベント ログ技術を使用している
-- More --
```

これは、後述する関数という機能（P.155）によって定義された、Help関数を用いた例です。

Help関数を用いた場合、Write-EventLogコマンドレットのヘルプと同じ内容が表示されましたが、それがスクロールが必要な箇所で途切れていて、最後には“-- More --”と記述されています。

この状態で[Enter]キーを押下すると、ヘルプの続きが1行分表示されます。さらに続きを参照したい場合は、[Enter]キーを押下します。

Get-Helpコマンドレットでは､すべてのヘルプの内容が一気に表示されましたが、Help関数の場合、スクロールが必要な箇所から1行ずつ読み進めることができます。Get-Helpコマンドレットと好みに応じて使い分けると良いでしょう。

Get-HelpコマンドレットとHelp関数には、いくつかのオプションを指定することができます。指定するオプションによって、より詳細なヘルプを表示したり、コマンドレットの実行サンプルだけを表示したりすることができます。指定可能なオプションは、次のとおりです。

オプション	意味
-detail	さらに詳細なヘルプを表示します。
-full	-detailオプションよりもさらに詳細なヘルプを表示します。
-examples	-detailオプション、-fullオプションを指定して表示されるヘルプのうち、例だけを表示します。
-parameter	-fullオプションを指定して表示されるヘルプのうち、パラメータ1つについてのヘルプを表示します。

オプションを追加する箇所は、Get-Helpコマンドレットの直後でもコマンドの一番最後でも可能です。つまり、Write-EventLogコマンドレットの詳細なヘルプを参照したい場合は､次のどちらのコマンドでも実行可能です。

```
> Get-Help Write-EventLog -detail
```

```
> Get-Help -detail Write-EventLog
```

またPowerShellには、コマンドレットのヘルプだけでなく、PowerShellの機能についてのヘルプも存在します。"about_"から始まるヘルプのことで、例えばPowerShellのエイリアスとはどのような機能なのかと調べたい場合も、Get-Helpコマンドレットで可能です。aboutヘルプの一覧については、以下のコマンドレットを実行することで表示することができます。

```
> Get-Help -Category HelpFile

Name                              Category  Synopsis
----                              --------  --------
about_aliases                     HelpFile  Windows PowerShell のコマンドレットとコマ
ンド...
about_Arithmetic_Operators        HelpFile  Windows PowerShell で算術演算を実行する演
算子...
about_arrays                      HelpFile  データ要素を格納するためのコンパクトなデータ構
造について説明します。
about_Assignment_Operators        HelpFile  代入演算子を使用して、変数に値を代入する方法につ
いて説明します。
about_Automatic_Variables         HelpFile  Windows PowerShell の状態情報を格納する変
数に...
about_Break                       HelpFile  Foreach、For、While、Do、または Switch ...
about_command_precedence          HelpFile  Windows PowerShell で実行するコマンドがど
のよ...
about_Command_Syntax              HelpFile  ヘルプの Windows PowerShell の構文で使用
され...
about_Comment_Based_Help          HelpFile  関数およびスクリプトに関するコメントベースのヘ
ルプ トピックを記...
about_CommonParameters            HelpFile  すべてのコマンドレットで使用できるパラメータに
ついて説明します。
about_Comparison_Operators        HelpFile  Windows PowerShell で値を比較する演算子に
つい...
about_Continue                    HelpFile  Continue ステートメントがプログラム フローを
直ちにプロ...
about_Core_Commands               HelpFile  Windows PowerShell プロバイダーで使用する
ため...
about_data_sections               HelpFile  テキスト文字列と読み取り専用データをスクリプト
ロジックから分離...
about_debuggers                   HelpFile  Windows PowerShell デバッガーについて説明
します。
about_do                          HelpFile  While または Until の条件に従って、1 回以上
ステー...
about_environment_variables       HelpFile  Windows PowerShell で Windows 環境
変...
about_escape_characters           HelpFile  Windows PowerShell のエスケープ文字とその
効果...
about_eventlogs                   HelpFile  Windows PowerShell では、"Windows P...
about_execution_policies          HelpFile  Windows PowerShell の実行ポリシーとその管
理方...
about_For                         HelpFile  条件テストに基づいてステートメントを実行するの
に使用する言語コマ...
about_Foreach                     HelpFile  項目のコレクションに含まれるすべての項目を順番
に処理するための言...
about_format.ps1xml               HelpFile  Windows PowerShell の Format.ps1x...
about_functions                   HelpFile  Windows PowerShell で関数を作成および使用
する...
```

```
about_functions_advanced          HelpFile  コマンドレットと同様に動作する高度な関数につい
て説明します。
about_functions_advanced_methods  HelpFile  CmdletBinding 属性を指定する関数が、コンパイ
ル済み...
about_functions_advanced_param... HelpFile  CmdletBinding 属性を宣言する関数に静的パラ
メータ...
about_functions_cmdletbindinga... HelpFile  コンパイル済みコマンドレットと同様に動作する関
数を宣言するための...
about_hash_tables                 HelpFile  Windows PowerShell でのハッシュ テーブル
の作...
about_History                     HelpFile  コマンド履歴のコマンドを取得および実行する方法
について説明します。

...(以下、略)
```

aboutヘルプを表示するには、コマンドレットのヘルプを表示する場合と同様、Get-Helpコマンドレットの後ろに表示したいaboutヘルプを指定します。例えば、エイリアスに関するヘルプを表示したい場合は、次のコマンドレットを実行します。

```
> Get-Help about_aliases

トピック
    about_aliases

簡易説明
    Windows PowerShell のコマンドレットとコマンドに代替名を使用する方法を説明します。

詳細説明
    エイリアスとは、コマンドレットやコマンドの要素 (関数、スクリプト、ファイル、実行可能ファイ
    ルなど) に使用する代替名またはニックネームです。Windows PowerShell のすべてのコマンドでは、
    エイリアスをコマンド名の代わりに使用できます。

    エイリアスを作成するには、New-Alias コマンドレットを使用します。たとえば、次のコマンドで
    は Get-AuthenticodeSignature コマンドレットのエイリアス "gas" を作成します。

        new-alias -name gas -valueGet-AuthenticodeSignature

    コマンドレット名のエイリアスを作成したら、そのエイリアスをコマンドレット名の代わりに使用でき
    ます。たとえば、SqlScript.ps1 ファイルの Authenticode 署名を取得するには、次のように入力します。

        get-authenticodesignature sqlscript.ps1

    または、次のように入力します。

        gas sqlscript.ps1
```

```
    Microsoft Office Word に "word" というエイリアスを作成すると、次のように記述する代わりに
    「word」と入力できます。


        "c:¥program files¥microsoft office¥office11¥winword.exe"

組み込みエイリアス
    Windows PowerShell には、Set-Location コマンドレットに関連付けられた "cd" と "chdir"
    や、Get-ChildItem コマンドレットに関連付けられた "ls" と "dir" などの一連の組み込みエイリアス
が
    用意されています。

    コンピューターに定義されているすべてのエイリアス (組み込みエイリアスを含む) を取得するには、
    次のコマンドを入力します。

        get-alias

...(以下、略)
```

ちなみに、このaboutヘルプの原本は、PowerShellのインストール先フォルダの中に格納されています。一般的には、以下のフォルダです。

C:¥Windows¥System32¥WindowsPowerShell¥v1.0¥ja-JP

その他にも、PowerShellのインストール先フォルダにはPowerShellスクリプトファイルのサンプルなどもありますので、一度確認してみることをお勧めします。

1-2-3 PowerShellの環境ファイル

PowerShellは、起動時に「profile.ps1」というファイルに設定されている環境情報を読み込む仕様になっています。

この「profile.ps1」は、「プロファイル」と言います。プロファイルの有効な利用方法は、例えば前述したエイリアスは、一度PowerShellを終了すると自分で登録したエイリアスは削除されてしまいますが、Set-Aliasコマンドレットを「profile.ps1」に書き加えることによって、PowerShellの起動時に即座に独自のエイリアスを使用することができます。

PowerShellを起動すると、まずはすべてのユーザーに適用される「profile.ps1」を、PowerShellのインストール先フォルダから読み込みます。次に、ログインユーザーにのみ適用される「profile.ps1」を、「マイ ドキュメント」フォルダの「WindowsPowerShell」フォルダから読み込みます。

profile.ps1の作成

では、実際に独自の「profile.ps1」を作成してみましょう。メモ帳などのテキストエディタを開き、以下の一文を入力したら、「profile.ps1」というファイル名で「マイ ドキュメント」の「WindowsPowerShell」フォルダに保存します。

➡1-2-3_01.ps1

```
01: Set-Alias test Get-ChildItem
```

上記手順が完了したら、PowerShellコンソールを起動してください。

PowerShellコンソールを起動したら、Get-ChildItemコマンドレットを実行します。「test」エイリアスが登録されていることを確認することができるでしょう。

プロファイルの作成は、上記のようにテキストファイルを編集して作成するだけでなく、New-Itemコマンドレットでも作成することが可能です。

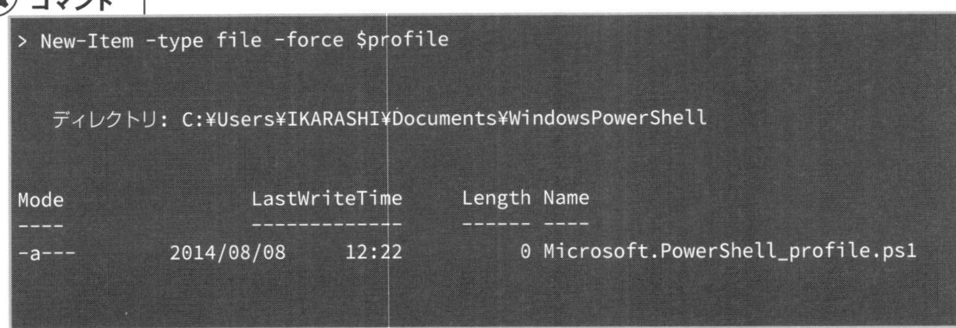

```
> New-Item -type file -force $profile


    ディレクトリ: C:¥Users¥IKARASHI¥Documents¥WindowsPowerShell


Mode                LastWriteTime     Length Name
----                -------------     ------ ----
-a---        2014/08/08     12:22          0 Microsoft.PowerShell_profile.ps1
```

New-Item コマンドレットは、ファイルやフォルダを作成したり、レジストリーに新たなキーを作成するためのコマンドレットです。

上記コマンドを実行すると、$profile 変数で指定したパスにプロファイルを作成します。

変数については第3章で後述しますが、ここでは値を入れておく箱のようなものだと理解してください。この $profile は自動変数(組み込み変数とも言います)のため、変数を定義しなくてもログインユーザーのパス("C:¥Users¥IKARASHI" など)が格納されています。

"-type" パラメータには、作成するアイテムの種類を指定します。この場合では、ファイル (file) を作成することを指定しています。"-force" パラメータを指定すると、$profile で指定されたファイルパスが存在しない場合でも、ファイルを作成することができます。すでにプロファイルが存在する場合にこのコマンドを実行すると、既存のプロファイルを上書きします。

プロファイルの編集

作成したプロファイルをメモ帳で編集するには、次のコマンドを実行します。

```
> notepad $profile
```

メモ帳の実態である "notepad.exe" のパラメータに $profile 変数に格納されているプロファイルのパスを指定することで、プロファイルをメモ帳で起動しています。

ちなみに、PowerShell インストールフォルダにある「Examples」フォルダには、「profile.ps1」のサンプルファイルが配置されています。参考にすると良いかも知れません。

1-2-4 リモートコンピューターでコマンドを実行するには

PowerShellのバージョンが2.0以降であれば、リモート機能を使用することができます。

PowerShellのリモート機能は、「PSRemoting」と言います。PSRemotingは、WinRMサービスを利用することでリモート機能を実現します。WinRMサービスとは、「WS-Management」という異なるコンピューター間で通信を行うための共通プロトコルです。

PowerShellのリモート機能を使用するには、以下の条件を満たしている必要があります。

① リモートする側のコンピューター及びリモートされる側のコンピューターにPowerShell 2.0以降がインストールされている
② リモートする側のコンピューターのPowerShellを管理者モードで起動している
③ リモートされる側のコンピューターのリモート接続が許可されている

①に関して、リモートする側とリモートされる側のコンピューターの双方に、PowerShell 2.0以降がインストールされている必要があります。Windows 7／Windows Server 2008 R2以降であれば、PowerShell 2.0以降がOSに標準でインストールされていますので、特に意識する必要はないでしょう。

②に関して、PowerShellを管理者モードで起動する方法については、本章「管理者として実行するには」(P.61)をご覧ください。

③に関して、PowerShellのリモート接続を許可する設定は、これから説明します。

リモートされる側のコンピューターを管理者モードで起動する

まずは、リモート接続される側のコンピューターのPowerShellを管理者モードで起動しましょう。PowerShellを管理者モードで起動したら、以下のコマンドを実行します。

コマンド

```
> Enable-PSRemoting

WinRM クイック更正
WinRM サービスによるこのコンピューターのリモート管理を有効にするコマンド "Set-WSManQuickConfig"
を実行します。
これには、次の処理が含まれます:
  1. WinRM サービスを開始または(既に開始されている場合は)再起動します。
  2. WinRM サービスのスタートアップの種類を自動に設定します。
  3. どの IP アドレスでも要求を受け付けるリスナーを作成します。
  4. WS-Management トラフィック用のファイアウォール例外を有効にします(HTTPのみ)。

続行しますか?
[Y] はい(Y)  [A] すべて続行(A)  [N] いいえ(N)  [L] すべて無視(L)  [S] 中断(S)  [?] ヘルプ(既
定地は "Y"):
```

[Y]キーを押下後、もしくはそのままの状態で[Enter]キーを押下します。すると、コンソールウィンドウに次のようなウィンドウが表示されます。

コマンド

```
WinRM は要求を受信するように更新されました。
WinRM サービスの種類を正しく変更できました。
WinRM サービスが開始されました。
ローカル ユーザーにリモートで管理権限を付与するよう LocalAccountTokenFilterPolicy を構成しまし
た。

WinRM はリモート管理用に更新されました。
このコンピューター上のあらゆる IP への WS-Man 要求を受け付けるため、HTTP://* 上に WinRM リスナーを
作成しました。
WinRM ファイアウォールの例外を有効にしました。
```

Enable-PSRemotingコマンドレットは、PowerShellのリモート接続を許可するためのコマンドです。

Enable-PSRemotingコマンドレットを実行することにより、このコンピューターに対してPowerShellのリモート接続が許可された状態に設定が変更されました。

リモートする側のコンピューターでPowerShellコンソールを起動する

ここまで完了したら、今度はリモートする側のコンピューターでPowerShellコンソールを起動しましょう。続いて、以下のコマンドを実行します。

```
Enter-PSSession remoteComputerName
```

変数・パラメータ	説明
remoteComputerName	リモートコンピューター名

Enter-PSSessionコマンドレットのパラメータの"remoteComputerName"に該当する部分には、リモートされる側のコンピューター名を指定します。

リモート接続に成功すると、次の実行結果のように、プロンプトの前にリモートされる側のコンピューター名が表示されたのを確認することができます。例えば、「PC-TEST01」というコンピューターにリモート接続すると、プロンプトが次のように変化します。

```
[PC-TEST01]: PS C:¥Users¥IKARASHI¥Documents>
```

フォルダ構成を確認する

では、この状態でGet-ChildItemコマンドレットを実行し、フォルダ構成を確認してみましょう。

コンソールウィンドウに表示された実行結果が、ローカルのフォルダ構成ではなく、リモート先のコンピューターのフォルダ構成になっていることを確認できるでしょう。

確立したリモート接続を解除するには、Exit-PSSessionコマンドレットを実行します。または、Exitコマンドを実行します。

```
> Exit-PSSession
```

```
> Exit
```

このコマンドを実行すると、リモート接続が解除され、プロンプトがリモート接続する前の状態に戻ります。

複数のリモートコンピューターにコマンドを実行する場合

Enter-PSSession コマンドレットは、リモート先のコンピューターと対話型で接続します。Enter-PSSesicn コマンドレットの場合、複数のコンピューターにリモート接続したい場合は、それまで確立していたリモートコンピューターとのセッションを、いったん切断する必要があります。

しかし、複数のコンピューターに対して同時にリモート接続し、コマンドを実行したい場合もあるでしょう。そのような場合は、New-PSSession コマンドレットを実行します。このコマンドレットを実行すると、複数のセッションを同時にセッションを確立することができます。

New-PSSession コマンドレットの構文は、次のとおりです。

```
New-PSSession -ComputerName remoteComputer1,
    remoteConputer2, ...
```

変数・パラメータ	説明
remoteComputer	リモートコンピューター名

リモート接続したいコンピューターが複数ある場合は、上記の構文のように、コンピューター名をカンマ(,)で区切って指定します。例えば、「PC-TEST01」と「PC-TEST02」というコンピューターに対してリモート接続するには、次のようなコマンドを実行します。

コマンド

```
> New-PSSession -ComputerName PC-TEST01, PC-TEST02

Id Name            ComputerName    State    ConfigurationName      Availability
-- ----            ------------    -----    -----------------      ------------
 1 Session1        PC-TEST01       Opened   Microsoft.PowerShell      Available
 2 Session2        PC-TEST02       Opened   Microsoft.PowerShell      Available
```

また、現在どのコンピューターに対してリモート接続しているかを確認するには、Get-PSSession コマンドレットを実行します。

構文1

```
Get-PSSession
```

構文2

```
Get-PSSession -ComputerName remoteComputer
```

変数・パラメータ	説明
remoteComputer	リモートコンピューター名

"-ComputerName"のパラメータを指定しない場合は、現在リモート接続を確立しているすべてのコンピューターが、結果として表示されます(構文1)。

"-ComputerName"のパラメータを指定した場合は、指定したコンピューターのみ、その状態を確認することができます(構文2)。

コマンド

```
> Get-PSSession

Id Name            ComputerName    State    ConfigurationName        Availability
-- ----            ------------    -----    -----------------        ------------
 1 Session1        PC-TEST01       Opened   Microsoft.PowerShell        Available
 2 Session2        PC-TEST02       Opened   Microsoft.PowerShell        Available
```

現在確立しているセッションを削除するには、Remove-PSSession コマンドレットを使用します。Remove-PSSession コマンドレットの構文は、次のとおりです。

構文 1

```
Remove-PSSession -ComputerName remoteComputer
```

変数・パラメータ	説明
remoteComputer	リモートコンピューター名

構文 2

```
Remove-PSSession -Id sessionId
```

変数・パラメータ	説明
sessionId	リモート先のセッションID

構文 3

```
Remove-PSSession -Name sessionName
```

変数・パラメータ	説明
sessionName	リモート先のセッション名

構文1は、コンピューター名を指定してセッションを削除します。構文2は、セッションIDを指定してセッションを削除します。構文3は、セッション名を指定してセッションを削除します。構文2のセッションIDと構文3のセッション名は、それぞれGet-PSSession コマンドレットの「Id」列および「Name」列で確認することができます。

New-PSSession コマンドレットで確立したリモートコンピューターに PowerShell コマンドを実行するには

New-PSSessionで確立したリモートコンピューターにコマンドを実行するには、Invoke-Commandコマンドレットを使用します。

Invoke-Commandコマンドレットの構文は、次のとおりです。

```
Invoke-Command -ComputerName remoteComputerName
    -ScriptBlock scriptBlock
```

変数・パラメータ	説明
remoteComputer	リモート先のコンピューター
scriptBlock	実行するコマンド(スクリプトブロック)

例えば、コンピューター名が「PC-TEST01」というリモート先のコンピューター名に対してGet-ChildItemコマンドレットを実行する場合は、次のようにします。

```
> Invoke-Command -ComputerName PC-TEST01 -ScriptBlock {Get-ChildItem C:¥}
```

上記の構文にて、"-ScriptBlock"に該当する部分には、単体のコマンドレットだけでなく第2章で後述するスクリプトブロックと呼ばれるコマンド群を指定することができます。そのため、まとまったコマンドをリモートコンピューターに対して一度に実行することが可能です。

ところでNew-PSSessionコマンドレットですが、このコマンドレットは、戻り値としてPowerShellのセッションを返します。この戻り値を利用することで、複数のリモートコンピューターに対して、同じコマンドを同時に実行することができます。

例えば、複数のリモートコンピューターに対してGet-ChildItemコマンドレットを実行する場合は、次のようにします。

```
> $pc = New-PSSession -ComputerName PC-TEST01, PC-TEST02
> Invoke-Command -Session $pc -ScriptBlock {Get-ChildItem C:¥}


   ディレクトリ: C:¥
```

```
Mode                LastWriteTime     Length Name
PSComputerName
----                -------------     ------ ----
--------------
da---        2009/12/04     18:20            iFilter
PC-TEST01
d----        2009/07/14     11:37            PerfLogs
PC-TEST01
d-r--        2014/07/21     18:00            Program Files
PC-TEST01
d----        2014/08/04     21:08            Temp
PC-TEST01
d-r--        2014/05/12     21:00            Users
PC-TEST01
d----        2014/07/19     21:12            Windows
PC-TEST01
-a---        2009/06/11      6:42         24 autoexec.bat
PC-TEST01
-a---        2009/06/11      6:42         10 config.sys
PC-TEST01
-a---        2014/05/12     21:19      17735 FaceProv.log
PC-TEST01
d----        2013/08/22     16:50            PerfLogs
PC-TEST02
d-r--        2014/06/10     20:27            Program Files
PC-TEST02
d----        2014/06/21     23:55            Temp
PC-TEST02
d-r--        2014/06/08     21:25            Users
PC-TEST02
d----        2014/06/12     23:23            Windows
PC-TEST02
-a---        2013/08/22     17:16         24 autoexec.bat
PC-TEST02
-a---        2013/08/22     17:16         10 config.sys
PC-TEST02
```

「$pc」に該当する部分は、後述する変数と呼ばれるものです。この変数に対して、New-PSSessionコマンドレットの戻り値を格納し、さらにInvoke-Comanndにて、この変数が格納しているリモート先コンピューターに対して指定のコマンドを実行します。

上記例では、リモートコンピューターの「PC-TEST01」と「PC-TEST02」に対して、Get-ChildItemコマンドを実行しています。

ローカルコンピューター上で実行した場合と比べると、「PCComputerName」列が追加されており、その列の値で接続先のリモートコンピューター名を確認することができます。

セッションの再接続について（PowerShell 3.0以降）

PowerShell 2.0では、PowerShellを終了すると同時に作成したセッションも解除されてしまいます。

そのため、以前リモート接続したコンピューターの場合でも、再度セッションを確立しなければリモート接続できませんでした。

しかしPowerShell 3.0の場合、セッションの情報はリモートコンピューター上に作成されるため、リモートをする側のコンピューターでPowerShellを終了しても、セッションは保持されます。さらに、ネットワークが切断されたためにセッションが切断されてしまった場合も自動的に再接続を行い、さらに任意のタイミングでセッションを切断したり再接続したりすることも可能です。

PSRemotingを利用しないリモート接続について

PowerShellには、PSRemotingを利用しないリモート接続も存在します。

例えば、イベントログを取得するGet-EventLogコマンドレットや、サービスを取得するGet-Processコマンドレットがそれに該当します。

これらのコマンドレットには、"-ComputerName"パラメータを指定することが可能で、これらはWMIの機能を利用して、リモートコンピューターに接続します。（WMIについては、第2章で説明します）

PowerShellのセッション機能を利用しないため、リモート先のコンピューターにPowerShellがインストールされている必要はありません。

第2章

PowerShellプログラミングの基礎

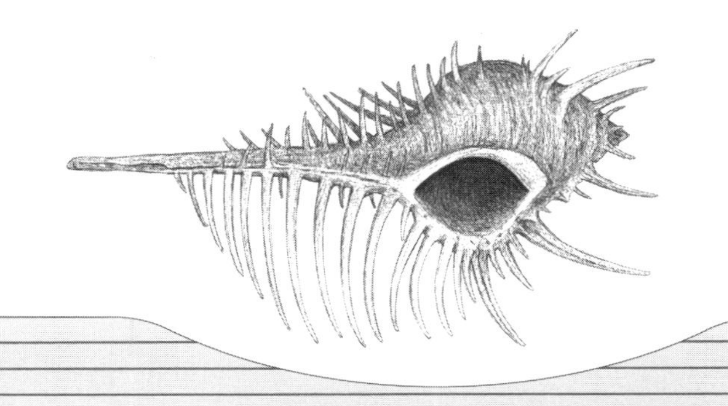

本章では、PowerShellスクリプトを作成しながらPowerShellプログラミングの基礎を学習します。

スクリプトをファイルとして保存しておくと、任意のタイミングで複数のコマンドを順次実行することが可能です。また、スクリプトをタスクスケジューラーに登録しておくことで、定時にスクリプトを実行することも可能です。

PowerShellスクリプトを使えば、例えば以下のようなことを自動で行うことができます。

- 指定した拡張子のファイルのみ、ファイルサーバーから外付けハードディスクにバックアップする
- 複数のユーザーに対して、ファイルを添付したメールを一斉送信する
- データベースから必要なデータを取得して、Excelシートに出力して保存する

以上のようなことは、PowerShell普及以前のスクリプト環境であったWSHでも可能ですが、前述のとおり、PowerShellでやれることはWSHでやれることよりも幅が広く、またプログラミングが容易になっている場合もあります。

さて、PowerShellスクリプトを作成するにあたっては、PowerShell ISEを利用するのが良いでしょう。メモ帳やその他使いなれたテキストエディタでもPowerShellスクリプトの開発は可能ですが、PowerShell ISEであれば、スクリプト開発のための便利な機能が搭載されています。それらの機能に関しても、本章にて触れます。

PowerShellスクリプトの開発は、プログラミング経験者でなければ難しいと感じるかもしれませんが、本書の後半部分ではサンプルを多く掲載していますので、それらを流用してスクリプトを作成するのが良いでしょう。

まずは、本章でしっかりとPowerShellプログラミングの基礎を身につけましょう。

2-1 スクリプトの実行ポリシーと署名について

PowerShellスクリプトは、PowerShellの初期状態では実行できません。PowerShellスクリプトを実行するには、実行ポリシーを変更する必要があります。実行ポリシーとは、PowerShellスクリプトの実行に関するセキュリティ機能の1つで、実行ポリシーを設定することでPowerShellスクリプトの実行を細かく制限することが可能です。例えば、初期状態ではPowerShellスクリプトは一切実行することができませんし、自身のコンピューターで作成したPowerShellスクリプトしか実行できないようにしたりすることもできます。

設定可能な実行ポリシーの種類は、次のとおりです。

実行ポリシー	意味	注釈
Restricted	コマンドのみ実行可能（スクリプトは実行不可）。	既定値
AllSigned	コマンドと署名のあるスクリプトファイルのみ実行可能（署名のないスクリプトファイルは実行不可）。	
RemoteSigned	コマンドと一部のスクリプトファイルが実行可能。インストールしたコンピューターで作成したスクリプトファイルは署名なしで実行可能。ダウンロードしたスクリプトファイル等は署名がないと実行不可。	
Unrestricted	コマンドと全てのスクリプトファイルが実行可能（スクリプトファイルに署名の必要はない）。ただし、ダウンロードしたスクリプトに署名がない場合、実行時に確認メッセージが表示される。	
ByPass	コマンドと全てのスクリプトファイルが実行可能（スクリプトファイルに署名の必要はない）。また、ダウンロードしたスクリプトに署名がない場合でも実行時に確認メッセージは表示されない。	PowerShellバージョン2.0より
Undefined	実行ポリシーを未定義にする。起動オプション（起動オプションについては、57ページを参照）で実行ポリシーを指定する。指定がない場合は、Restrictedになる。	PowerShellバージョン2.0より

署名とは、セキュリティ機関が安全なスクリプトであることを証明する証明書のことです。PowerShellスクリプトにも署名することが可能で、上記の実行ポリシーにもあるとおり、署名されたPowerShellスクリプトだけを実行するような設定にすることも可能です。PowerShellスクリプトの署名は、セキュリティの専門機関によって署名してもらうこともできますし、自分自身が署名することもできます。署名されたスクリプトには、改ざんから保護されるという利点もあります。

では、実行ポリシーと署名について、もう少し詳しくみてみましょう。

実行ポリシーを確認する

実行ポリシーを確認するには、Get-ExecutionPolicyコマンドレットを実行します。PowerShellコマンドレットを起動し、以下のコマンドを実行してみてください。

```
> Get-ExecutionPolicy
Restricted
```

PowerShellの初期状態では、実行ポリシーは最も高いセキュリティである「Restricted」に設定されています。実行ポリシーが「Restricted」に設定されていると、コンソールウィンドウからコマンドレットの実行は可能ですが、PowerShellスクリプトの実行はできません。

スクリプトの実行ポリシーを変更する

実行ポリシーを変更するには、Set-ExecutionPolicyコマンドレットを実行します。

PowerShellスクリプトを実行するために実行ポリシーが「Restricted」に設定されているのであれば、ここで変更しておきましょう。本書では、ローカルのPowerShellスクリプトなら署名なしでも実行可能な「RemoteSigned」に設定します。

PowerShellコンソールウィンドウを管理者モードで起動し、次のコマンドレットを実行します。

コマンド

```
> Set-ExecutionPolicy RemoteSigned

実行ポリシーの変更
実行ポリシーは、信頼されていないスクリプトからの保護に役立ちます。実行ポリシーを変更すると、about_
Execution_Policiesのヘルプ トピックで説明されているセキュリティ上の危険にさらされる可能性がありま
す。実行ポリシーを変更しますか?
[Y] はい(Y) [N] いいえ(N) [S] 中断(S) [?] ヘルプ (既定値は "Y"):
```

［Y］キーを押下してから、もしくはそのまま［r］キーを押下すると、実行ポリシーが「RemoteSigned」に変更されます。

再度、Get-ExecutionPolicyコマンドレットを実行し、現在の実行ポリシーが「RemoteSigned」に設定されていることを確認してください。

これで、自身のコンピューターで作成したPowerShellスクリプトであれば、実行できるようになりました。

実際に、簡単なPowerShellスクリプトを作成して実行してみましょう。今回は、メモ帳などのテキストエディタでPowerShellスクリプトを作成してみます。PowerShell ISEの使い方については、後述します(P.91)。

テキストエディタを起動して、以下の内容を入力してください。

スクリプト ➡2-1-1_01.ps1

```
01: for ($i = 1; $i -le 100; $i++)
02: {
03:   Write-Progress "PowerShellスクリプトファイルのサンプルです" "進捗状況:" -PercentComplete $i
04:   Start-Sleep -Milliseconds 100
05: }
```

スクリプト解説

01:	変数「$i」の値が1からはじめて1ずつ加算し、100以下の場合は処理を繰り返します。
02:	繰り返しの始まりです。
03:	プログレスバーをパーセントで表示します。
04:	100ミリ秒間待機します。
05:	繰り返しの終わりです。

入力したら、「ps1_sample.ps1」というファイル名で保存しましょう。「ps1」が、PowerShellスクリプトファイルを示す拡張子です。

保存するフォルダは、どこでも構いません。本書では、デスクトップに保存します。作成したファイルを保存すると、保存先にPowerShellスクリプトのアイコンが表示されます。

保存したPowerShellスクリプト

COLUMN

PowerShellスクリプトの拡張子がPowerShellに関連付けされていない理由

PowerShellの初期設定では、PowerShellスクリプトの拡張子「ps1」はPowerShellと関連付けされておらず、PowerShellスクリプトファイルをダブルクリックしてもその内容がメモ帳で開くだけです。

PowerShellスクリプトを実行するには、PowerShellスクリプトを右クリックして表示されたポップアップメニューから「PowerShellで実行」を選択します。

なぜ、このような仕様になったのでしょうか。それは、実行する意図が無いの誤ってスクリプトを実行してしまう危険性を排除するためです。

WSHの場合、VBScriptファイル（拡張子vbs）をダブルクリックすると、記述されているスクリプトが実行されます。

手軽な反面、誤ってスクリプトを実行してしまう危険性が大いにあります。そのため、VScriptで作成されたウィルスが出回ってしまうことがしばしばあります。

その反面、PowerShellスクリプトはPowerShellの初期設定では実行できず、またPowerShellスクリプトファイルもPowerShellと関連付けされていないため、WSHと比較すれば、はるかにセキュア（secure：「安全な」の意味）であると言えるでしょう。

保存したPowerShellスクリプトを実行する

前述のとおり、PowerShellスクリプトファイルをダブルクリックしても、スクリプトの内容がメモ帳で表示されるだけです。PowerShellスクリプトを実行するには、PowerShellスクリプトファイルを右クリックし、表示されたプルダウンメニューより「PowerShell で実行」を選択します。

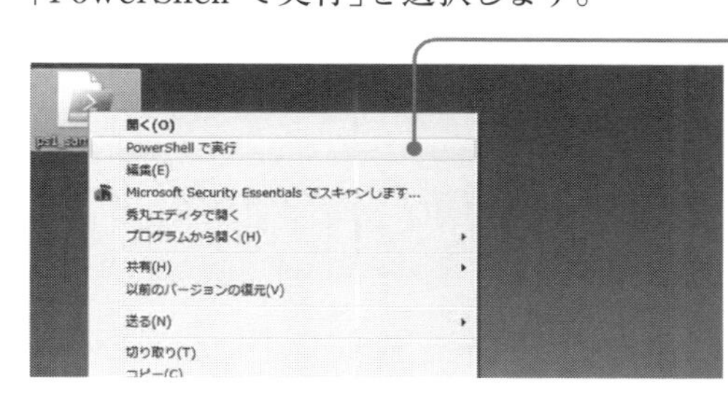

PowerShellスクリプトファイルを右クリックして、表示されたプルダウンメニューより「PowerShell で実行」をクリック

すると、PowerShellプロンプトが表示され、PowerShellスクリプトの実行結果が表示されます。

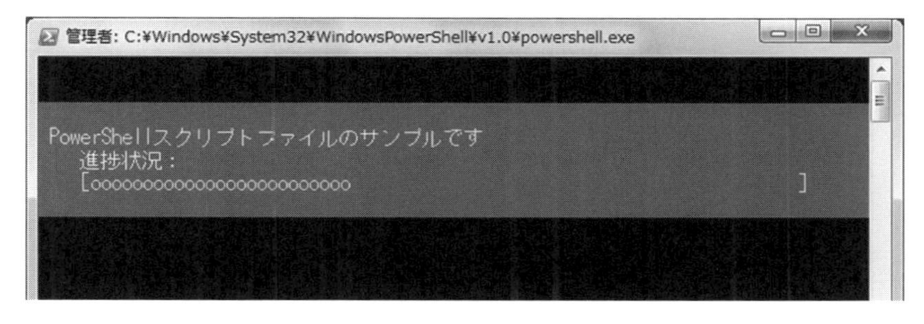

PowerShellスクリプトの実行結果が表示される

このサンプルは、PowerShellのコンソールウィンドウでプログレス（進捗）バーを表示するためのものです。実行結果が上記と異なる場合は、PowerShellスクリプトが本書のとおりに記述されているかどうかを再度確認してください。

プログレスバーは、時間のかかる処理を行う場合に、現時点でどのくらいの進捗なのかを表示するためのものです。PowerShellのプログレスバーには、このサンプルのようにパーセント表示で表すものと、残り時間を表示するものの2種類あります。

PowerShellスクリプトを実行する別の方法

PowerShellスクリプトを実行する別の方法として、PowerShellコンソールウィンドウよりスクリプトファイルのパスを指定することでも実行することが可能です。

例えば、先ほど作成したサンプルスクリプトをコンソールウィンドウより実行する場合、本書と同じ手順にそってPowerShellスクリプトをデスクトップに保存したのであれば、PowerShellスクリプトのファイルのパスを次のように指定します。

```
> C:¥Users¥[ユーザー名]¥Desktop¥ps1_sample.ps1
```

PowerShellの場合、コマンドプロンプトと違い、コンソールが示すフォルダ上にPowerShellスクリプトが存在する場合でも、ps1ファイルのファイル名だけを指定してスクリプトファイルを実行することはできません。

例えば、デスクトップ上にスクリプトファイルが存在する場合にコンソールが次のようになっていた場合でも、スクリプトファイル名だけを指定しても、エラーが発生してしまいます。

```
C:¥Users¥[ユーザー名]¥Desktop> ps1_sample.ps1

Suggestion [3,General]: コマンド ps1_sample.ps1 は見つかりませんでしたが、現在の場所に存在は
しています。Windows PowerShell は、既定では、現在の場所からコマンドを読み込めません。このコマンドを信
頼する場合は、".¥ps1_sample.ps1" と入力してください。詳細については、"get-help about_Command_
Precedence" を参照してください。
```

このように、PowerShellではスクリプトをコンソール上で実行する場合、ファイルのパスも指定する必要があります。

本書では、パスの位置をすべて指定する絶対パスでps1ファイルを実行しましたが、ps1ファイルの実行は相対パスでも可能です。つまり、PowerShellのインストール先フォルダにPowerShellスクリプトが存在する場合、上記の例を次のように指定することができます。

```
> .¥ps1_sample.ps1
```

PowerShellコンソールは、パスを指定していないコマンドが実行された場合、次の優先順位でコマンドを解釈します。

1. エイリアス
2. 関数
3. コマンドレット
4. ネイティブ Windows コマンド

つまり、パスを指定していないps1ファイルは、スクリプトとしては認識されません。そのため、ps1ファイルを実行するには、絶対パスでも相対パスでもどちらでもよいので、必ずパスを指定する必要があるのです。

スクリプトに署名する

実行ポリシーには、署名されていないPowerShellスクリプトの実行を許可しないようにすることも可能です。

署名は、PowerShellコンソールウィンドウからSet-AuthenticodeSignatureコマンドレットを実行することで行うことができます。このコマンドレットを実行すると、スクリプトファイルの本文に署名が埋め込まれます。ただし、文字コードがUTF-8の場合に限ります。

また、自己署名入り証明書を作成してそれを署名することも可能です。自己署名入り証明書を作成するには「.NET Framework SDK」と呼ばれる.NET開発者用ツールが必要です。

COLUMN

証明書の有効期間について

PowerShellスクリプトの署名に使用する証明書には、有効期間が存在します。証明書に有効期間が存在する理由は、暗号化による証明書の安全性をより高めるためです。

スクリプトの署名には、公開鍵暗号化方式という技術が使用されています。公開鍵暗号化方式は、署名するための鍵と署名を確認するための鍵が別々に分かれています。署名するための鍵が秘密鍵と呼ばれており、鍵は非公開です。これに対し、署名を確認するための鍵は公開鍵と呼ばれ、複合化のための鍵が一般に公開されます。

施錠する鍵と解除する鍵が別々と言うと思わず首を捻ってしまいますが、興味があれば署名に関する技術についても予備知識として学習するのもよいかも知れません。

2-2 PowerShell ISEの使い方

PowerShell ISE（Integrated Scripting Environmentの略語）は、PowerShellスクリプトの開発環境です。PowerShell ISEは、一般的なテキストエディタとしての編集機能を備えており、またスクリプトを1行ずつ順を追って実行するデバッグ機能も付いています。さらに、PowerShell 3.0以降であれば、入力支援機能（インテリセンス）もあります。

PowerShell ISE 2.0の画面

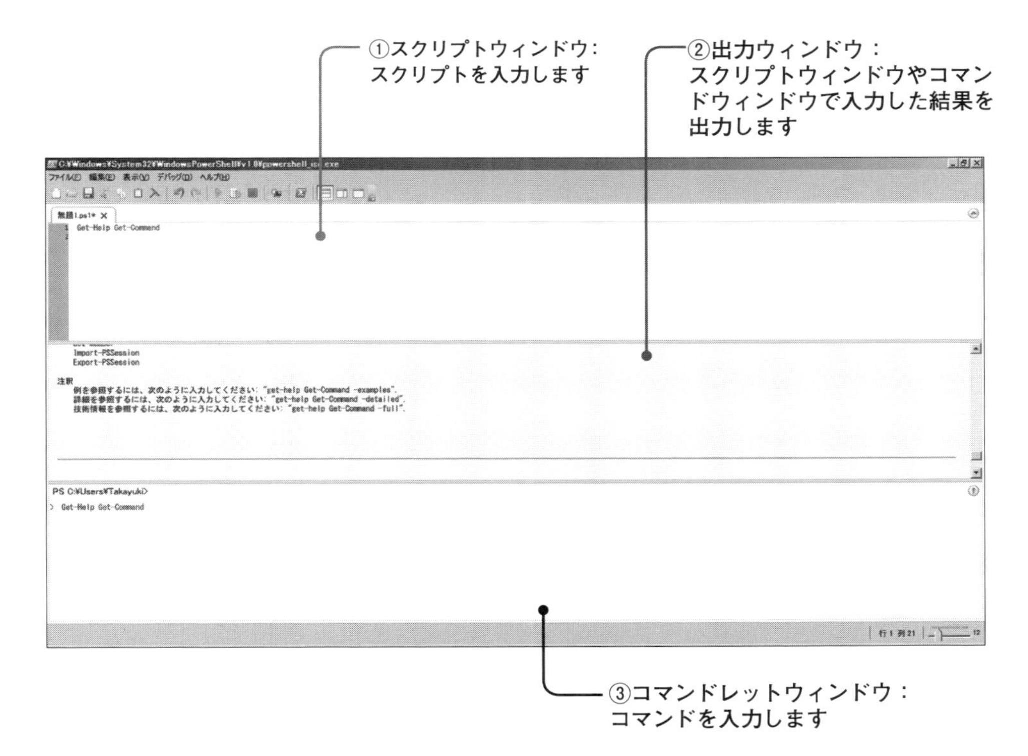

PowerShell ISE 3.0以降の画面

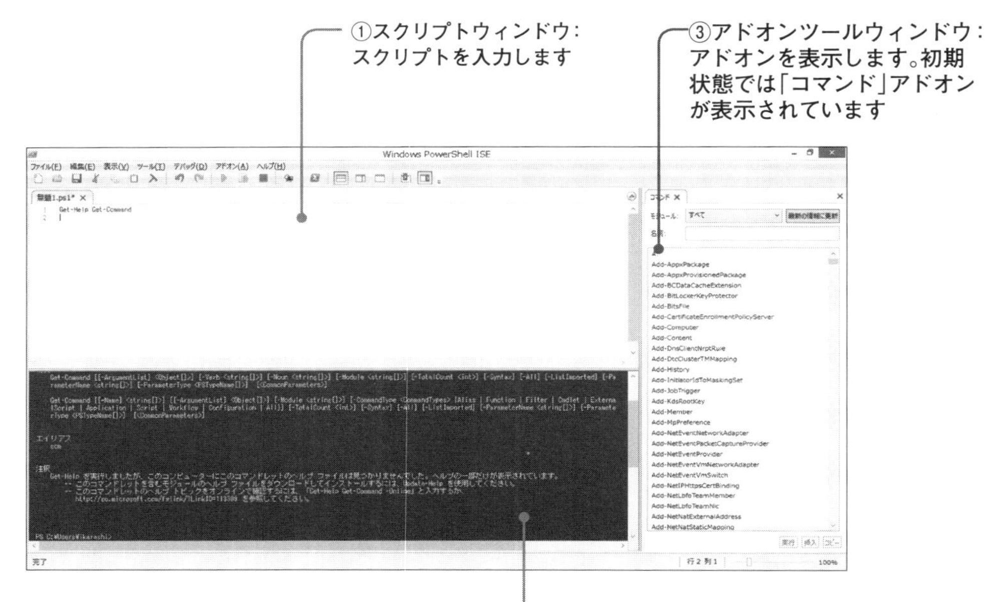

スクリプトウィンドウが表示されていない場合、メニューバーの「ファイル(F)」-「スクリプト ウィンドウの表示(I)」を選択し、当該項目にチェックが入った状態にします。

②コンソールウィンドウ：
コマンドを入力します。スクリプトウィンドウやコンソールウィンドウで入力した結果もここに出力します

リモートコンピューターでスクリプトを実行する場合は、メニューバーの「ファイル(F)」-「リモート PowerShell タブの新規作成(P)」を選択します。「リモート PowerShell タブの新規作成」画面が表示されるので、リモート先のコンピューター名とユーザー名を入力します。

ただし、あらかじめリモートコンピューターの設定を変更しておく必要があります。リモートコンピューターの設定変更については、第1章の「リモートコンピューターでコマンドを実行するには」(P.72)をご覧ください。

2-2-1 デバッグと実行

PowerShellスクリプトは、テキスト形式のファイルとして、任意のフォルダに保存します。PowerShellの内部文字コードにはUTF-16を使用しており、コマンドレットの実行結果をテキストファイルに出力した場合やPowerShell ISEで作成したスクリプトを保存する場合も、UTF-16形式でテキストファイルが作成されます。UTF-16以外にも、UTF-8やShift-JISなど、日本語に対応した文字コードの使用が可能です。

PowerShell ISEで編集中のスクリプトは、メニューバーの「ファイル(F)」-「実行(R)」を選択するか、もしくはツールバーの「実行」ボタンをクリック、もしくは[F5]キーを押下することで実行できます。

任意の行でスクリプトを一旦停止したい場合は、ブレークポイントという機能を使用します。ブレークポイントは、行単位で指定することが可能で、実行中のスクリプトの行がブレークポイントに差し掛かった時点で、スクリプトが一時停止します。ブレークポイントによって一時停止したスクリプトは、再度[F5]キーを押下するなどで再実行することができます。

ブレークポイントは、プログラムの実行前にあらかじめ設定しておく必要があります。

ブレークポイントを使用することで、宣言した変数の値がどのように変わっていくかを行を追って確認することができます。これを、デバッグ実行と言います。ブレークポイントは、ブレークポイントを設定した行にカーソルがある状態で、メニューバーの「デバッグ(D)」-「ブレークポイントの設定/解除(G)」を選択するか、[F9]キーを押下します。

ブレークポイントが設定された行は、該当行の背景色が茶色になります。

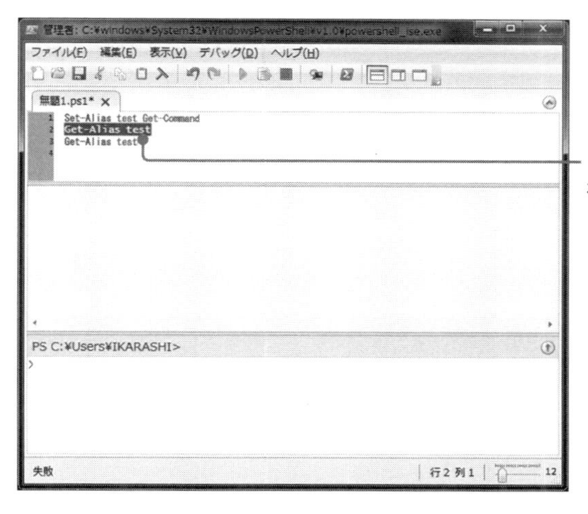

ブレークポイントが設定された行(2行目)は背景が茶色になる

COLUMN

拡張子を表示するには

ファイル名に拡張子が表示されない場合、Windows OSの設定を変更する必要があります。

PowerShellスクリプトの拡張子「ps1」が表示された状態のアイコン(左)と表示されていないアイコン(右)

Windows 8/8.1の場合は、ウィンドウズキーを押しながら[E]キーを押し、エクスプローラーを表示します。エクスプローラーのメニューバーから「表示」を選択し、「ファイル名拡張子」にチェックを入れます。

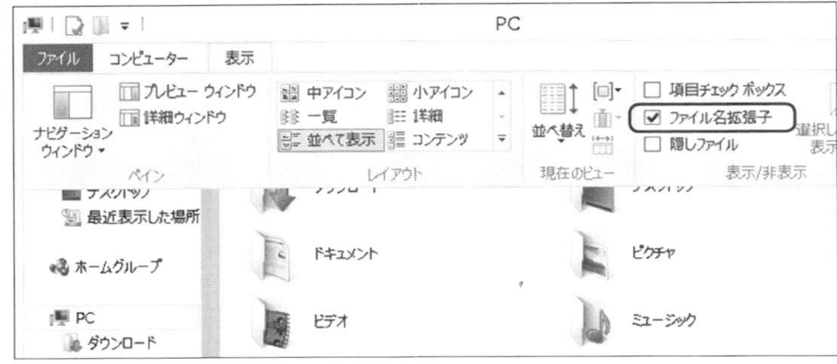

「ファイル名拡張子」にチェックを入れる

Windows 7の場合は、ウィンドウズキーを押しながら[E]キーを押し、エクスプローラーを表示します。エクスプローラーのメニューバーから「整理」を選択し、「フォルダーと検索のオプション」をクリックします。「フォルダー オプション」画面が表示されますので、「表示」タブを選択し、「詳細設定:」内の「登録されている拡張子は表示しない」のチェックを外します。

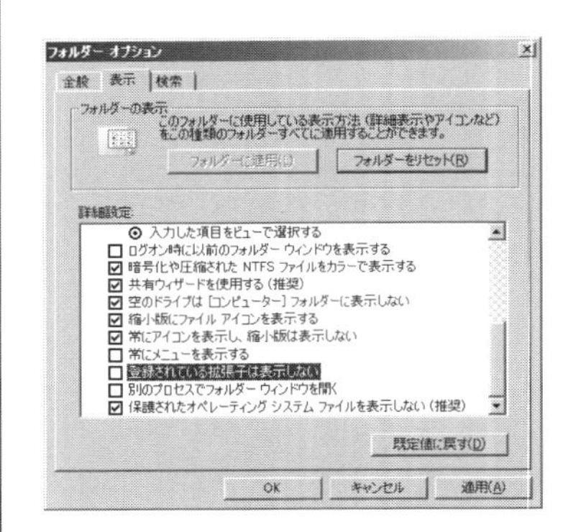

「登録されている拡張子は表示しない」のチェックを外す

2-3 PowerShellの文法について

ここでは、PowerShellスクリプトで使用する文法について説明します。取り上げる内容は、次のとおりです。

- 変数とデータ型
- 定数の宣言
- シェル変数(自動変数)
- 配列
- 連想配列
- 演算子
- 制御構文
- コメントの付け方
- 特殊文字の取り扱いについて

まずは、「変数とデータ型」について、説明します。そもそも「変数とは何か」といった基本的な部分から始めます。また、スクリプトを作成する上で覚えておかなければならない「制御構文」についても、ここで取り上げます。制御構文とは、プログラムの流れを制御する構文のことを言います。プログラムの流れを制御する構文は、大きく分けて「順次処理」「分岐処理」「繰返し処理」の3つがあります。制御構文は、一般的なプログラミング言語における基礎となる知識ですので、プログラミング未経験者は確実に習得する必要があります。

次章からは、いよいよPowerShellスクリプトの作成に入ります。ここでPowerShellの文法を確実に習得しておきましょう。

2-3-1 変数とデータ型

前章でも「変数」について少しだけ触れましたが、ここではもう少し、詳しく見てみることにしましょう。既にプログラミング経験がある方は読み飛ばしていただいても構いませんが、逆にプログラミング経験が全くない方は、必ず理解してから先へ読み進めてください。変数は、PowerShellに限らず、あらゆるプログラミング言語の基本中の基本です。

前章にて、変数とは値を入れておく箱のようなものだと説明しました。変数を利用することによって、その変数に入っている値にわかりやすい名前をつけることができると理解してください。例を見てみましょう。

```
> $tax = 0.08
```

上の例では、変数「$tax」に「0.08」という値を代入したことになります。

すなわち、このスクリプト上では、消費税率「0.08」という値の代わりに消費税率が代入されている「$tax」という変数を用いることができます。「0.08」という値からでは理解し難いスクリプトの内容でも、「$tax」という変数が定義されていれば、その値がどういう意味を持つのかを把握しやすくなります。

他にも、次のようにNew-Variableコマンドレットを使用することでも変数に値を代入することができます。

コマンド

```
> New-Variable tax -value 0.08
```

PowerShellの変数は、頭文字として「$」を付ける決まりがあります。ただし、New-Variableコマンドレットを使用した場合、宣言時には「$」を付けません。しかし、その変数を利用する際には、「$」を付けて参照します。

例えば、上記コマンドによって定義された変数の値を、コンソールウィンドウにメッセージを表示するWrite-Hostコマンドレットで確認してみましょう。

```
> Write-Host $tax
0.08
```

プログラミング言語によって様々ですが、PowerShellの場合、変数は大文字と小文字を区別しません。そのため、先ほどの変数「$tax」は、「$TAX」と記述した場合も同じ変数として扱われます。

また、変数にはデータ型というものが存在します。データ型とは、そのデータがどのような種類のデータが代入されているのかを示す分類を意味します。少々わかりづらいですが、例えば、文字列を格納するための文字列型や、数値を格納するための数値型、日付を格納するための日付型、オブジェクトを格納するためのオブジェクト型などがあります。

PowerShellの場合、明示的にデータ型を指定する必要はありません。数値を代入した変数は数値型の変数として扱われますし、文字列を代入した変数は文字列型の変数として扱われます。

しかし、データ型をしっかり理解しておかないと、スクリプトの実行結果で予想通りの結果を得ることができないでしょう。その簡単な例をみてみましょう。

スクリプト ➡2-3-1_01.ps1

```
01: $a = 1
02: $b = 2
03: $c = $a + $b
04: Write-Host $c
```

スクリプト解説

01:	変数「$a」に値1を代入します
02:	変数「$b」に値2を代入します
03:	変数「$c」に変数「$a」と「$b」を加算した結果を代入します
04:	変数「$c」に格納されている値を表示します

実行結果

```
3
```

このスクリプトでは、変数「$a」と「$b」を加算した結果を「$c」に代入し、その値を出力しています。変数は、3行目のように、演算結果を代入することもできます。PowerShellの演算については、後で詳しく述べます(P.121)。

このスクリプトを実行すると、「3」という結果を得ることができました。これを踏まえて、今度は次のようなスクリプトを作成し、実行してみてください。

スクリプト ➡2-3-1_02.ps1

```
01: $a = "1"
02: $b = "2"
03: $c = $a + $b
04: Write-Host $c
```

スクリプト解説

01:	変数「$a」に値"1"を代入します
02:	変数「$b」に値"2"を代入します
03:	変数「$c」に変数「$a」と「$b」を加算した結果を代入します
04:	変数「$c」に格納されている値を表示します

実行結果

```
12
```

今度は「12」と表示されました。最初に作成したスクリプトとの違いは、2行目と3行目のそれぞれの値(1と2)が、ダブルクォーテーション(")で囲まれているかどうかの違いだけです。

なぜ、このような結果となったのでしょうか。最初のスクリプトでは、変数「$a」「$b」の値は数値型として認識されたため、3行目の加算式によって変数「$c」に「$a」と「$b」の加算した結果である「3」が代入されました(1 + 2 = 3)。

ところが次のスクリプトでは、変数「$a」「$b」の値がダブルクォーテーションで囲まれたことにより、これらの変数に格納された値は文字列として認識されました。そのため、3行目で変数「$a」と「$b」を文字列として連結した結果が変数「$c」に代入されたのです。

データ型には、他にも様々なものがあります。スクリプトを作成する際には、それらの用途を正しく理解してから使用する必要があります。

文字列の定義について

PowerShellで文字列を扱う場合、値をダブルクォーテーション(“)で囲います。厳密には、ダブルクォーテーションで囲った文字列は、.NETのstringオブジェクトに該当します。ダブルクォーテーションで表される文字列は、その文字列の中に定義済みの変数がある場合、その変数の値が表示されます。

```
> $k = "かきくけこ"
> Write-Host "あいうえお $k さしすせそ"
あいうえお かきくけこ さしすせそ
```

変数「$k」は、変数名ではなく変数の値が表示されたのを確認できます。ただし、変数名の両端は半角もしくは全角のスペースで囲われている必要があります。

半角もしくは全角のスペースで囲いたくない場合は、次のように変数名を“{}”で囲います。

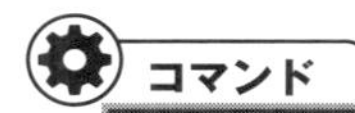


```
> $k = "かきくけこ"
> Write-Host "あいうえお${k}さしすせそ"
あいうえおかきくけこさしすせそ
```

PowerShellで文字列を扱うには、シングルクォーテーション(‘)を用いることも可能です。ただし、シングルクォーテーションで文字列を囲った場合、その中に含まれる変数名は展開されず、変数名がそのまま表示されます。つまり、先ほどの例をダブルクォーテーションではなくシングルクォーテーションを使用した場合は次のようになります。

```
> $k = 'かきくけこ'
> Write-Host 'あいうえお $k さしすせそ'
あいうえお $k さしすせそ
> Write-Host 'あいうえお${k}さしすせそ'
あいうえお${k}さしすせそ
```

値としてダブルクォーテーションを表示したい場合は、その値をシングルクォーテーションで囲うか、エスケープ文字を使用します。

エスケープ文字とは、特殊な意味を持つ文字の前に置くことによって、その意味を無効化させることのできる単一の文字のことです。PowerShellの場合、エスケープ文字にはバッククオート(`)を使用します。他にも、ダブルクォーテーションを重ねて記述することで、ダブルクォーテーションを1つ表示することができます。同様に、値としてシングルクォーテーションを表示したい場合は、その値をダブルクォーテーションで囲うか、エスケープ文字を使用、もしくはシングルクォーテーションを2つ重ねて記述します。

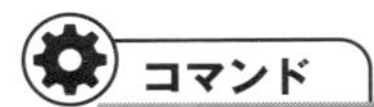


```
> Write-Host '本日は"晴天"なり'
本日は"晴天"なり
```

コマンド

```
> Write-Host "本日は`"晴天`"なり"
本日は"晴天"なり
```

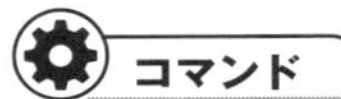


```
> Write-Host "本日は""晴天""なり"
本日は"晴天"なり
```

また、文字列に改行やその他の書式情報を含む場合、ヒア文字列を使うと便利です。

コマンド

```
> $msg = @"
> 著書名:PowerShellコマンド&スクリプトガイド
> 著者　:五十嵐貴之
> 出版社:ソシム
> "@
> Write-Host $msg
著書名:PowerShellコマンド&スクリプトガイド
著者　:五十嵐貴之
出版社:ソシム
```

ヒア文字列は、@"で始まり、"@だけの行で終わる文字列です。例のように、文字列に含まれる改行は、そのまま改行として表示されます。ヒア文字列は、ダブルクォーテーションの代わりにシングルクォーテーションを用いることも可能です。ダブルクォーテーションの場合は値に変数名を含む場合は展開して表示されますが、シングルクォーテーションの場合は変数名がそのまま表示されます。

変数の宣言を強制する

「変数の宣言を強制する」とは、VBScriptの「Option Explicit」と同様の制限のことを指します。これは、「宣言していない変数を使用することを許可しない」ための仕様です。「宣言していない変数を使用することを許可しない」とは、どういうことでしょうか。

```
> $I = "Hello World!"
> Write-Host $l
```

このコマンドを実行すると、一見、“Hello World!”と表示されそうですが、実際は何も表示されません。なぜでしょう？

その理由は、2行目で使用している変数「$l」には、何の値も代入されていないからです。

1行目で“Hello World!”という文字列を変数「$I」に代入していますが、1行目で使用した変数名はアルファベット大文字の「I」だったのに対し、2行目で使用した変数名はアルファベット小文字の「L」になっています。このように、変数名のスペルミスのため、思ったとおりの実行結果が得られないことがあります。

そのため、定義されていない(値を代入されていない)変数を使用できないようにすることには、大いに意味があるのです。

PowerShellで宣言されていない（値が代入されていない）変数の使用を許可しないようにするには、次のコマンドを実行します。

```
> set-psdebug -strict
```

例えば、先ほどのコマンドの先頭に上記コマンドを付け加えます。

コマンド

```
> Set-PSDebug -strict
> $I = "Hello World!"
> Write-Host $l
変数 '$l' は、設定されていないために取得できません。
発生場所 行:3 文字:14
+ Write-Host $l <<<<
    + CategoryInfo          : InvalidOperation: (l:Token) []、RuntimeException
    + FullyQualifiedErrorId : VariableIsUndefined
```

先ほどの実行結果と違い、エラーメッセージが表示されました。エラーメッセージは、変数「$l」に値が代入されていないことが原因であることを通知しています。

PowerShellだけでなく、様々な言語でプログラミングをする場合、常に変数の宣言を強制するようにしておくこと強くお勧めします。プログラムの量が多くなればなるほど、変数の宣言を強制することによる恩恵を実感できるはずです。変数の宣言を強制しなかったことにより、ちょっとしたスペルミスによる実行結果の不一致を調査するために費やす時間を解消してくれるのですから。

さて、一応、「変数の使用を宣言する」状態を解除する方法についても、説明します。「変数の使用を宣言する」状態を解除するには、以下のコマンドを実行します。

```
> Set-PSDebug -off
```

変数のデータ型を確認するには

変数のデータ型を確認するには、次の構文のようにします。

構文

```
variable.GetType()
```

変数・パラメーター	説明
variable	変数名

例えば、次のコマンドの実行結果を確認してみましょう。

コマンド

```
> $a = "Hello World!"
> $b = 100
> Write-Host "変数`$aのデータ型は、「"$a.GetType()"」です。"
変数$aのデータ型は、「 System.String 」です。
> Write-Host "変数`$bのデータ型は、「"$b.GetType()"」です。"
変数$bのデータ型は、「 System.Int32 」です。
```

実行結果の1行目には変数「$a」の現在のデータ型が、2行目には変数「$b」の現在のデータ型が格納されます。

変数のデータ型は、代入されている値によって変わりますので、Int32型（数値型）と表記された変数「$b」に文字列を代入した場合、データ型はString型（文字列型）に変わります。

コマンド

```
> $a = "Hello World!"
> $b = 100
> Write-Host "変数`$aのデータ型は、「"$a.GetType()"」です。"
変数$aのデータ型は、「 System.String 」です。
> Write-Host "変数`$bのデータ型は、「"$b.GetType()"」です。"
変数$bのデータ型は、「 System.Int32 」です。
> $b = $a
> Write-Host "変数`$bのデータ型が、「"$b.GetType()"」になりました。"
変数$bのデータ型が、「 System.String 」になりました。
```

このように、PowerShellでは変数に代入されている値によって変数のデータ型が自動的に変換されますが、変数の型を明示的に指定することも可能です。その場合は、次のようにします。

構文

```
[dateType]変数名
```

変数・パラメーター	説明
dateType	データ型

例えば、データ型がInt32型の変数を定義する場合は、次のようにします。

コマンド

```
[Int32]$val = 100
```

明示的に変数のデータ型を指定した場合、宣言されているデータ型と異なるデータ型の値を代入した場合、エラーとなります。

コマンド

```
[Int32]$val = "Hello World!"
値 "Hello World!" を型 "System.Int32" に変換できません。エラー: "入力文字列の形式が正しくありません。"
発生場所 行:1 文字:12
+ [Int32]$val <<<<  = "Hello World!"
    + CategoryInfo          : MetadataError: (:) []、ArgumentTransformationMetadataException
    + FullyQualifiedErrorId : RuntimeException
```

この例では、数値型であるInt32型の変数に対し、文字列を代入しようとしたためにエラーが発生しました。

ではなぜ、あえてデータ型を指定する必要があるのでしょう。わざわざ明示的にデータ型を指定しなければ、PowerShellが代入された値からデータ型を自動的に判断してくれるため、エラーは発生しなくなります。それならば、データ型を指定しない方がいいのではないかと思うかもしれません。

しかし、データ型を明示的に指定するのは、きちんとした理由があります。データ型を定義する理由は、「データ型を定義された変数はその変数の値のデータ型が固定される」ことにあります。

例えば、変数のデータ型を指定しなかった場合、日付型を代入したい変数に文字列が代入されてしまった時、その結果に気づくのは値を参照したときに限られてしまいます。本来であれば、日付型を代入したい変数に文字列が代入されてしまうこと事態、問題なのです。変数のデータ型を宣言した場合は、その変数のデータ型に沿わない値が代入されてしまった時点で、即座にエラーを発生させることができます。

データ型一覧

PowerShellで使用できる.NET Frameworkのデータ型の一覧は、次のとおりです。

共通言語ランタイムの型構造	ストレージ割り当ての公称サイズ	値の範囲
Boolean	実装するプラットフォームに依存	True または False
Byte	1 バイト	0 ～ 255 (符号なし)
Char	2 バイト	0 ～ 65535 (符号なし)
DateTime	8 バイト	0001 年 1 月 1 日 0:00:00 (午前 0 時) ～ 9999 年 12 月 31 日 11:59:59 PM
Decimal	16 バイト	0 ～ +/-79,228,162,514,264,337,593,543,950,335 (+/-7.9...E+28) † (小数点なし)、0 ～ +/-7.9228162514264337593543950335 (小数点以下 28 桁)0 以外の最小数は +/-0.0000000000000000000000000001 (+/-1E-28) †
Double	8 バイト	-1.79769313486231570E+308 ～ -4.94065645841246544E-324 † (負の値) 4.94065645841246544E-324 ～ 1.79769313486231570E+308 † (正の値)
Int32	4 バイト	-2,147,483,648 ～ 2,147,483,647 (符号付き)
Int64	8 バイト	-9,223,372,036,854,775,808 ～ 9,223,372,036,854,775,807 (9.2...E+18 †) (符号付き)

共通言語ランタイムの型構造	ストレージ割り当ての公称サイズ	値の範囲
Object（クラス）	32 ビット プラットフォームでは 4 バイト64 ビット プラットフォームでは 8 バイト	オブジェクト型 (Object) の変数には任意の型を格納できます。
SByte	1 バイト	-128 ～ 127（符号付き）
Int16	2 バイト	-32,768 ～ 32,767（符号付き）
Single	4 バイト	-3.4028235E+38 ～ -1.401298E-45 †（負の値）1.401298E-45 ～ 3.4028235E+38 †（正の値）
String（クラス）	実装するプラットフォームに依存	0 個 ～ 約 20 億個の Unicode 文字
UInt32	4 バイト	0 ～ 4,294,967,295（符号なし）
UInt64	8 バイト	0 ～ 18,446,744,073,709,551,615 (1.8...E+19 †)（符号なし）
(ValueType から継承)	実装するプラットフォームに依存	構造体の各メンバーの範囲はデータ型によって決まり、他のメンバーの範囲とは関係しません。
UInt16	2 バイト	0 ～ 65,535（符号なし）

出典：http://msdn.microsoft.com/ja-jp/library/47zceaw7.aspx

型変換について

変数のデータ型は、明示的に別のデータ型に変換することが可能です。データ型を変換するメリットは、変換後のデータ型が持つメンバを利用することができるところにあります。

メンバとは、クラスが持つプロパティやメソッド、または変数や関数などの要素のことを言います。プロパティとは、オブジェクトが持つ特質を意味し、メソッドとは、オブジェクトが持つ振る舞いを意味します。

例えば、日付の加減算は日付型（厳密に言えばSystem.DateTime型）のメンバを用いることで簡単に行うことができますが、次のように変数に代入した値は、文字列型（System.String型）のデータとして扱われてしまいます。

コマンド

```
> #日付を代入します
> $date = "2015-01-01"
>
> #変数「$date」のデータ型を確認します
> $date.GetType().FullName

System.String
```

そのため、System.DateTime クラスのメンバを用いて日付の加減算を行うには、変数「$date」のデータ型を、文字列型から日付型に変換する必要があります。ある変数のデータ型を別のデータ型に変換する場合には、「-as」演算子を使用します（演算子に関する説明は、後述します）。

構文

```
variable -as dateType
```

変数・パラメーター	説明
variable	変数名
dateType	変換後のデータ型

前述の例で言えば、変数「$date」を文字列型から日付型に変換する場合は、次のようにします。

コマンド

```
> #日付を代入します
> $date = "2015-01-01"
>
> #変数「$date」のデータ型を日付型に変換します
> $date = $date -as [System.DateTime]
>
> #変数「$date」のデータ型を確認します
> $date.GetType().FullName
System.DateTime
```

GetType メソッドによって、変数「$date」が日付型に変換されたのを確認することができます。では、日付の加減算を行う System.DateTime クラスの AddDays メソッドを使用して、変数「$date」に代入された2015年1月1日から100日後を求めてみましょう。

```
> #変数「$date」の100日後を求めます
> $date.AddDays(100)
2015年4月11日 0:00:00
```

このように、System.DateTimeクラスのAddDaysメソッドによって、簡単に日付の加減算を行うことができました。System.DateTimeクラスには、その他にも様々な日付に関する便利なメンバが用意されています。これらのメンバを適切に利用するためにも、データ型の適切な変換が必要となってくるのです。

確認のため、変数「$date」を日付型に変換しなかった場合もみてみましょう。

コマンド

```
> #日付を代入します
> $date = "2015-01-01"
>
> #変数「$date」のデータ型を確認します
> $date.GetType().FullName
>
> #変数「$date」の100日後を求めます
> $date.AddDays(100)
System.String
[System.String] に 'AddDays' という名前のメソッドが含まれないため、メソッドの呼び出しに失敗しました。
発生場所 行:8 文字:14
+ $date.AddDays <<<< (100)
    + CategoryInfo          : InvalidOperation: (AddDays:String) []、RuntimeException
    + FullyQualifiedErrorId : MethodNotFound
```

上記のように、エラーとなってしまいました。System.String型には、AddDaysというメソッドが存在しないためです。

日付型だけでなく、データ型にはデータ型ごとの便利なメンバが存在します。それらのメンバを的確に使いこなすことで、コマンドプロンプトやWSHといった旧来の技術と比較した場合のPowerShellの利便性を明確化することができることでしょう。

2-3-2 定数について

定数とは、変数と同様、値を入れておく箱のようなものです。変数との違いは、代入されている値を変更できないところです。値を変更できないことによる利点は、その定数を参照すれば必ず決まった値が返されることが保証されているところにあります。変数の場合、値を随時変更できるため、決まった値が返される保証はありません。そのため、一度定義したら変更する必要がない値は、定数に代入しておくと便利です。

定数を使用した例を挙げてみましょう。次のスクリプトでは、ある金額に対する消費税額を計算する度に、消費税率として0.08という値を金額に乗算しています。

スクリプト ➡2-3-2_01.ps1

```
01: #金額を設定します
02: $kingaku1 = 100
03: $kingaku2 = 200
04: $kingaku3 = 300
05:
06: #金額に税率を乗算し、税額を算出します
07: $zeigaku1 = $kingaku1 * 0.08
08: $zeigaku2 = $kingaku2 * 0.08
09: $zeigaku3 = $kingaku3 * 0.08
10:
11: #税額を出力します
12: Write-Host $zeigaku1
13: Write-Host $zeigaku2
14: Write-Host $zeigaku3
```

実行結果

```
8
16
24
```

しかし、翌年、消費税率が10%に上がりました。そのため、スクリプトで使用している消費税率を8%から10%に変更する必要があります。

その場合、上記のようなスクリプトだと散在している消費税率の値をすべて見つけ出し、0.08から0.10に変更しなければなりません。消費税率を用いた箇所が多ければ多いほど、修正が困難になります。このような場合は、定数を用いると便利です。

上記スクリプトを、定数を用いて再作成してみましょう。PowerShellで定数を定義するには、Set-Variableコマンドレットを"-constant"オプション付きで実行します。

構文

```
Set-Variable -name constantName -value value -option constant
```

変数・パラメーター	説明
constantName	定数名
value	値

constantNameには、定数の名前を指定します。定数名には、"$"を指定することはできません。但し、定義した定数を参照する場合は、定数名の先頭に"$"が必要です。

valueには、定数に代入する値を指定します。

"-option constant"は、定数を定義するために指定するオプションです。

定数を用いて作成し直したスクリプトは、次のとおりです。

スクリプト ➡2-3-2_02.ps1

```
01: #税率を定義します
02: Set-Variable -name ZEIRITSU -value 0.08 -option constant
03:
04: #金額を設定します
05: $kingaku1 = 100
06: $kingaku2 = 200
07: $kingaku3 = 300
08:
09: #金額に税率を乗算し、税額を算出します
10: $zeigaku1 = $kingaku1 * $ZEIRITSU
11: $zeigaku2 = $kingaku2 * $ZEIRITSU
12: $zeigaku3 = $kingaku3 * $ZEIRITSU
13:
```

```
14: #税額を出力します
15: Write-Host $zeigaku1
16: Write-Host $zeigaku2
17: Write-Host $zeigaku3
```

実行結果

```
8
16
24
```

定数を使用した場合、消費税率の変更に伴うスクリプトの修正は、2行目の定数の宣言部分のみです。"-value"の後に続く0.08を、0.10に変えてあげるだけで済みます。

このように、一度宣言してしまえば変更されることのない値に関しては、定数を使用した方がよいでしょう。

わかりやすい定数名を使用することにより、変数同様、その定数にはどのような値が代入されているのかを推測しやすくするといった利点もあります。

2-3-3 自動変数(シェル変数)

自動変数とは、PowerShellによって自動的に作成された変数のことを言います。シェル変数とも言います。自動変数には、PowerShellの状態を示す値が自動的に保存されます。例えば、自動変数「$PSHOME」には、PowerShellのインストール先フォルダが格納されています。

コマンド

```
> $PSHOME
C:¥Windows¥System32¥WindowsPowerShell¥v1.0
```

シェル変数の内容は、PowerShellの状態によって自動的に更新されるため、ユーザー自身が変更することはできません。代表的な自動変数は、次のとおりです。

自動変数	説明
$Args	関数などに指定した引数の値が格納されます
$True	論理型の真(True)の値が格納されます
$False	論理型の偽(False)の値が格納されます
$NULL	Null 値が格納されます
$Home	ホームディレクトリのパスが格納されます
$Host	起動中の PowerShell オブジェクトが格納されます
$PsHome	PowerShell がインストールされているパスが格納されます
$This	自分自身を示すオブジェクトが格納されます
$Error	前回のエラーに関するオブジェクトが格納されます
$MyInvocation	スクリプト自身に関するオブジェクトが格納されます

自動変数は、以下のコマンドでも確認することができます。

コマンド

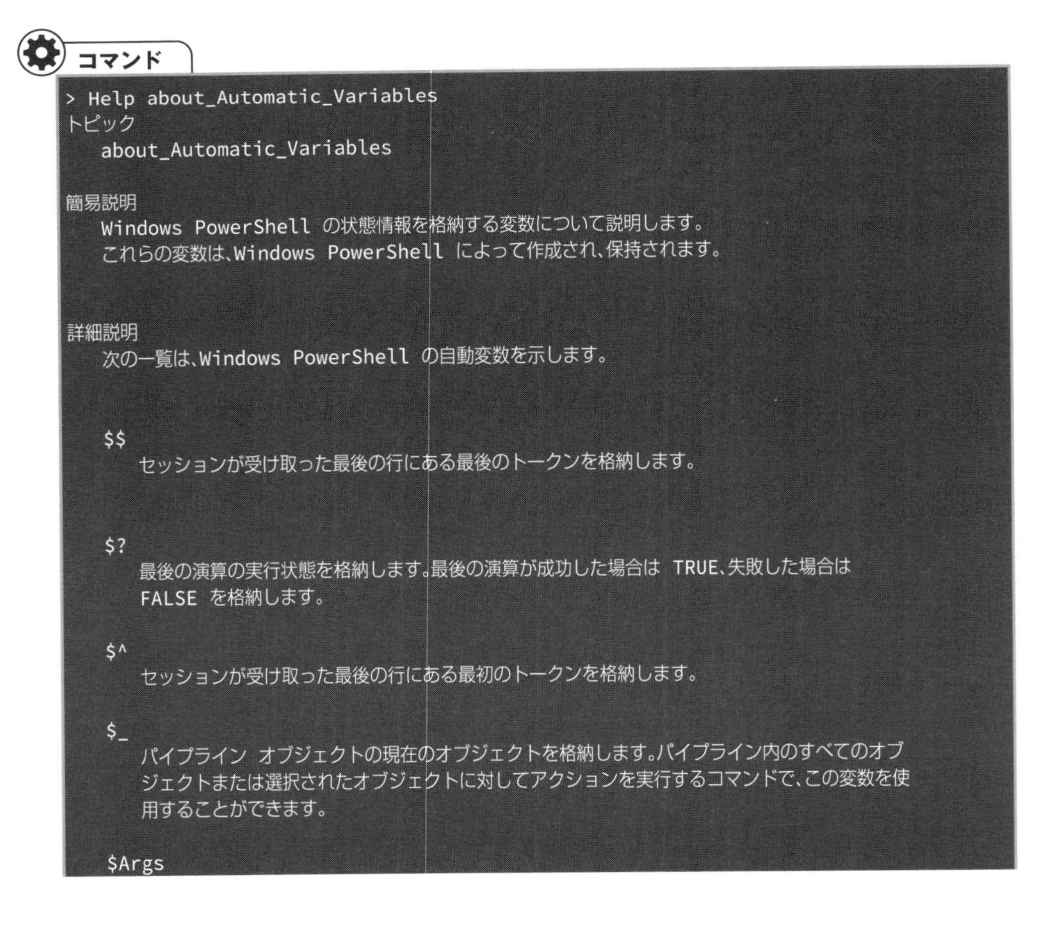

```
> Help about_Automatic_Variables
トピック
    about_Automatic_Variables

簡易説明
    Windows PowerShell の状態情報を格納する変数について説明します。
    これらの変数は、Windows PowerShell によって作成され、保持されます。


詳細説明
    次の一覧は、Windows PowerShell の自動変数を示します。


    $$
        セッションが受け取った最後の行にある最後のトークンを格納します。


    $?
        最後の演算の実行状態を格納します。最後の演算が成功した場合は TRUE、失敗した場合は
        FALSE を格納します。

    $^
        セッションが受け取った最後の行にある最初のトークンを格納します。

    $_
        パイプライン オブジェクトの現在のオブジェクトを格納します。パイプライン内のすべてのオブ
        ジェクトまたは選択されたオブジェクトに対してアクションを実行するコマンドで、この変数を使
        用することができます。

    $Args
```

```
        宣言されていないパラメーターの配列や、関数、スクリプト、またはスクリプト ブロックに渡さ
        れるパラメーター値を格納します。
        関数を作成する場合、param キーワードを使用するか、関数名の後にかっこで囲んでパラメータ
        ーのコンマ区切り一覧を追加すると、パラメーターを宣言できます。

...(以下、略)
```


2-3-4 配列について

配列とは、複数の値を格納できるデータのことをいいます。変数は、値を入れておく箱のようなものだと前述しましたが、配列は、複数の値を格納できる区分けした箱を想像するとよいでしょう。

配列は、次のような方法で定義することができます。

構文

```
variable = value1, value2, ...
```

変数・パラメーター	説明
variable	配列名
value	値

例えば、次のように定義します。

コマンド

```
> $namelist = "一郎", "二郎", "三郎"
```

この例では、変数「$namelist」に文字列データを3つ代入しています。配列に代入する要素は、カンマ(,)で区切って並べます。次のように、Write-Hostコマンドレットに配列名だけを指定した場合、配列のすべての要素が表示されます。

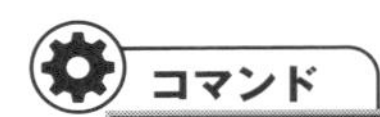

```
> Write-Host $namelist
一郎 二郎 三郎
```

数値を配列に代入する場合、次のように配列の要素を「..」で省略することが可能です。

```
> $numberlist = 1..10
> Write-Host $numberlist
1 2 3 4 5 6 7 8 9 10
```

要素が1つだけの配列を定義したい場合は、次のように要素の前にカンマを付けて代入します。

```
> $namelist = , "一郎"
> Write-Host $namelist
一郎
```

また、次のように記述することでも、要素が1つだけの配列を定義することが可能です。

```
> $namelist = @("一郎")
> Write-Host $namelist
一郎
```

このように、「@()」演算子を使用することでも配列を定義することができます。この「@()」演算子を使用することで、次のように要素が0の配列も作成することが可能です。

構文

```
variable = @()
```

変数・パラメーター	説明
variable	配列名

PowerShellの場合、配列には異なるデータ型の要素を代入することができます。例えば、文字列と数値が混在する次のような配列を定義することも可能です。

コマンド

```
> $agelist = "一郎", 40, "二郎", 38, "三郎", 36
> Write-Host $agelist
一郎 40 二郎 38 三郎 36
```

配列の要素を1つだけ参照する場合は、次のように、配列を定義した変数の後ろに[]で囲った要素のインデックスを指定します。

コマンド

```
> $namelist = "一郎", "二郎", "三郎"
> Write-Host $namelist[2]
三郎
```

要素のインデックスは、開始が0となります。そのため、1つめの要素を参照したい場合は、[0]を指定します。配列は、参照だけでなく、編集することも可能です。

コマンド

```
> $namelist = "一郎", "次郎", "三郎"
> $namelist[1] = "二郎"
> Write-Host $namelist
一郎 二郎 三郎
```

配列のプロパティとメソッド

配列は、いくつかのプロパティとメソッドを持ちます。配列には、次のようなプロパティとメソッドが存在します。

Clear	メソッド	配列の要素をクリアする
Clone	メソッド	配列の複製(クローン)を作成する
Equals	メソッド	2つの配列が同じかどうかを調べる
IndexOf	メソッド	指定した要素が配列のどの位置に存在するかをインデックス(0から始まる要素の番号)で返す
Length	プロパティ	配列の長さを調べる

メソッドの例として、Clearメソッドを使用する例をみてみましょう。Clearメソッドは、PowerShell 4.0から追加されたメソッドで、配列の要素をクリアするためのメソッドです。まずは、次のように配列を定義します。

```
> $namelist = "一郎", "二郎", "三郎"
> Write-Host $namelist
一郎 二郎 三郎
```

次に、この配列に対して、Clearメソッドを実行してみましょう。メソッドは、次の構文のように使用します。

```
variable.method()
```

変数・パラメーター	説明
variable	配列名
method	メソッド名

では、先ほど作成した$namelist配列を、Clearメソッドでクリアしてみましょう。

```
> $namelist.Clear()
> Write-Host $namelist
```

Clear メソッド実行後に$namelistの内容を表示したところ、すべての要素がクリアされているのを確認することができました。

このように、メソッドはそのオブジェクトの振る舞いが定義されており、その振る舞いを呼び出すことでオブジェクトの状態を変化させたりすることができます。ちなみに、PowerShellのバージョンが4.0未満の場合、配列に対してClearメソッドを実行すると、次のようなエラーが発生します。

コマンド

```
> $namelist.Clear()
[System.Object[]] に 'Clear' という名前のメソッドが含まれないため、メソッドの呼び出しに失敗しました。
発生場所 行:1 文字:16
+ $namelist.Clear <<<< ()
    + CategoryInfo          : InvalidOperation: (Clear:String) []、RuntimeException
    + FullyQualifiedErrorId : MethodNotFound
```

プロパティについて

次に、プロパティについて、説明します。プロパティは、次の構文のように使用します。

```
variable.property
```

変数・パラメーター	説明
variable	配列名
property	プロパティ名

先ほどの$namelistを再定義し、Lengthプロパティを呼び出してみましょう。Lengthプロパティは、配列の要素数を返すプロパティです。

コマンド

```
> $namelist = "一郎", "次郎", "三郎"
> $namelist.Length
3
```

$namelist配列には3つの要素を代入しましたので、Lengthプロパティから3という結果を得ることができました。

配列のLengthプロパティを使用することで、配列の中に存在するすべての要素の数だけ同じ処理を繰り返すなどといった処理を行うことができます。この辺りの説明は、制御構文の説明で詳解します(P.135)。

多次元配列について

これまでに述べてきた配列は、1次元配列と呼ばれるものです。1次元配列を図で表すと、次のようになります。

0	1	2
一郎	二郎	三郎

1次元配列は、1つのインデックスで1つの要素が決定します。つまり、上の例ではインデックス0を指定すると“一郎”を得ることができ、インデックス1を指定すると“二郎”を得ることができます。

これに対し、PowerShellでは複数のインデックスを指定可能な多次元配列をサポートしています。まずは、2次元配列を定義する方法について、説明します。

2次元配列は、2つのインデックスで1つの要素が決定します。Excel表にて、1つの列と1つの行を指定することで1つのセルが決定するのと同じです。

	0	1	2	3	4
	連番	氏名	氏名（カタカナ）	性別	生年月日
0	1	岩本奈津子	イワモトナツコ	女	平成05年02月20日
1	2	三浦修司	ミウラシュウジ	男	昭和45年01月21日
2	3	安藤雅夫	アンドウマサオ	男	昭和48年08月25日
3	4	澤田民雄	サワダタミオ	男	昭和31年12月17日
4	5	細野澄子	ホソノスミコ	女	昭和38年02月26日
5	6	仲田奈緒美	ナカダナオミ	女	昭和37年04月19日
6	7	熊沢幸太郎	クマザワコウタロウ	男	昭和54年12月12日
7	8	益子謙一	マスコケンイチ	男	昭和59年02月16日
8	9	上田勇人	ウエダハヤト	男	昭和36年02月01日
9	10	神崎一彦	カンザキカズヒコ	男	昭和32年07月18日

※ダミーデータの作成は、以下のサイトを利用させていただきました。
http://hogehoge.tk/personal/

上の例では、インデックス(0,1)を指定すると“岩本奈津子”を得ることができ、インデックス(4,3)を指定すると“女”を得ることができます。PowerShellの2次元配列は、次のように定義します。

構文

```
variable = New-Object 'dataType[,]' row,col
```

変数・パラメーター	説明
variable	変数
dataType	データ型
row	行数
col	列数

例えば、3行4列の文字列型の2次元配列は、次のように定義します。

コマンド

```
> $arr = New-Object 'string[,]' 3,4
```

2次元配列の要素に対して参照もしくは値を代入したい場合は、次のように行と列のインデックスを指定します。

```
> $arr = New-Object 'string[,]' 3,4
> $arr[0,0] = "一郎"      #2次元配列に対して値を代入します
> Write-Host $arr[0,0]   #2次元配列を参照しています
一郎
```

同様に、3次元以上の配列は、次のように定義します。

構文

```
variable = New-Object 'dataType[,,,(...)]'
    index1,index2,index3,(...)
```

変数・パラメーター	説明
variable	変数
dataType	データ型
index	インデックス

例えば、行数2、列数3、奥行き4の文字列型の3次元配列は、次のように定義します。

コマンド

```
> $arr = New-Obejct 'string[,,]' 2,3,4
```

また、要素がObject型の配列を定義することで、配列の要素の中に別の配列を定義して多次元配列を表現することも可能です。

コマンド

```
> $arr = @(@("鈴木", "一郎"), @("山田", "花子"))
```

このように、配列の中に配列を定義したものを「ジャグ配列」と呼びます。ジャグ配列の場合、1つの要素に対して参照したり編集する場合は、次のようにします。

```
> $arr = @(@("鈴木", "一郎"), @("山田", "花子"))
> Write-Host ($arr[0])[0]
鈴木
```


2-3-5 演算子について

それでは、PowerShellで使用する演算子について、説明します。演算子とは、各種の演算を表す記号のことです。例えば、加算を表す「+」演算子や減算を表す「-」演算子、値の大小を比較する場合などに使用する演算子などがあります。本書では、PowerShellで使用する演算子を以下の7つに分類して説明します。

- 算術演算子
- 代入演算子
- 単項演算子
- 比較演算子
- 論理演算子
- ビット演算子
- その他の演算子

また、演算子には優先順位があります。各種演算は、演算子の優先順位が高い方から順に演算を行われます。これについても、本項にて説明します。

算術演算子

本書にて、今まで特に説明もなく変数同士を加算記号「+」や等記号「=」を用いて表してきました。PowerShellでは、これらの算術演算子を用いることで、変数同士の算術演算を行うことができます。PowerShellでは、数学と同様、変数や値の四則演算（加算、減算、乗算、除算）を行うことができます。

主な算術演算子

演算子	説明	例	結果
+	演算子の右側の値と左側の値を加算します	$a + $b	7
-	演算子の右側の値から左側の値を減算します	$a - $b	3
*	演算子の右側の値と左側の値を乗算します	$a * $b	10
/	演算子の右側の値から左側の値を除算します	$a / $b	2.5
%	演算子の右側の値から左側の値を除算した余りを算出します	$a % $b	1

※（$a = 5, $b = 2）

四則演算は、それぞれ次のように表します。

コマンド

```
> $a = 20
> $b = 10
> $c = $a + $b
> Write-Host $c
30
> $c = $a - $b
> Write-Host $c
10
> $c = $a * $b
> Write-Host $c
200
> $c = $a / $b
> Write-Host $c
2
```

数学と同様、乗算と除算は、加算と減算よりも優先して計算します。

コマンド

```
> $ans = 1 + 2 * 3
> Write-Host $ans
7
```

加算や減算を乗算や除算よりも先に行いたい場合は、カッコ“()”を使います。

コマンド

```
> $ans = (1 + 2) * 3
> Write-Host $ans
9
```

この他にも、四則演算を行う上記4つ以外にも、剰余(除算の余り)を演算する「%」演算子があります。例えば、15を6で割った剰余を求めるには、次のようにします。

```
> $ans = 15 % 6
> Write-Host $ans
3
```

代入演算子

代入演算子とは、値を代入するための演算子です。変数に値を代入するときに使用していた「=」演算子も、代入演算子です。数学では、左辺と右辺が等しいことを表す演算子ですが、PowerShellを含む多くのプログラミング言語では、演算子の右側に指定した値を左側に指定された変数に代入するために使用されます。PowerShellの代入演算子は、次ページのとおりです。

主な代入演算子

演算子	説明	例	変数「$a」の値
=	指定した値を変数に設定します	$a = 1	1
+=	指定した値を変数の値に加算するか、指定した値を既存の値に追加します	$a += 1	11
-=	指定した値を変数の値から減算します	$a -= 1	9
*=	指定した値で変数の値を乗算するか、指定した値を既存の値に追加します	$a *= 2	20
/=	指定した値で変数の値を除算します	$a /= 2	5
%=	指定した値で変数の値を除算し、余りを変数に代入します。	$a %= 3	1

※（あらかじめ、$aには10を代入しておくとします）

算術演算子の「+」演算子は、文字列を結合する時にも使用できますが、「+=」演算子も文字列の結合に使用することができます。

コマンド

```
> $a = "";
> $a += "Hello"
> $a += " "
> $a += "World"
> $a += "!"
> Write-Host $a
Hello World!
```

また、「*=」演算子も文字列で使用することができます。その場合、次の例のようになります。

コマンド

```
> $a = "Hello World!";
> $a *= 3;
> Write-Host $a
Hello World!Hello World!Hello World!
```

単項演算子

単項演算子とは、変数などの非演算子（演算子ではないもの。変数や値そのもの）1つに使用する演算子です。最も解りやすい例は、負数を示す「-」（マイナス）演算子でしょう。他には、非演算子の値を1だけ加算する「++」演算子や、非演算子の値を1だけ減算する「--」演算子が該当します。ちなみに、値を1だけ加算することをインクリメント（Increment）、値を1だけ減算することをデクリメント（decrement）と言います。

主な単項演算し

演算子	説明	例	結果
+	正の数を表す	+$a	10
-	負の数を表す	-$a	-10
++	インクリメント	++$a, $a++	11
--	デクリメント	--$a, $a--	9

※（あらかじめ、$aには10が代入されているものとします）

「++」演算子と「--」演算子は、非演算子の右側でも左側でも記述することができます。

```
> ++$a
```

```
> $a++
```

つまり、上記の2つのコマンドは同じ意味で、どちらも変数「$a」の値をインクリメントします。デクリメントを表す「--」演算子も、「--$a」もしくは「$a--」のように記述することができます。

比較演算子

比較演算子は、値の大小を比較したり、値が指定された条件に合致しているかどうかを比較するための演算子です。比較した結果によって、論理値（真：Trueもしくは偽：False)を返します。

演算子	説明	例			
		演算	$a	$b	結果
-eq	等しい	$a -eq $b			FALSE
-ne	等しくない	$a -ne $b			TRUE
-gt	より大きい	$a -gt $b			FALSE
-ge	以上	$a -ge $b			FALSE
-lt	より小さい	$a -lt $b			TRUE
-le	以下	$a -le $b			TRUE
-like	ワイルドカードによる比較に合致するか	$a -like $b	"Hello World!"	"Hello*"	TRUE
-notlike	ワイルドカードによる比較に合致しないか	$a -notlike $b	"Hello World!"	"Hello*"	FALSE
-match	正規表現による比較に合致するか	$a -match $b	"Hello World!"	"Hello"	TRUE
-notmatch	正規表現による比較に合致しないか	$a -notmatch $b	"Hello World!"	"Hello"	FALSE

例えば、2つの変数の値を比較し、その大小によって処理を切り替える場合に使用します。

上記演算子には、先頭に「c」もしくは「i」の文字列を付加することができます。「c」を付加すると、比較の際に大文字小文字を区別し、「i」を付加すると、大文字小文字を区別しません。何も付加しなかった場合は、「i」が付加されている場合と同様、大文字小文字を区別しません。

コマンド

```
> $a = "a"
> $b = "A"
> Write-Host ($a -eq $b)
True
> Write-Host ($a -ceq $b)
False
> Write-Host ($a -ieq $b)
True
```

「-like」演算子と「-notlike」演算子は、ワイルドカードによる比較が可能です。ある文字列の中に、特定の文字列が含まれているかどうかを調べるときに使用します。

コマンド

```
> $name = "Takayuki Ikarashi"
> $aka = "*aka*"
> $ao = "*ao*"
> Write-Host ($name -like $aka)
True
> Write-Host ($name -like $ao)
False
```

「Write-Host ($name -like $aka)」の実行結果は、"Takayuki Ikarashi"という文字列の中に"aka"という文字列が含まれているかどうかが、「Write-Host ($name -like $ao)」の実行結果は、"Takayuki Ikarashi"という文字列の中に"ao"という文字列が含まれているかどうかが表示されています。

「-match」演算子と「-notmatch」演算子は、正規表現による比較を行います。正規表現とは、文字列の集合をパターン化された文字列形式で表す表現方法です。

正規表現一覧

文字	説明
¥	次に続く文字が特殊文字、リテラル、後方参照、または 8 進エスケープであることを示します。例えば、"n" は文字 "n" と一致します。'¥n' は改行文字と一致します。"¥¥" は "¥" と、"¥(" は "(" と一致します。
^	入力文字列の先頭と一致します。RegExp オブジェクトの Multiline プロパティが設定されている場合、^ は '¥n' または '¥r' の直後にも一致します。
$	入力文字列の末尾と一致します。RegExp オブジェクトの Multiline プロパティが設定されている場合、$ は '¥n' または '¥r' の直前にも一致します。

文字	説明
*	直前のサブ式と 0 回以上一致します。例えば、"zo*" は "z" とも "zoo" とも一致します。* は {0,} と同じ意味になります。
+	直前のサブ式と 1 回以上一致します。例えば、"zo+" は "zo" や "zoo" とは一致しますが、"z" とは一致しません。+ は {1,} と同じ意味になります。
?	直前のサブ式と 0 回または 1 回一致します。例えば、"do(es)?" は "do" または "does" の "do" と一致します。? は {0,1} と同じ意味になります。
{n}	n には 0 以上の整数を指定します。正確に n 回一致します。例えば、'o{2}' は "Bob" の 'o' とは一致しませんが、"food" の 2 つの o とは一致します。
{n,}	n には 0 以上の整数を指定します。少なくとも n 回一致します。例えば、'o{2}' は "Bob" の "o" とは一致しませんが、"foooood" のすべての o とは一致します。'o{1,}' は 'o+' と同じ意味になります。'o{0,}' は 'o*' と同じ意味になります。
{n,m}	m および n には 0 以上の整数を指定します。n は m 以下です。n 〜 m 回一致します。例えば、"o{1,3}" は "fooooood" の最初の 3 つの o と一致します。'o{0,1}' は 'o?' と同じ意味になります。カンマと数の間には、スペースを入れないでください。
?	ほかの修飾子 (*, +, ?, {n}, {n,}, {n,m}) の直後に指定すると、一致パターンを制限することができます。既定のパターンでは、できるだけ多数の文字列と一致するのに比べて、制限されたパターンでは、できるだけ少ない文字列と一致します。例えば、文字列 "oooo" に対して、'o+?' を指定すると 1 つの "o" と一致し、'o+' を指定するとすべての 'o' と一致します。
.	¥n を除く任意の 1 文字に一致します。'¥n' など、任意の文字と一致するには、'[.¥n]' などのパターンを指定します。
(pattern)	pattern と一致した文字列を記憶します。記憶した一致文字列は、VBScript の SubMatches コレクションまたは JScript の $0...$9 プロパティを使用して Matches コレクションから取得できます。かっこ ( ) と一致するには、'¥(' または '¥)' を指定します。
(?:pattern)	pattern と一致しても、その文字列は記憶されず、後で使用することはできません。"or" を意味する (¦) を使用してパターンの一部を結合するときに便利です。例えば、'industry ¦ industries' と指定する代わりに、'industr(?:y¦ies)' と指定する方が簡単です。
(?=pattern)	pattern で指定した文字列が続く場合に一致と見なされます (肯定先読み)。一致した文字列は記憶されず、後で使用することはできません。例えば、"Windows(?=95¦98¦NT¦2000)" は "Windows 2000 " の "Windows" には一致しますが、"Windows 3.1" の "Windows " には一致しません。先読み処理では、読み進まれた文字は処理済みとは見なされません。一致の検出後、次の検索処理は先読みされた文字列の後からではなく、一致文字列のすぐ後から開始されます。
(?!pattern)	pattern で指定しない文字列が続く場合に一致と見なされます (否定先読み)。一致した文字列は記憶されず、後で使用することはできません。例えば、"Windows(?=95¦98¦NT¦2000)" は "Windows 3.1" の "Windows" には一致しますが、"Windows 2000" の "Windows " には一致しません。先読み処理では、読み進まれた文字は処理済みとは見なされません。一致の検出後、次の検索処理は先読みされた文字列の後からではなく、一致文字列のすぐ後から開始されます。
x¦y	x または y と一致します。例えば、'z¦food' は "z" または "food" と一致します。"(z¦f)ood" は "zoo" または "food" に一致します。

文字	説明
[xyz]	文字セットを指定します。角かっこで囲まれた文字の中のいずれかに一致します。例えば、'[abc]' は "plain" の 'a' と一致します。
[^xyz]	除外する文字セットを指定します。角かっこで囲まれた文字以外の文字に一致します。例えば、'[^abc]' は "plain" の 'p' と一致します。
[a-z]	除外する文字の範囲を指定します。指定された範囲にある文字と一致します。例えば、"[a-z]" は小文字の英字 "a" から "z" の範囲にある任意の文字と一致します。
[^a-z]	否定の文字の範囲。指定範囲以外の文字と一致します。例えば、"[^a-z]" は小文字の英字 "a" から "z" の範囲外にある任意の文字と一致します。
¥b	単語の境界と一致します。単語の境界とは、単語とスペースとの間の位置のことです。例えば、'er¥b' は "never" の 'er' と一致しますが、"verb" の 'er' とは一致しません。
¥B	単語境界以外と一致します。例えば、'er¥B' は "verb" の 'er' と一致しますが、"never" の 'er' とは一致しません。
¥cx	x で指定した制御文字と一致します。例えば、¥cM は Control-M またはキャリッジリターン文字と一致します。x の値は、A-Z または a-z の範囲内で指定します。それ以外を指定すると、リテラル文字 "c" と認識されます。
¥d	任意の 10 進文字と一致します。[0-9] と同じ意味になります。
¥D	10 進数字以外の任意の 1 文字と一致します。[^0-9] と同じ意味になります。
¥f	フォームフィード文字と一致します。¥x0c および ¥cL と同じ意味になります。
¥n	改行文字と一致します。¥x0a および ¥cJ と同じ意味になります。
¥r	キャリッジ リターン文字と一致します。¥x0d および ¥cM と同じ意味になります。
¥s	スペース、タブ、フォームフィードなどの任意の空白文字と一致します。[¥f¥n¥r¥t¥v] と同じ意味になります。
¥S	空白文字以外の任意の文字と一致します。[^ ¥f¥n¥r¥t¥v] と同じ意味になります。
¥t	タブ文字と一致します。¥x09 および ¥cI と同じ意味になります。
¥v	垂直タブ文字と一致します。¥x0b および ¥cK と同じ意味になります。
¥w	単語に使用される任意の文字と一致します。アンダースコアも含まれます。'[A-Za-z0-9_]' と同じ意味になります。
¥W	単語に使用される文字以外の任意の文字と一致します。'[^A-Za-z0-9_]' と同じ意味になります。
¥xn	n に指定した 16 進数のエスケープ値と一致します。16 進数のエスケープ値は 2 桁である必要があります。例えば、'¥x41' は "A" と一致します。'¥x041' は '¥x04' および "1" と同じ意味になります。この表記により、正規表現で ASCII コードを使用できるようになります。
¥num	num と一致します。num には正の整数を指定します。既に見つかって記憶されている部分と一致します。例えば、'(.)¥1' は、連続する 2 つの同じ文字と一致します。
¥n	8 進エスケープ値または後方参照を指定します。¥n の前に少なくとも n 個の記憶されたサブ式がある場合は、n は後方参照になります。それ以外の場合で n が 8 進数値 (0-7) である場合は、n は 8 進エスケープです。

文字	説明
¥nm	8 進数のエスケープ値または後方参照を指定します。¥nm の前に少なくとも nm 個の記憶されたサブ式がある場合は、nm は後方参照になります。¥nm の前に少なくとも n 個の記憶されたサブ式がある場合は、n が後方参照になります。どちらの条件にも当てはまらない場合で n および m が 8 進数 (0-7) である場合は、¥nm は 8 進数のエスケープ値 nm と一致します。
¥nml	n が 8 進数値 (0-3) で、m と l が 8 進数値 (0-7) の場合、8 進エスケープ値 nml と一致します。
¥un	n と一致します。n には Unicode 文字で表した 4 桁の 16 進数を指定します。例えば、¥u00A9 は著作権の記号 (c) と一致します。

※出典：http://msdn.microsoft.com/ja-jp/library/cc392020.aspx

例えば、変数の値が郵便番号として正しい形式かどうかを判定するには、次のような正規表現を使用します。

コマンド

```
> $sosym1 = "101-0064"
> $sosym2 = "101*0064"
> Write-Host ($sosym1 -match "¥d{3}-¥d{4}")
True
> Write-Host ($sosym2 -match "¥d{3}-¥d{4}")
False
```

上記コマンドでは、変数「$sosym1」には郵便番号として正しい形式である数字3桁と数字4桁がハイフン(-)で結合された値が代入されています。変数「$sosym2」には、数字3桁と数字4桁がアスタリスク(*)で結合されており、郵便番号としては正しくない値が代入されています。

これを「-match」演算子で正規表現による比較を行った結果、変数「sosym1」は郵便番号として正しい結果であるためTrueが、変数「sosym2」は郵便番号としては正しくない結果であるためFalseが返ります。

論理演算子

論理演算とは、真(True)もしくは偽(False)の2つの値しか持たない式を評価する演算を言います。論理演算で使用する演算子を、論理演算子と言います。

主な論理演算子

演算子	説明	例
-and	論理積	$a -and $b
-or	論理和	$a -or $b
-xor	排他的論理和	$a -xor $b
-not	論理否定	-not $a
-!	論理否定	-! $a

論理演算は、プログラミングにおける最も基本的な演算方法です。例えば、複数の条件を同時に満たす場合のみ処理を実行する場合は「AND」演算子を使用し、複数の条件のうちいずれかを満たす場合に処理を実行する場合は「OR」演算子を使用します。

「XOR」演算子は、非演算子の論理値が異なる場合にTrueを、同一の場合にFalseを返します。つまり、複数の条件のうちいずれかが満たされない場合に処理を実行する場合に使用します。

「NOT」演算子は、非演算子の論理値の否定を返します。

論理演算子の結果例

$a	$b	$a -and $b	$a -or $b	$a -xor $b	-not $a	-! $a
1	1	TRUE	TRUE	FALSE	FALSE	FALSE
1	0	FALSE	TRUE	TRUE	FALSE	FALSE
0	1	FALSE	TRUE	TRUE	TRUE	TRUE
0	0	FALSE	FALSE	FALSE	TRUE	TRUE

ビット演算子

ビット演算子とは、ビット単位で演算を行うための演算子です。

主なビット演算子

演算子	説明
-band	ビット演算のためのAND
-bor	ビット演算のためのOR
-bxor	ビット演算のためのXOR
-bnot	ビット演算のためのNOT

ビット単位を理解するには2進数の知識が必要ですので、難しければ読み飛ばしてください。次のコマンドを実行すると、ビット演算の意味がつかめるでしょう。

```
> 10 -band 5
0
```

まずは、「10」と「5」を2進数で表現してみましょう。10進法での「10」は、2進法では「1010」となります。同様に、10進法での「5」は2進法では「010」となります。そのため、これを1ビットずつ論理積(AND回路)で演算すると、次のようになります。

```
1010
0010
────
0000
```

つまり、「10 -band 5」の結果は、0となるのです。同様に、「10」と「5」をビット単位での論理和(OR回路)で演算してみましょう。

```
> 10 -bor 5
15
```

「10」と「5」を2進数に変換してOR演算子で演算します。

1010
0101
―――
1111

すると、上記のようになるため、15という結果となったのです。

その他の演算子

PowerShellには、これまでに述べた演算子の他にも様々な演算子があります。例えば、データ型を変換するためのキャスト演算子、パイプラインによってコマンドの実行結果を受け渡すためのパイプ演算子、コマンドの実行結果を出力するためのリダイレクト演算子などがあります。

演算子の優先順位

演算子には、優先順位があります。例えば、加算(「+」演算子)や減算(「-」演算子)よりも乗算(「*」演算子)や除算(「/」演算子)を優先することは前述のとおりです。

さらに、代入演算子(「=」演算子)は、それらの算術演算子よりも優先順位が低いため、算術演算が行われた後にその結果が変数に代入されます。

$a = 1 + 2 * 3

この例の場合、「*」演算子の優先順位が高いため、2 * 3の演算が行われます。次に優先順位が高いのが「+」演算子のため、2 * 3の演算結果に1が加算されます。最後に、その算術演算の結果が、「=」演算子によって変数「$a」に代入されます。PowerShellにおける演算子の優先順位は、次のとおりです。

PowerShellにおける演算子の優先順位

優先度	演算子
高	単項演算子
	論理演算子（否定）
	算術演算子
	比較演算子
	その他の論理演算子
低	代入演算子

2-3-6 スクリプトブロックについて

スクリプトブロックとは、順に実行する複数のコマンドを「{」と「}」で囲った一連の命令のことを言います。スクリプトブロックは、後述する分岐処理や繰り返し処理などで使用します。スクリプトブロックでは、順に実行するコマンドを次のように改行で区切って記述します。

構文

```
{
 command1
 command2
 command3

 ...

}
```

変数・パラメーター	説明
command	コマンド

上記の構文では、上から順にcommand1、command2、command3、…と実行されます。また、次のようにセミコロン「;」で区切ることもできます。

構文

```
{ command1; command2; command3; ... }
```

変数・パラメーター	説明
command	コマンド

セミコロンでコマンドを区切った場合は、左から順にcommand1、command2、command3、…と実行されます。スクリプトブロックに関する説明は、以下のコマンドを実行することで、aboutヘルプでも確認することができます。

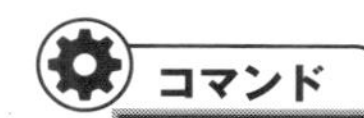

```
> Help about_script_block
```

2-3-7 制御構文

PowerShellに限らず、プログラムは決まった流れに沿って実行されます。プログラムの流れは、大きく分けて以下の3つしかありません。

- 順次実行
- 分岐実行
- 繰り返し実行

この3つを取り入れたプログラミングのことを、「構造化プログラミング」といいます。その3つを確実に理解することで、PowerShell以外のプログラミング言語でも解読するだけの基礎力を身に付けることができます。

■順次実行

プログラムは通常、上から下へと流れます。これは、作成したスクリプトは上の行から下の行へ順々に実行されるということです。これを「順次実行」といいます。横書きの文章を上から順に下へ読み進めていくのと同じです。

■分岐実行

分岐実行とは、比較演算などの結果によって処理を分岐するための仕組みです。例えば、次のようなスクリプトがあります。ここから先、スクリプトを例にして文法を解説する箇所がありますので、PowerShell ISEを起動して、実際に実行結果を確認しながら読み進めることをお勧めします。

```
01: $age = 0
02: $inp = Read-Host "あなたは何歳ですか?"
03: if ([int]::TryParse($inp, [ref]$age) -eq $true)
04: {
05:     Write-Host "あなたは $age 歳ですね!"
06: }
07: else
08: {
09:     Write-Host "入力された値は数値ではありません!"
10: }
```

スクリプト解説

01:	変数「$age」に0を代入します
02:	"あなたは何歳ですか?"と表示された入力フォームを表示し、入力された結果を変数「$inp」に代入します
03:	変数「$inp」に代入された値が数値かどうかを判断し、数値であればその値を変数「$age」に代入します
04:	変数「$inp」に代入された値が数値である場合に通るスクリプトブロックの開始行です
05:	"あなたは [変数「$age」の値] 歳ですね!"と画面に表示します
06:	変数「$inp」に代入された値が数値である場合に通るスクリプトブロックの終了行です
07:	変数「$inp」に代入された値が数値でない場合、次行のスクリプトブロックを通ります
08:	変数「$inp」に代入された値が数値でない場合に通るスクリプトブロックの開始行です
09:	"入力された値は数値ではありません!"と画面に表示します
10:	変数「$inp」に代入された値が数値でない場合に通るスクリプトブロックの終了行です

3行目の「[int]::TryParse($inp, [ref]$age)」ですが、これは指定された値が数値に変換可能かどうかを調べるためのメソッドです。指定された値が数値に変換可能であればTrueを、変換不可能であればFalseを返します。この例の場合、変数「$inp」が数値かどうかを調査する変数です。指定された値が数値に変換可能な場合、2つめのパラメータに数値に変換後の値を返します。[ref]は、変数「$age」が参照渡しであることを示します。参照渡しについては、後述します。

スクリプトを入力したら、PowerShell ISE上で実行するか、スクリプトを任意のフォルダに保存して実行します。実行すると、次のようなメッセージが表示されます。

実行結果

```
あなたは何歳ですか?:
```

カーソルに続いてあなたの年齢を数値で入力し、[Enter]キーを押してみましょう。著者は本書執筆時点で39歳なので、"39"と入力しました。すると、次のように表示されます。

実行結果

```
あなたは何歳ですか?: 39
あなたは 39 歳ですね!
```

では、もう1度スクリプトを実行し、今度は数値以外の値(あなたの名前など)を入力してみてください。

実行結果

```
あなたは何歳ですか?: Takayuki
入力された値は数値ではありません!
```

先ほどの結果とは異なるメッセージが表示されました。入力された値が、数値ではなかったためです。このように、ある特定の条件によって処理を分岐させることを「分岐実行」といいます。分岐実行の部分に該当する箇所は、3行めの「if」です。英単語で「もし～ならば」の意味のとおり、PowerShellでも条件を分岐する意味を持ちます。「if」の構文は、次のとおりです。

構文 条件式が偽の場合を含める場合

```
if (expression)
{
   scriptBlock1
}
else
{
   scriptBlock2
}
```

変数・パラメーター	説明
expression	条件式
scriptBlock1	条件式が真(True)の場合に実行されるスクリプトブロック
scriptBlock2	条件式が偽(False)の場合に実行されるスクリプトブロック

expressionに該当する条件式には、「$a -eq $b」のように、比較演算式を当てはめるのが一般的です。

その条件式が真（論理型のtrue）の場合、if文の下のスクリプトブロック（「{」から「}」で囲われている部分）までの処理が実行されます。条件式が偽（論理型のfalse）の場合、「else」の下のスクリプトブロックまでの処理が記述されます。

このスクリプトの例では、条件式が真の場合でも偽の場合でも、画面にメッセージを表示するコマンドが1行書かれているだけですが、実際は複数行のコマンドを記述することができます。

また、条件式が偽の場合の処理が不要であれば、次のように記述することもできます。

構文 条件式が偽の場合を含めない場合

```
if (expression)
{
   scriptBlock
}
```

変数・パラメーター	説明
expression	条件式
scriptBlock	条件式が真(True)の場合に実行されるスクリプトブロック

その場合、条件式が真の場合のみ、if文の下のスクリプトブロックが実行されます。さらに、「if」文は次のように記述することもできます。

構文

```
if (expression1)
{
   scriptBlock1
}
elseif (expression2)
{
   scriptBlock2
}
else
{
   scriptBlock3
}
```

変数・パラメーター	説明
expression1	条件式1
expression2	条件式2
scriptBlock1	条件式1が真(True)の場合に実行されるスクリプトブロック
scriptBlock2	条件式1が偽(False)、かつ条件式2が真(True)の場合に実行されるスクリプトブロック
scriptBlock3	条件式1･条件式2ともに偽(False)の場合に実行されるスクリプトブロック

上の構文のように、「elseif」を用いることで、条件式を複数指定することができます。その場合、まずは条件式1の真偽を判断し、偽であれば条件式2の真偽を判断します。

スクリプト ➡2-3-7_02.ps1

```
01: $age = 0
02: $inp = Read-Host "あなたは何歳ですか?"
03: if ([int]::TryParse($inp, [ref]$age) -ne $true)
04: {
05:     Write-Host "入力された値は数値ではありません!"
06: }
```

```
07: elseif ($age -eq 40)
08: {
09:     Write-Host "おめでとう、ついに40歳!"
10: }
11: else
12: {
13:     Write-Host "あなたは $age 歳ですね!"
14: }
```

スクリプト解説

01:	変数「$age」に0を代入します
02:	"あなたは何歳ですか?"と表示された入力フォームを表示し、入力された結果を変数「$inp」に代入します
03:	変数「$inp」に代入された値が数値かどうかを判断し、数値であればその値を変数「$age」に代入します
04:	変数「$inp」に代入された値が数値でない場合に通るスクリプトブロックの開始行です
05:	"入力された値は数値ではありません!"と画面に表示します
06:	変数「$inp」に代入された値が数値でない場合に通るスクリプトブロックの終了行です
07:	変数「$age」に代入された数値が40かどうかを判断します
08:	変数「$age」に代入された数値が40の場合に通るスクリプトブロックの開始行です
09:	"おめでとう、ついに40歳!"と画面に表示します
10:	変数「$age」に代入された数値が40の場合に通るスクリプトブロックの終了行です
11:	変数「$inp」に代入された値が数値の場合で、さらに「$age」に代入された数値が40ではない場合、次行のスクリプトブロックを通ります
12:	変数「$inp」に代入された値が数値の場合で、さらに「$age」に代入された数値が40ではない場合に通るスクリプトブロックの開始行です
13:	"あなたは [変数「$age」の値] 歳ですね!"と画面に表示します
14:	変数「$inp」に代入された値が数値の場合で、さらに「$age」に代入された数値が40ではない場合に通るスクリプトブロックの終了行です

このスクリプトは、前回作成したスクリプトとほぼ同じですが、年齢に「40」と入力した場合のみ、「おめでとう、ついに40歳!」のメッセージを表示します。

条件分岐には、if文のほかにswitch文というものも存在します。

構文

```
switch expression
{
   value1
   {
       scriptBlock1
   }
   value2
   {
       scriptBlock2
   }

   ...

   default
   {
       scriptBlockDefault
   }
}
```

変数・パラメーター	説明
expression	評価式
value1	値1
value2	値2
scriptBlock1	expressionの結果がvalue1と等しい場合に実行するスクリプトブロック
scriptBlock2	expressionの結果がvalue2と等しい場合に実行するスクリプトブロック
scriptBlockDefault	expressionの結果が上記のいずれの値にも属さない場合に実行するスクリプトブロック

次のスクリプトは、switch 文を使った例です。

スクリプト ➡2-3-7_03.ps1

```
01: $age = 0
02: $inp = Read-Host "あなたは何歳ですか?"
03: if ([int]::TryParse($inp, [ref]$age) -ne $true)
04: {
```

```
05:     Write-Host "入力された値は数値ではありません!"
06: }
07: else
08: {
09:     switch ($age)
10:     {
11:         61 { Write-Host "還暦ですね!" }
12:         70 { Write-Host "古希ですね!" }
13:         77 { Write-Host "喜寿ですね!" }
14:         80 { Write-Host "傘寿ですね!" }
15:         88 { Write-Host "米寿ですね!" }
16:         90 { Write-Host "卒寿ですね!" }
17:         99 { Write-Host "白寿ですね!" }
18:         100 { Write-Host "百寿ですね!" }
19:         default { Write-Host "あなたは $age 歳ですね!" }
20:     }
21: }
```

スクリプト解説

01:	変数「$age」に0を代入します
02:	“あなたは何歳ですか?”と表示された入力フォームを表示し、入力された結果を変数「$inp」に代入します
03:	変数「$inp」に代入された値が数値かどうかを判断し、数値であればその値を変数「$age」に代入します
04:	変数「$inp」に代入された値が数値でない場合に通るスクリプトブロックの開始行です
05:	“入力された値は数値ではありません!”と画面に表示します
06:	変数「$inp」に代入された値が数値でない場合に通るスクリプトブロックの終了行です
07:	変数「$inp」に代入された値が数値でない場合、次行のスクリプトブロックを通ります
08:	変数「$inp」に代入された値が数値の場合に通るスクリプトブロックの開始行です
09:	変数「$age」に代入された数値によって分岐する処理をswitch文で定義します
10:	switch文のスクリプトブロックの開始行です
11:	変数「$age」に代入された数値が「61」の場合、”還暦ですね!”と画面に表示します
12:	変数「$age」に代入された数値が「70」の場合、”古希ですね!”と画面に表示します
13:	変数「$age」に代入された数値が「77」の場合、”喜寿ですね!”と画面に表示します
14:	変数「$age」に代入された数値が「80」の場合、”傘寿ですね!”と画面に表示します
15:	変数「$age」に代入された数値が「88」の場合、”米寿ですね!”と画面に表示します

16:	変数「$age」に代入された数値が「90」の場合、"卒寿ですね!"と画面に表示します
17:	変数「$age」に代入された数値が「99」の場合、"白寿ですね!"と画面に表示します
18:	変数「$age」に代入された数値が「100」の場合、"百寿ですね!"と画面に表示します
19:	変数「$age」に代入された数値が上記以外の場合、"あなたは [変数「$age」の値] 歳ですね!"と画面に表示します
20:	switch文のスクリプトブロックの終了行です
21:	変数「$inp」に代入された値が数値の場合に通るスクリプトブロックの終了行です

switch文に該当する行は、9行目から20行目までです。変数「$age」に代入された値によって、出力結果が異なることを確認することができます。elseifをいくつもつなげることによりswitch文の代わりにすることもできますが、switch文を利用できる場合はswitch文を用いるように心がけましょう。その方が、同一の評価式によって導かれる値によって処理を分岐させていることを視覚的に理解しやすく、プログラムの可読性が増します。ちなみに、PowerShellのswitch文は、条件式が合致するパターンが複数ある場合、そのすべてのパターンに対するスクリプトブロックが実行されます。

スクリプト ➡2-3-7_04.ps1

```
01: $a = 0
02: switch ($a)
03: {
04:     0 { "変数の値は0です" }
05:     1 { "変数の値は1です" }
06:     2 { "変数の値は2です" }
07:     0 { "へんすうのあたいは0です" }
08:     default { "想定外です" }
09: }
```

実行結果

```
変数の値は0です
へんすうのあたいは0です
```

上のスクリプトを実行すると、実行結果は2つ返ってきます。変数「$a」には0が代入されており、switch文には変数「$a」の値が0の場合の処理が2つ記述されているためです。

■繰り返し実行

「繰り返し実行」とは、同じ処理を繰り返して行うことをいいます。「繰り返し実行」は、ループ(loop)とも呼ばれます。例を見てみましょう。次のスクリプトを入力し、実行してみてください。

スクリプト ➡2-3-7_05.ps1

```
01: for ($i = 0; $i -lt 10; ++$i)
02: {
03:     Write-Host $i
04: }
```

スクリプト解説

01:	変数「$i」に0を代入して1ずつ加算し、その値が10より小さい間は以下のスクリプトブロックを実行します。
02:	for文のスクリプトブロックの開始行です
03:	変数「$i」の値を画面に表示します
04:	for文のスクリプトブロックの終了行です

実行結果

0から始まって9までの数値が順に表示されました。これは、繰り返し処理を実行するfor文によって、3行目のWrite-Hostコマンドレットが繰り返し実行されたためです。その度に、変数「$i」の値を変移を出力しています。

for文の構文は、次のとおりです。

構文

```
for (index = defaultValue; expression; modifier)
{
   scriptBlock
}
```

変数・パラメーター	説明
index	添字
defaultValue	初期値
expression	条件式
modifier	添字の変更値
scriptBlock	スクリプトブロック

indexは、defaultValueに指定した値から始まり、modifierによって増減します。scriptBlockは、expressionの値が満たされている(Trueを戻り値として返す)間、実行されます。

例えば、先ほどのスクリプトの場合、変数「$i」は初期値「0」から始まり、変数「$i」の値をインクリメントしながら「10」より小さい間、スクリプトブロック内に記述されたコマンドを繰り返し実行することを意味します。例では、Write-Hostコマンドレットが1行実行されるだけですが、実際には複数行の命令を記述することができます。「繰り返し実行」には、他にもいくつかの記述方法があります。

今度は、「while」文について、説明します。先ほどのスクリプトを、「while」を用いた例で書き直して見ます。

スクリプト ➡2-3-7_06.ps1

```
01: $i = 0
02: while ($i -lt 10)
03: {
04:     Write-Host $i
05:     ++$i
06: }
```

スクリプト解説

01:	変数「$i」に0を代入します
02:	変数「$i」が10より小さい間、以下のスクリプトブロックを繰り返し実行します
03:	while文のスクリプトブロックの開始行です
04:	変数「$i」の値を画面に表示します
05:	変数「$i」をインクリメントします
06:	while文のスクリプトブロックの終了行です

実行結果

```
0
1
2
3
4
5
6
7
8
9
```

while文の構文は、次のとおりです。

構文

```
while (expression)
{
   scriptBlock
}
```

変数・パラメーター	説明
expression	条件式
scriptBlock	繰り返し行うスクリプトブロック

expressionの値が真(True)の間、scriptBlockに記述されているコマンドを繰り返し実行します。そのため、スクリプトブロック内でexpressionが偽(False)となるようなステートメント(式)がないと、永久にスクリプトブロックを抜けることができず、処理を繰り返し続けてしまいます。これを「永久ループ」といいます。そのため、while文を使うときは永久ループが発生しないように留意する必要があります。

例えば、上記のスクリプトでは5行目の「++$i」の記述をうっかり忘れてしまうと、変数「$i」の値は常に0となり、expressionは常に真のままとなってしまうため、永久ループが発生します。

while文はスクリプトブロックの実行前に最初にexpressionによる評価が行われますが、スクリプトブロックの実行後に評価を行うには、do while文を用います。do while文を用いて先ほどのスクリプトを書き直すと、次のようになります。

スクリプト ➡2-3-7_07.ps1

```
01: $i = 0
02: do
03: {
04:     Write-Host $i
05:     ++$i
06: } while ($i -lt 10)
```

while文との違いは、while文は式の最初に評価が行われるため、式の結果がFalseを返した場合、スクリプトブロックは1度も実行されません。これに対し、do while文は最後に式の評価が行われるため、スクリプトブロックを必ず1度は通ります。

最後に、foreach文について説明します。foreach文は、コレクション内にあるすべての要素を取り出すまで繰り返します。例えば、配列の中に存在するすべての要素を洗い出すまで繰り返し処理を行う場合などに使用します。

スクリプト ➡2-3-7_08.ps1

```
01: $namelist = "一郎", "二郎", "三郎"
02: foreach ($name in $namelist)
03: {
04:     Write-Host $name
05: }
```

実行結果

```
一郎
二郎
三郎
```

上記の例では、変数「$namelist」に3つの名前を要素とする配列を作成しました。その要素の分だけ、foreach文によってスクリプトブロック内のWrite-Hostコマンドレットが繰り返し実行され、配列の要素を繰り返し表示されました。foreach文の構文は、次のとおりです。

構文

```
foreach (item in collection)
{
   scriptBlock
}
```

変数・パラメーター	説明
item	要素
collection	コレクション
scriptBlock	繰り返し行うスクリプトブロック

また、これらすべての繰り返し処理では、breakキーワードとcontinueキーワードを使用することができます。breakキーワードは、繰り返し処理を途中で中断してスクリプトブロックの外へ抜けるためのキーワードです。continueキーワードは、繰り返し処理を途中で中断して次の繰り返しを行うためのキーワードです。まずは、breakキーワードを見てみましょう。

スクリプト ➡2-3-7_09.ps1

```
01: for ($i = 0; $i -lt 10; ++$i)
02: {
03:     if ($i -eq 5)
04:     {
05:         break
06:     }
07:     Write-Host $i
08: }
```

実行結果

```
0
1
2
3
4
```

for文では$iの値が10より小さい間は繰り返し処理を行うようになっていますが、実行結果には4までしか出力されません。その理由は、5行目のbreakキーワードにあります。4行目のif文で$iの値が5に等しいとき、breakキーワードが実行されるようになっていますが、前述のとおりbreakキーワードはスクリプトブロックの外へ抜ける効果がありますので、$iの値が5の時点で繰り返し処理が中断されたのです。

では、5行目のbreakキーワードの代わりに、continueキーワードを用いるとどうなるでしょうか。

スクリプト ➡2-3-7_10.ps1

```
01: for ($i = 0; $i -lt 10; ++$i)
02: {
03:     if ($i -eq 5)
04:     {
05:         continue
06:     }
07:     Write-Host $i
08: }
```

実行結果

```
0
1
2
3
4
6
7
8
```

```
9
```

今度は、0から始まって、5を除き、9まで出力されました。continueキーワードは、繰り返し処理を中断して次の繰り返し処理を行うためのキーワードですので、$i の値が5のときはWrite-Hostコマンドレットが実行されずに次の繰り返し処理へ移行したということになります。

また、パイプラインを通じて取得したデータをForEach-Objectコマンドレットによって繰り返し処理を行うこともできます。例えば、次のスクリプトをご覧ください。

スクリプト ➡2-3-7_11.ps1

```
01: $addresslist = ([Net.DNS]::GetHostEntry("www.google.
    co.jp")).AddressList
02: foreach ($address in $addresslist)
03: {
04:     $address.ToString()
05: }
```

実行結果

```
173.194.126.183
173.194.126.184
173.194.126.191
173.194.126.175
```

このスクリプトは、指定したドメインに該当するIPアドレスを取得するためのスクリプトです。この例では、Googleの日本語サイトのドメイン（www.google.co.jp）を指定しています。

1行目は、.NETライブラリのSystem.Net.DNSクラスのGetHostEntryメソッドを実行してGoogleの日本語サイトからIPアドレスの一覧を取得しています。これを2行目から5行目までforeach文で繰り返し、1つずつIPアドレスを画面に表示しています。

このスクリプトは、パイプラインとForEach-Objectコマンドレットを使用して、次のように記述することができます。

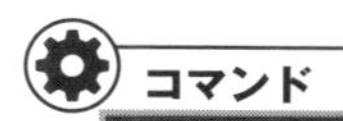

```
> ([Net.DNS]::GetHostEntry("www.google.co.jp")).AddressList | ForEach-Object{$_.
ToString()}
173.194.126.183
173.194.126.184
173.194.126.191
173.194.126.175
```

上記のスクリプトと比較すると、処理が1行だけで済みます。パイプラインが、ForEach-Objectの前に記述されている“¦”です。このパイプラインを通じ、その前のコマンドの実行結果が次のコマンドへ引き継がれます。引き継がれる実行結果は、オブジェクト型です。

そのオブジェクトを参照しているのが、ForEach-Objectコマンドレットのスクリプトブロック内に記述されている「$_」の部分です。「$_」は、パイプラインを通じて取得したオブジェクトを参照するためのシェル変数です。

つまり、パイプラインの後半部分のコマンドでは、パイプラインを通じて取得したオブジェクト型のデータを1件ずつ文字列型に変換(ToString()メソッド)し、それを画面上に表示しています。

さらに、このForEach-Objectコマンドレットは、「%」というエイリアスを持っています。そのため、上記コマンドを次のように書き換えることが可能です。

コマンド

```
> ([Net.DNS]::GetHostEntry("www.google.co.jp")).AddressList | %{$_.ToString()}
173.194.126.183
173.194.126.184
173.194.126.191
173.194.126.175
```

最初に紹介したスクリプトと比較すると、かなりシンプルになりました。とはいえ、最初に紹介したスクリプトが間違っているというわけではありません。パイプラインを使用するとコマンド自体はシンプルになるものの、多用するとわかりづらくなってしまう可能性があります。

2-3-8 コメントのつけ方

PowerShellには、ほとんどのプログラミング言語と同様、コメントという機能があります。コメントとは、注釈のことです。コメントは、コマンドやスクリプトの実行に影響を与えません。コメントを記述する方法は、次のとおりです。

スクリプト ➡2-3-8_01.ps1

```
#これは、コメントです。
```

シャープ「#」で始まり、その行末までがコメントとなります。コメントは、注意書きを記すために使用したり、不要となったスクリプトの一部をコメント化することで実行時に読み飛ばすようにするなどの使い方ができます。例えば、次のような使い方ができます。

スクリプト ➡2-3-8_02.ps1

```
01: <#
02: PowerShellコメントのサンプル
03: 作成者:五十嵐
04: 作成日:2014-07-19
05: #>
06:
07: #変数の宣言を強制します
08: Set-PsDebug -strict
09:
10: #変数「$tax_ritsu」を宣言し、値0.08を代入します
11: #$tax_ritsu = 0.03   #1989-04-01からの消費税率3%
12: #$tax_ritsu = 0.05   #1997-04-01からの消費税率5%
13: #$tax_ritsu = 0.08   #2014-04-01からの消費税率8%
14: $tax_ritsu = 0.10   #2015-10-01からの消費税率10%
15:
16: #変数「$answer」を宣言し、100×「$tax_ritsu」の値を代入します
17: $answer = 100 * $tax_ritsu
18:
```

19:	#「$answer」の値を表示します
20:	Write-Output $answer

スクリプト解説

01:	(複数行コメントの開始位置です)
02:	(この行は、コメントです。スクリプトの実行に影響を与えません)
03:	(コメント行です)
04:	(コメント行です)
05:	(複数行コメントの終了位置です)
06:	
07:	(この行は、#の開始位置から行の最後まで、コメントです)
08:	Set-PSDebugコマンドレットをパラメータ"-strict"付きで実行し、変数の宣言を強制します
09:	
10:	(コメント行です)
11:	(使わなくなったコードの一部をコメント化することで、修正履歴と使用することもできます)
11:	(使わなくなったコードの一部をコメント化することで、修正履歴と使用することもできます)
11:	(使わなくなったコードの一部をコメント化することで、修正履歴と使用することもできます)
14:	変数「$tax_ritsu」を宣言し、値0.10を代入します
15:	
16:	(コメント行です)
17:	変数「$answer」を宣言し、100×「$tax_ritsu」の値を代入します
18:	
19:	(コメント行です)
20:	「$answer」の値を表示します

実行結果

```
10
```

コメントは、スクリプトの可読性を増すために付けるのが一般的です。特に複雑な処理に関する部分には適切なコメントを付け、後々になっても容易に修正ができるように心がけましょう。

2-3-9 特殊文字の取り扱いについて

前章にて、文字列中にダブルクォーテーション(“)やシングルクォーテーション(‘)をエスケープ文字で表示する方法について、説明しました。これは、エスケープ文字のバッククォート(`)を用いることで、特殊な意味を持つ記号をそのままの記号として文字列に表示する方法でした。

このエスケープ文字は、アルファベットの先頭に付加することで、改行などの特殊な意味を持たせることもできます。例えば、文字列中に改行を入れたい場合は、次のようにします。

コマンド

```
> $namelist = "一郎`n二郎`n三郎"
> Write-Host $namelist
一郎
二郎
三郎
```

この例では、アルファベットの“n”の前にエスケープ文字である(`)を用いることで、“n”という文字ではなく、「改行」という特別な意味を持つ記号として認識されました。

PowerShellには、他にもエスケープ文字を使用することによって特殊な意味を持つ文字があります。PowerShellの代表的な特殊文字は、次のとおりです。

エスケープ文字	意味
`b	バックスペース
`n	改行
`t	タブ
`'	シングルクォーテーション
`”	ダブルクォーテーション
``	バッククォート

2-3-10 PowerShellの関数について

関数とは、特定の処理を集めた命令群です。例えば、ヘルプを参照する際に使用する「Help」コマンドは、関数です。Help関数は、パラメータに指定されたコマンドレットに該当するヘルプを表示するための関数です。

関数には、あらかじめPowerShellに組み込まれている関数と、ユーザーが独自に作成する関数の2種類あります。PowerShellの組み込み関数の一覧を取得するには、Get-ChildItemコマンドレットを「function:」プロバイダ付きで実行します。

コマンド

```
> Get-ChildItem function:

CommandType     Name                               Definition
-----------     ----                               ----------
Function        A:                                 Set-Location A:
Function        B:                                 Set-Location B:
Function        C:                                 Set-Location C:
Function        cd..                               Set-Location ..
Function        cd¥                                Set-Location ¥
Function        Clear-Host                         $space = New-Object System.M...
Function        D:                                 Set-Location D:
Function        Disable-PSRemoting                 ...
Function        E:                                 Set-Location E:
Function        F:                                 Set-Location F:
Function        G:                                 Set-Location G:
Function        Get-Verb                           ...
Function        H:                                 Set-Location H:
Function        help                               ...
Function        I:                                 Set-Location I:
Function        ImportSystemModules                ...
Function        J:                                 Set-Location J:
Function        K:                                 Set-Location K:
Function        L:                                 Set-Location L:
Function        M:                                 Set-Location M:
Function        mkdir                              ...
Function        more                               param([string[]]$paths)...
Function        N:                                 Set-Location N:
Function        O:                                 Set-Location O:
Function        P:                                 Set-Location P:
Function        prompt                             $(if (test-path variable:/PS...
Function        Q:                                 Set-Location Q:
Function        R:                                 Set-Location R:
Function        S:                                 Set-Location S:
Function        T:                                 Set-Location T:
```

```
Function        TabExpansion                     ...
Function        U:                               Set-Location U:
Function        V:                               Set-Location V:
Function        W:                               Set-Location W:
Function        X:                               Set-Location X:
Function        Y:                               Set-Location Y:
Function        Z:                               Set-Location Z:
```

Get-ChildItemコマンドレットを実行すると、PowerShellに最初から組み込まれている関数とユーザーが独自に定義した関数の2つを得ることができます。

これをみると、「C:」や「D:」などのドライブレターを入力した場合、実際は「Set-Location」というコマンドレットを呼び出してカレントディレクトリを変更していることがわかります。

コマンド

```
PS C:¥> D:
PS D:¥>
```

上記のように、“D:”と入力して[Enter]キーを押下すると、プロンプトが“D:”に変更されます。この挙動は、“D:”が関数として定義されており、その関数内でSet-Locationコマンドレットを呼び出すことでカレントディレクトリを「D:」に変更しているためです。

また、コマンドプロンプトではカレントディレクトリを1つ上の階層へ移動するための「cd..」も、PowerShellでは関数として提供されているのをGet-ChildItemコマンドレットの実行結果によって確認することができます。

では、今度は独自の関数を作成してみましょう。ユーザーが独自の関数を定義するには、次の構文のようにします。

構文

```
function functionName(p1, p2, ...)
{
   statement
}
```

変数・パラメーター	説明
functionName	関数名
p	パラメータ
statement	実行するコマンド群

functionNameには、関数の名前を指定します。pには、関数に引き渡す値を指定します。複数の値を指定する場合は、1つずつカンマで区切ります。関数のスクリプトブロック内には、その関数で実行するコマンド群を記述します。

作成する関数がすでに定義されている場合、すでに定義されている関数は上書きされます。定義済みの関数を呼び出して修正することはできません。

また、次のようにパラメータにあらかじめ初期値を代入しておくことで、省略可能なパラメータを指定することも可能です。その場合、パラメータの値が指定された場合はその値が適用され、パラメータの値が指定されなかった場合は初期値が適用されます。

コマンド

```
> #関数を定義します。
> function Test($p = "Japan")
> {
>     Write-Host "Welcome To $p !"
> }
>
> #Test関数をパラメータ付きで実行します。
> Test("America")
Welcome To America !
>
> #Test関数をパラメータ無しで実行します。
> Test
Welcome To Japan !
```

パラメータの指定は、上記のように関数名の後ろを括弧で括って指定する方法の他に、次のように関数のスクリプトブロック内に記述することも可能です。

構文

```
function functionName()
{
   param($p1, $p2, ...)

   statement
}
```

変数・パラメーター	説明
functionName	関数名
p	パラメータ
statement	実行するコマンド群

上記の構文で作成した関数の例を挙げます。

```
> #関数を定義します。
> function Multiplication()
> {
>     param($p1, $p2)
>
>     Write-Host ($p1 * $p2)
> }
>
> #関数を実行します。
> Multiplication 12 24
288
```

Multiplication関数は、指定された2つのパラメータの乗算結果を出力する関数です。関数を定義する際、関数名の後ろの括弧にはパラメータが指定されていません。関数のスクリプトブロック内に記述されているparamブロックが、この関数のパラメータを定義している箇所に該当します。

paramブロックでパラメータを指定する場合は、paramブロックの後ろを括弧でくくり、パラメータをカンマで区切って指定します。

パラメータが複数存在する関数を実行する場合は、上記のようにパラメータを半角スペースで区切って指定します。

```
functionName p1 p2 ...
```

変数・パラメーター	説明
functionName	関数名
p	パラメータ

最も間違いやすいのが、関数を実行する際のパラメータをカンマで区切って実行することです。この場合、カンマで区切ったパラメータは、1つの配列のパラメータとなります。

もう1つ、配列のパラメータを指定として、$args変数を使用する方法があります。$args変数はシェル変数のため、システムが自動的に定義します。$args変数は配列変数で、関数の実行時に指定された1番目のパラメータがインデックス0の要素として格納され、2番目のパラメータがインデックス1の要素として格納されます。

コマンド

```
> #関数を定義します。
> function test()
> {
>     $i = 0
>     while ($i -lt $args.Length)
>     {
>         Write-Host $args[$i]
>         ++$i
>     }
> }
>
> #関数を実行します。
> test 121 144 169
121
144
169
```

上の例では、パラメータに指定された値を表示するtest関数を定義しています。関数内では、実行時に指定されたパラメータの受け取りを$args変数によって行い、$args変数の内容を繰り返してパラメータの値を画面上に表示しています。

先ほどのMultiplication関数を$args変数で置き換えると、次のようになります。

コマンド

```
01: #関数を定義します。
02: function Multiplication()
03: {
04:     Write-Host ($args[0] * $args[1])
05: }
06:
07: #関数を実行します。
08: Multiplication 12 24
```

実行結果

```
288
```

関数のパラメータは、関数を定義する際にデータ型を指定することもできます。その場合、指定したデータ型以外のデータがパラメータとして渡された場合、その関数はエラーを返します。

コマンド

```
> #関数を定義します
> function test([int]$p)
> {
>     write-host $p
> }
>
> #定義した関数を実行します
> test "ABC"
test : パラメーター 'p' の引数変換を処理できません。値 "ABC" を型 "System.Int32" に変換できません。エラー: "入力文字列の形式が正しくありません。"
発生場所 行:1 文字:5
+ test <<<<  "ABC"
    + CategoryInfo          : InvalidData: (:) [test]、ParameterBindin...mationException
    + FullyQualifiedErrorId : ParameterArgumentTransformationError,test
>
```

また、関数はコマンドの結果を戻り値として返すことができます。例えば、次はパラメータに指定された金額に該当する消費税額を返す関数です。

コマンド

```
> function CalcTax($price)
> {
>     return $price * 0.08
> }
```

この関数を、パラメータに1000を指定して実行すると、次のようになります。

コマンド

```
> CalcTax 1000
80
```

関数内のreturn文は、その時点で関数を抜け、return文の後ろに指定された値を戻り値として返します。上記の例は、パラメータに指定された値に対して0.08を乗じ、その結果を関数の戻り値として返しています。

■参照型のパラメータについて

関数のパラメータの値は、関数内で変更された値をそのまま呼び出し元に反映することもできます。

コマンド

```
> #金額を設定します
> $price = 1000
>
> #税額を算出します
> function CalcTax($price)
> {
>     $tax = $price * 0.08
>     $price += $tax
>     return $tax
> }
>
> #関数を実行します
> CalcTax $price
80
>
> #関数実行後の変数の値を確認します
> Write-Host $price
1000
```

通常は、関数内でパラメータに指定された値を変更しても、その値は関数の外へ出た時点で関数実行前の値に戻ります。

上記の例では、関数実行前に$priceに1000を代入し、関数内で$priceを1.08倍にしました。その後、関数の外へ出た時点で$priceの値を表示してみると、1000に戻っているのを確認できます。これは、$priceという変数自体が関数に渡されたのではなく、その値が関数に渡されたためです。これを「値渡し」と言います。

この「値渡し」の他に、変更されたパラメータの値を変更された状態で呼び出し元に返すこともできます。これを、「参照渡し」といいます。

参照渡しの例を見てみましょう。パラメータを参照渡しする場合の構文は、次のとおりです。

構文

```
function functionName([ref]p1, ...)
{
   statement
}
```

変数・パラメーター	説明
functionName	関数名
p	パラメータ
statement	実行するコマンド群

上のように、関数を定義する際にパラメータの前に[ref]と記述します。この[f]キーワードを記述したパラメータは、参照渡しとなります。

参照渡しされたパラメータを関数内で使用する場合は、次のように変数名の後ろに.valueを指定します。

構文

```
p.value
```

変数・パラメーター	説明
p	パラメータ

参照渡しのパラメータが定義された関数を呼び出す場合は、次のようにします。

構文

```
functionName([ref]p, ...)
```

変数・パラメーター	説明
functionName	関数名
p	パラメータ

では、実際に参照渡しのパラメータを定義した関数を使用した例をみてみましょう。先ほど作成したCalcTax関数を変更し、パラメータに指定された金額を税込み額で返すように変更します。

コマンド

```
> #金額を設定します
> $price = 1000
>
> #税額を算出します
> function CalcTax([ref]$price)
> {
>     $tax = $price.value * 0.08
>     $price.value += $tax
>     return $tax
> }
>
> #関数を実行します
> CalcTax([ref]$price)
80
>
> #関数実行後の変数の値を確認します
> Write-Host $price
1080
```

この結果より、パラメータとして引き渡した$priceが、関数内で$taxの値が加算された状態で呼び出し元に戻ってきたことを確認できます。

ユーザー定義関数を削除するには

作成済みの関数を削除するには、Remove-Itemコマンドレットを使用します。

例えば、test関数を削除する場合、次のコマンドを実行します。

コマンド

```
Remove-Item function:test
```

ただし、ユーザー定義関数はPowerShellを終了すると同時に削除されてしまいます。そのため、Remove-Itemコマンドレットによって明示的に関数を削除する場合は、少ないでしょう。むしろ、一度作成したユーザー定義関数を、PowerShellを起動するたびに手作業で再作成する方が面倒です。そのような場合は、前述のprofileにユーザー定義関数を作成するコマンドを登録しておくとよいでしょう。

2-3-11 例外処理

例外処理とは、本来の正常な動作をする場合のプログラムの流れとは別の、プログラムが異常な動作をする場合に行う処理のことを言います。

例えば、読み込むはずのファイルが存在しなかったり、Excelファイルを読み込むはずがExcelがインストールされていなかったり、などです。

PowerShellを含め、多くのプログラミング言語には、こういった例外を捕捉してその例外に対して適切な処理を行えるような機能を保持しています。

例外処理のサンプルとして、制御構文の説明の際に作成したスクリプトを次のように変更します。

スクリプト ➡2-3-11_01.ps1

```
01: [int]$age = Read-Host "あなたは何歳ですか?"
02: switch ($age)
03: {
04:     61 { Write-Host "還暦ですね!" }
05:     70 { Write-Host "古希ですね!" }
06:     77 { Write-Host "喜寿ですね!" }
07:     80 { Write-Host "傘寿ですね!" }
08:     88 { Write-Host "米寿ですね!" }
09:     90 { Write-Host "卒寿ですね!" }
10:     99 { Write-Host "白寿ですね!" }
11:     100 { Write-Host "百寿ですね!" }
12:     default { Write-Host "あなたは $age 歳ですね!" }
13: }
```

スクリプト解説

01:	"あなたは何歳ですか?"と表示された入力フォームを表示し、入力された結果をint型の変数「$age」に代入します
02:	変数「$age」に代入された数値によって分岐する処理をswitch文で定義します
03:	switch文のスクリプトブロックの開始行です
04:	変数「$age」に代入された数値が「61」の場合、"還暦ですね!"と画面に表示します
05:	変数「$age」に代入された数値が「70」の場合、"古希ですね!"と画面に表示します
06:	変数「$age」に代入された数値が「77」の場合、"喜寿ですね!"と画面に表示します
07:	変数「$age」に代入された数値が「80」の場合、"傘寿ですね!"と画面に表示します

08:	変数「$age」に代入された数値が「88」の場合、"米寿ですね!"と画面に表示します
09:	変数「$age」に代入された数値が「90」の場合、"卒寿ですね!"と画面に表示します
10:	変数「$age」に代入された数値が「99」の場合、"白寿ですね!"と画面に表示します
11:	変数「$age」に代入された数値が「100」の場合、"百寿ですね!"と画面に表示します
12:	変数「$age」に代入された数値が上記以外の場合、"あなたは [変数「$age」の値] 歳ですね!"と画面に表示します
13:	switch文のスクリプトブロックの終了行です

年齢を入力する際、数値ではなく文字列を入力してみてください。

実行結果

```
あなたは何歳ですか?:a
値 "a" を型 "System.Int32" に変換できません。エラー: "入力文字列の形式が正しくありません。"
発生場所 行:1 文字:10
+ [int]$age <<<<  = Read-Host "あなたは何歳ですか?"
    + CategoryInfo          : MetadataError: (:) []、
ArgumentTransformationMetadataException
    + FullyQualifiedErrorId : RuntimeException

あなたは  歳ですね!
```

1行目のRead-Hostコマンドレットによって表示された入力フォームに文字列を入力したため、変数「$age」がエラーとなってしまいました。そのため、変数「$age」には値が入らず、switch文でdefaultに該当するスクリプトブロックが変数「$age」が空のまま実行されてしまいました。では、$age変数に数値以外の値が入力されてしまった場合の例外処理を施したサンプルを作成してみましょう。

スクリプト ➡2-3-11_02.ps1

```
01: try
02: {
03:     [int]$age = Read-Host "あなたは何歳ですか?"
04: }
05: catch [System.InvalidCastException]
06: {
07:     Write-Host "入力された値は数値ではありません!"
08:     Return
09: }
```

```
10: switch ($age)
11: {
12:     61 { Write-Host "還暦ですね!" }
13:     70 { Write-Host "古希ですね!" }
14:     77 { Write-Host "喜寿ですね!" }
15:     80 { Write-Host "傘寿ですね!" }
16:     88 { Write-Host "米寿ですね!" }
17:     90 { Write-Host "卒寿ですね!" }
18:     99 { Write-Host "白寿ですね!" }
19:     100 { Write-Host "百寿ですね!" }
20:     default { Write-Host "あなたは $age 歳ですね!" }
21: }
```

スクリプト解説

01:	try文の宣言です。
02:	try文のスクリプトブロックの開始行です
03:	"あなたは何歳ですか?"と表示された入力フォームを表示し、入力された結果をint型の変数「$age」に代入します
04:	try文のスクリプトブロックの終了行です
05:	catch文を宣言し、例外の型が[System.InvalidCastException]であった場合にその例外を捉えます
06:	catch文のスクリプトブロックの開始行です
07:	例外のメッセージを表示します
08:	スクリプトを抜けます
09:	catch文のスクリプトブロックの終了行です
10:	変数「$age」に代入された数値によって分岐する処理をswitch文で定義します
11:	switch文のスクリプトブロックの開始行です
12:	変数「$age」に代入された数値が「61」の場合、"還暦ですね!"と画面に表示します
13:	変数「$age」に代入された数値が「70」の場合、"古希ですね!"と画面に表示します
14:	変数「$age」に代入された数値が「77」の場合、"喜寿ですね!"と画面に表示します
15:	変数「$age」に代入された数値が「80」の場合、"傘寿ですね!"と画面に表示します
16:	変数「$age」に代入された数値が「88」の場合、"米寿ですね!"と画面に表示します
17:	変数「$age」に代入された数値が「90」の場合、"卒寿ですね!"と画面に表示します
18:	変数「$age」に代入された数値が「99」の場合、"白寿ですね!"と画面に表示します
19:	変数「$age」に代入された数値が「100」の場合、"百寿ですね!"と画面に表示します
20:	変数「$age」に代入された数値が上記以外の場合、"あなたは [変数「$age」の値] 歳ですね!"と画面に表示します
21:	switch文のスクリプトブロックの終了行です

先ほどと同様、年齢には数値ではなく文字列を入力してみてください。

```
入力された値は数値ではありません！
```

実行結果の1行目が、エラーの詳細を表示するメッセージではなく、スクリプトであらかじめ用意したメッセージに変わっていることを確認することができます。これが、例外処理と呼ばれるものです。

PowerShellの例外処理の構文は、次のとおりです。

構文

```
try
{
 scriptBlock
}
catch [dataType1]
{
 exceptionScriptBlock1
}
catch [dataType2]
{
 exceptionScriptBlock2
}

...

finally
{
 finallyScriptBlock
}
```

変数・パラメーター	説明
scriptBlock	例外が予測される処理が記述されているスクリプトブロック
dataType	補足する例外のデータ型
exceptionScriptBlock	例外を補足した場合の処理を記述したスクリプトブロック
finnalyScriptBlock	例外の有無に関わらず、必ず実行する処理を記述したスクリプトブロック

上記の構文にて、ScriptBlockには例外が予測される処理を記述します。そのスクリプトブロック内で発生した例外は、catch文によって補足することが可能で、例外の型を

dataTypeに記述することによって、発生した例外ごとに適切な例外処理を記述することが可能です。

上記の例では、発生した例外のデータ型がSystem.InvalidCastExceptionの場合、“入力された値は数値ではありません!”のメッセージを表示するようになっています。System.InvalidCastExceptionは、型変換エラーが発生したときに発生する例外の型です。

finally文には、例外の発生の有無に関わらず、必ず実行される処理を記述します。

.NETで用意されている例外の型については巻末の表(付録:5)にまとめてあります。

また、catch文には例外の型を指定しなくても構いません。つまり、次のように記述することもできます。

構文

```
try
{
   ScriptBlock
}
catch
{
   ExceptionScriptBlock
}
```

変数・パラメーター	説明
scriptBlock	例外が予測される処理が記述されているスクリプトブロック
exceptionScriptBlock	例外を補足した場合の処理を記述したスクリプトブロック

この場合、例外が発生した場合、発生した例外の型に限らず、catch文で補足することができます。また、発生した例外は、自動変数「$Error」によって、発生した例外の詳細を取得することができます。

スクリプト ➡2-3-11_03.ps1

```
01: try
02: {
03:     [int]$age = Read-Host "あなたは何歳ですか?"
04: }
```

```
05: catch
06: {
07:     Write-Host $Error[0].Exception.Message
08: }
```

自動変数「$Error」には、発生した例外のリストが格納されており、直近の例外は0番目のインデックスに格納されます。自動変数「$Error」のException型によって取得可能なメンバは、次のとおりです。

Exceptionのメンバ

メンバ	説明
Data	例外に関する追加のユーザー定義情報を提供するキー/値ペアのコレクションを取得します。
HelpLink	例外に関連付けられているヘルプ ファイルへのリンクを取得または設定します。
HResult	特定の例外に割り当てられているコード化数値である HRESULT を取得または設定します。
InnerException	現在の例外の原因となる Exception インスタンスを取得します。
Message	現在の例外を説明するメッセージを取得します。
Source	エラーの原因となったアプリケーションまたはオブジェクトの名前を取得または設定します。
StackTrace	呼び出し履歴の直前のフレームの文字列形式を取得します。
TargetSite	現在の例外がスローされたメソッドを取得します。

Microsoft Developer Network「Exception プロパティ」より。
出典：http://msdn.microsoft.com/ja-jp/library/System.Exception_properties(v=vs.110).aspx

上記の例では、Messageプロパティから例外の内容を取得し、その内容をWrite-Hostコマンドレットによって出力しています。

発生した例外を呼び出し元に戻す

最後に、発生した例外を呼び出し元に返す方法について説明します。少々解りづらいですが、例えば関数内で発生した例外を関数内で処理するのではなく、その関数の呼び出し元で例外を捕捉したい場合などが該当します。発生した例外を呼び出し元に返すには、throw文を使用します。

構文

```
try
{
   scriptBlock
}
catch
{
   throw
}
```

変数・パラメーター	説明
scriptBlock	例外が予測される処理が記述されているスクリプトブロック

例を見てみましょう。パラメータに与えられた2つの数値の除算結果を返す関数を作成し、割る数に0を与えてみます。その場合、0除算が発生するため、スクリプトは例外を発生します(数学では数値を0で除算することができないからです)。

コマンド

```
> #関数を定義します
> function CalcDiv([int]$dividend, [int]$divisor)
> {
>   try
>   {
>     return ($dividend / $divisor)
>   }
>   catch
>   {
>     throw
>   }
> }
>
> #関数を実行します
> CalcDiv 10 0
0 で除算しようとしました。
発生場所 行:5 文字:24
+     return ($dividend / <<<<  $divisor)
   + CategoryInfo          : NotSpecified: (:) []、
ParentContainsErrorRecordException
   + FullyQualifiedErrorId : RuntimeException
```

関数内のcatch文の中には、例外を呼び出し元に返すthrow文のみが記述されているため、例外は関数の呼び出し元でも補足する必要があります。ただ、上記の例では関数の呼び出し元で例外を補足するようになっていないため、結果として補足されなかった例外の詳細が画面に表示されています。

次の例は、関数の呼び出し元で例外を補足するように修正したスクリプトです。

コマンド

```
> #関数を定義します
> function CalcDiv([int]$dividend, [int]$divisor)
> {
>   try
>   {
>     return ($dividend / $divisor)
>   }
>   catch
>   {
>     throw
>   }
> }
>
> #関数を実行します
> try
> {
>   CalcDiv 10 0
> }
> catch
> {
>   Write-Host "0除算を補足しました"
> }
0除算を補足しました
```

このスクリプトでは、関数の呼び出しがtry文で囲われているため、関数内で発生した例外を呼び出し元で補足し、catch文で用意した例外処理が実行されたことを確認することができます。

スクリプトを作成する上で、例外処理は重要です。適切に例外処理を行わなかったスクリプトが、予期せぬ事態によって業務において惨事を招きかねません。「ファイルを移動するつもりが、コピー元フォルダにもコピー先フォルダにも残っていない」などと笑えない事態を発生させないためにも、スクリプトの作成時は、常に発生する可能性がある例外についても考慮すべきでしょう。

2-4
WMIを利用するには

PowerShellは、WSHと同様、WMIを利用することができます。WMI（Windows Management Instrumentation）とは、Windows OS管理の中核となす技術で、プログラミング言語やスクリプト言語で日常的な管理タスクを実行するためのサービスです。WMIを利用することで、コンピューターをシャットダウンしたり、リモートコンピューターのイベントログを取得することなどができます。

まずは、PowerShellからWMIを利用した簡単な例をみてみましょう。以下のコマンドは、コンピューター上のデバイス情報を取得するコマンドです。

コマンド

```
> Get-WmiObject Win32_LogicalDisk


DeviceID     : C:
DriveType    : 3
ProviderName :
FreeSpace    : 48825126912
Size         : 111510810624
VolumeName   :

DeviceID     : D:
DriveType    : 3
ProviderName :
FreeSpace    : 24646512640
Size         : 32476491776
VolumeName   : Lenovo

DeviceID     : E:
DriveType    : 5
ProviderName :
FreeSpace    :
Size         :
VolumeName   :
```

上記の実行結果は、著者のパソコンでコマンドを実行した場合の例です。Get-WmiObjectコマンドレットは、WMIのオブジェクトを生成するコマンドレットです。

WMIは、SQLのサブセットであるWQLというクエリ言語を使用することができ、SQLに似た文法によってWindows管理情報を取得することも可能です。例えば、先ほどのコマンドをWQLを使用したコマンドにすると、次のようになります。

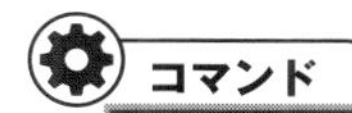

```
> Get-WmiObject -query "SELECT * FROM Win32_LogicalDisk"
```

WQLを使用すれば、SQLのようにWHEREステートメントによって条件文を追加することができます。次の例は、空き容量が1Gバイト以上のディスクを取得します。

コマンド

```
> Get-WmiObject -query "SELECT * FROM Win32_LogicalDisk WHERE FreeSpace >=
1073741824"
```

コンピューターの世界は2進数で演算するため、
1Gバイト=2の30乗
すなわち、
1024×1024×1024=1073741824

また、第1章のリモートコンピューターの説明でも少し触れましたが、WMIはリモートコンピューターのWindows情報を取得することができます。

構文

```
Get-EventLog -ComputerName computerName -LogName
    application
```

変数・パラメーター	説明
computerName	リモートコンピューター名

例えば、PC01というリモートコンピューターのイベントログを取得したい場合は、次のコマンドを実行します。

コマンド

```
> Get-EventLog -ComputerName PC01 -LogName application

  Index Time          EntryType   Source                 InstanceID Message
  ----- ----          ---------   ------                 ---------- -------
   6328 9 13 18:01    Information gupdate                         0 ソース 'gu...
   6327 9 13 17:57    0           Software Protecti...   1073742727 ソース 'So...
   6326 9 13 17:53    Information SecurityCenter                  1 Windows...
   6325 9 13 17:52    0           Software Protecti...   1073742726 ソース 'So...
   6324 9 13 17:52    Information Software Protecti...   1073742827 ソース 'So...
   6323 9 13 17:52    Information Software Protecti...   1073742890 ソース 'So...
   6322 9 13 17:52    Information Software Protecti...   1073742724 ソース 'So...
   6321 9 13 17:52    Information gupdate                         0 ソース 'gu...
   6320 9 13 17:51    Information Windows Search Se...   1073742827 Windows...
   6319 9 13 17:51    Information ESENT                         302 Windows...
   6318 9 13 17:51    Information ESENT                         301 Windows...
   6317 9 13 17:50    Information ESENT                         301 Windows...
   6316 9 13 17:50    Information ESENT                         300 Windows...
   6315 9 13 17:50    Information ESENT                         102 Windows...
   6314 9 13 17:50    Information iPod Service                    0 ソース 'iP...
   6313 9 13 17:50    Information Desktop Window Ma...   1073750827 合成テーマが
使...
   6312 9 13 17:50    Information Wlclntfy               2147489648 通知イベント
を...
   6311 9 13 17:50    Information Winlogon               1073745925 Windows...
   6310 9 13 17:50    Information IAANTmon               1073749324 Intel R...
   6309 9 13 17:50    0           WinMgmt                3221231089 ソース 'Wi...
   6308 9 13 17:50    Information VMware NAT Service           1000 Using c...
   6307 9 13 17:50    0           WinMgmt                3221231087 ソース 'Wi...
   6306 9 13 17:50    Information VMware NAT Service           1000 Service...
   6305 9 13 17:50    Information SeaPort                         0 ソース 'Se...
   6304 9 13 17:50    Information Bonjour Service               100 Service...
   6303 9 13 17:50    Information Bonjour Service               100 Service...
   6302 9 13 17:50    Information Bonjour Service               100 Service...
   6301 9 13 17:50    Information Microsoft-Windows...         1531 ユーザー プ
ロ...
   6300 9 13 17:50    Information EventSystem            1073746449 ソース 'Ev...
   6299 9 13 15:58    Information Microsoft-Windows...         1532 ユーザー プ
ロ...

...(以下、略)
```

WMIを利用した場合、リモート先のコンピューターにPowerShellがインストールされている必要はありませんし、.NET Frameworkがインストールされている必要もありません。

リモートコンピューターにGet-WmiObjectコマンドレットを実行する場合、リモートコンピューターのセキュリティ設定によっては実行結果を取得できません。

その場合、Get-WmiObjectコマンドレットに-Credentialオプションを追加で指定し、ユーザーアカウントの認証を許可するようにします。

構文

```
Get-WmiObject Win32_BIOS -ComputerName computer_name
    -Credential computer_name¥user_name
```

変数・パラメーター	説明
computer_name	コンピューター名
user_name	ユーザー名

例えば、「REMOTE-PC」というコンピュータに「TEST_USER」ユーザーアカウントで接続して「Win32_BIOS」オブジェクトを取得するには、以下のように入力します。

コマンド

```
> Get-WmiObject Win32_BIOS -ComputerName REMOTE-PC -Credential REMOTE-PC¥TEST_
USER
```

このコマンドを実行すると、認証ダイアログが表示され、パスワードを求められます。

適切なパスワードを入力することで、リモートコンピューターへのアクセスが許可され、任意のコマンドを実行することができるようになります。

2-5
モジュールを利用／作成するには

モジュールとは、PowerShellのコマンドをまとめたパッケージのことを言います。モジュールは、機能によってまとめられた状態で提供され、PowerShellのコア機能を除いた機能はモジュールによって提供されています。

また、モジュールを自作することも可能です。モジュールを自作することで、よく使う関数をモジュール化し、必要に応じてコマンドレットやスクリプトから呼び出すことなどが可能となります。

PowerShellのモジュールは、スクリプトファイルとして提供されるものや.NET Frameworkによってコンパイルされたアセンブリファイルとして提供されるものなどがあります。

モジュールは、Get-CommandコマンドレットのModuleName列によって確認することができます。

コマンド

```
> Get-Command

CommandType     Name                                               ModuleName
-----------     ----                                               ----------
Alias           Add-ProvisionedAppxPackage                         Dism
Alias           Apply-WindowsUnattend                              Dism
Alias           Flush-Volume                                       Storage
Alias           Get-ProvisionedAppxPackage                         Dism
Alias           Initialize-Volume                                  Storage
Alias           Move-SmbClient                                     SmbWitness
Alias           Remove-ProvisionedAppxPackage                      Dism
Alias           Write-FileSystemCache                              Storage
Function        A:
Function        Add-BCDataCacheExtension                           BranchCache
Function        Add-BitLockerKeyProtector                          BitLocker
Function        Add-DnsClientNrptRule                              DnsClient
Function        Add-DtcClusterTMMapping                            MsDtc
Function        Add-InitiatorIdToMaskingSet                        Storage
Function        Add-MpPreference                                   Defender
```

```
Function        Add-NetEventNetworkAdapter
NetEventPacketCapture
Function        Add-NetEventPacketCaptureProvider
NetEventPacketCapture
Function        Add-NetEventProvider
NetEventPacketCapture
Function        Add-NetEventVmNetworkAdapter
NetEventPacketCapture
Function        Add-NetEventVmSwitch
NetEventPacketCapture

...(以下、略)
```

PowerShellのモジュールは、格納するフォルダが決まっています。ユーザーが独自に作成するモジュールは、以下のフォルダに格納します。

%homepath%¥Documents¥WindowsPowerShell¥Modules

例えば、ユーザー名[hoge]の場合、以下のフォルダが該当します。

C:¥Users¥hoge¥Documents¥WindowsPowerShell¥Modules

このフォルダに対し、作成したモジュールをフォルダ単位で格納します。

例えば、「TestModule」という名前のモジュールを作成する場合、「%homepath%¥Documents¥WindowsPowerShell¥Modules」に「TestModule」というフォルダを作成し、その中に作成したモジュールファイルを格納します。

また、Windowsにログインするすべてのユーザーが利用可能なモジュールを作成するのであれば、以下のフォルダに格納します。

%pshome%¥Modules

一般的には、以下のフォルダになります。このフォルダにアクセスするには、管理者権限が必要です。

C:¥Windows¥System32¥WindowsPowerShell¥v1.0¥Modules

PowerShellのモジュールファイルは、拡張子が「psm1」となっています。このpsm1ファイルの文法は、スクリプトファイルと同じです。モジュールファイルを格納するフォルダには、psm1ファイル以外にも、.NET FrameworkによってコンパイルされたDLLファイルを格納したり、モジュールの構成を定義した、マニフェストファイルと呼ばれる「psd1」ファイルを格納することで、そのモジュールファイルに含まれる関数などを使用することができるようになります。

それでは、実際にモジュールを作成してみましょう。まずは、前述のモジュールの格納先に「TestModule」というフォルダを作成します。次に、PowerShell ISEより次のスクリプトを入力し、ファイル名を「TestModule.psm1」として「TestModule」フォルダに保存してください。

スクリプト ➡TestModule.psm1

```
01: function foo()
02: {
03:     Write-Host "fooを実行しました。"
04: }
05:
06: function bar()
07: {
08:     Write-Host "barを実行しました。"
09: }
10:
11: Export-ModuleMember -Function foo
```

このモジュールには、foo関数とbar関数を定義しました。どちらも、実行された関数を表示するためのWrite-Hostコマンドレットが実行されるだけの関数です。11行目には、Export-ModuleMemberコマンドレットが記述されており、パラメータとして、foo関数の名前が指定されています。このコマンドレットは、モジュールに定義されている関数をモジュール外部に公開するためのものです。つまり、このモジュールにはfoo関数とbar関数が定義されていますが、実際にモジュール外部に公開されるのはfoo関数のみであり、bar関数はモジュール内部でしか使用することができません。

では、ファイルを保存したら、PowerShellコンソールかPowerShell ISEより以下のコマンドを実行します。

```
> Import-Module TestModule -PassThru -Verbose
詳細: パス
'C:¥Users¥Takayuki¥Documents¥WindowsPowerShell¥Modules¥TestModule¥TestModule.
psm1' からモジュールを読み込んでいます。
詳細: 関数 'foo' をインポートしています。

ModuleType Name                      ExportedCommands
---------- ----                      ----------------
Script     TestModule                foo
```

Import-Moduleコマンドレットは、作成したモジュールを読み込んでPowerShell上で使用可能な状態にするためのコマンドです。

このコマンドレットに続き、読み込ませたいモジュールのモジュール名を指定します。「-PassThru」スイッチは、Import-Moduleコマンドレットの実行結果を表示するためのスイッチです。また、-Verboseスイッチは、コマンドレットによって使用可能となったコマンドの一覧を取得するためのスイッチです。この2つのスイッチを指定したことにより、TestModuleモジュールを正常にインポートしたことが、画面上に表示されました。

ちなみに、PowerShellのバージョンが3.0以降であれば、コマンドレットを実行する際に自動的にモジュールが読み込まれるため、このコマンドを実行する必要はありません。

さて、それでは、まずはfoo関数をコマンドレットより実行してみましょう。

```
> foo
fooを実行しました。
```

モジュールに定義したfoo関数が実行され、Write-Hostコマンドレットによって実行された関数名が表示されました。では、モジュール内にて、Export-ModuleMemberによって外部に公開されなかったbar関数を実行するとどうなるでしょうか。

```
> bar

用語 'bar' は、コマンドレット、関数、スクリプト ファイル、または操作可能なプログラムの名前として認識されません。名前が正しく記述されていることを確認し、パスが含まれている場合はそのパスが正しいことを確認してから、再試行してください。
発生場所 行:1 文字:4
```

```
+ bar <<<<
   + CategoryInfo          : ObjectNotFound: (bar:String) []、
CommandNotFoundException
   + FullyQualifiedErrorId : CommandNotFoundException
```

上記のように、bar関数をコマンドレット上で認識することができず、エラーとなります。Export-ModuleMemberコマンドレットによってbar関数もモジュール外部に公開する場合は、次のようにfoo関数の後ろにスペースを入れてbar関数を追加するか、

```
> Export-ModuleMember -Function foo bar
```

次のように、ワイルドカードを使用して、モジュール内に記述されているすべての関数を外部に公開することもできます。

```
Export-ModuleMember -Function *
```

COLUMN

スクリプトを定時に自動実行させるには

PowerShellスクリプトを既定の時間に自動的に実行したい場合は、Windowsの標準機能の「タスクスケジューラー」を用いるのがよいでしょう。

ただし、PowerShellスクリプトの場合、スクリプトファイルのパスを実行するファイルとして指定しても、スクリプトは実行されません。

前述のとおり、PowerShellスクリプトの拡張子「ps1」が関連付けされているアプリケーションは「メモ帳」のため、スケジューラーによって実行されるのはメモ帳でスクリプトファイルを開く行為です。

そのため、PowerShellスクリプトをタスクスケジューラーで実行するには、実行するファイルとしてpowershell.exe本体を指定し、その引数として、スクリプトファイルのパスを指定します。

引数の指定の際には、" -Command"パラメータを記述します。

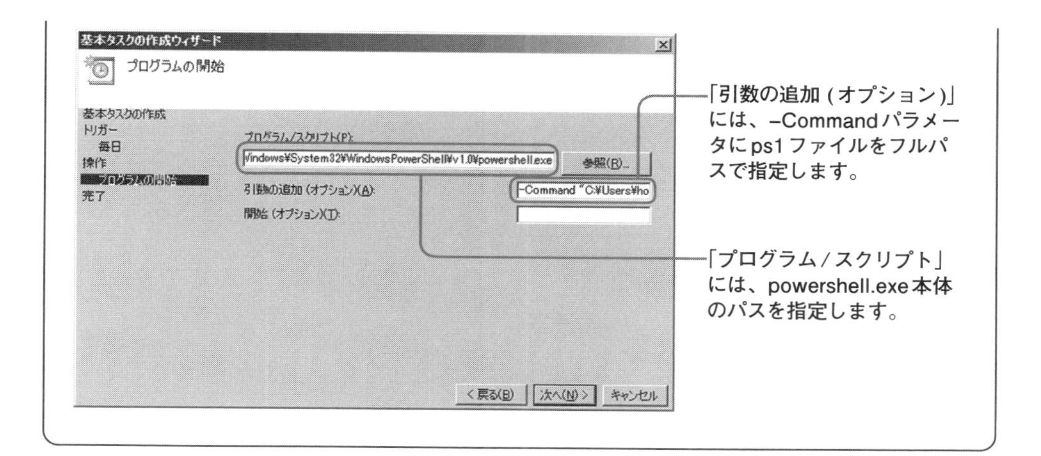

COLUMN

コマンドの履歴を確認する

PowerShellコンソールウィンドウから入力したコマンドは、カーソルの［↑］キーを押下することで、入力した順に履歴を遡ることができます。また、Get-Historyコマンドレットを実行することで、履歴の一覧を取得することができます。

コマンド

```
> Get-History


 Id CommandLine
 -- -----------
  1 Get-EventLog -LogName Application
  2 Get-Help Get-EventLog
  3 Get-Alias
```

さらに、Start-Transcriptコマンドレットを実行すると、そのセッション中に実行されたコマンドが、ログとしてテキストファイルに保存されます。

ログは、マイドキュメントフォルダに" PowerShell_transcript.[ログを開始した日時].txt"というファイル名で保存されます。

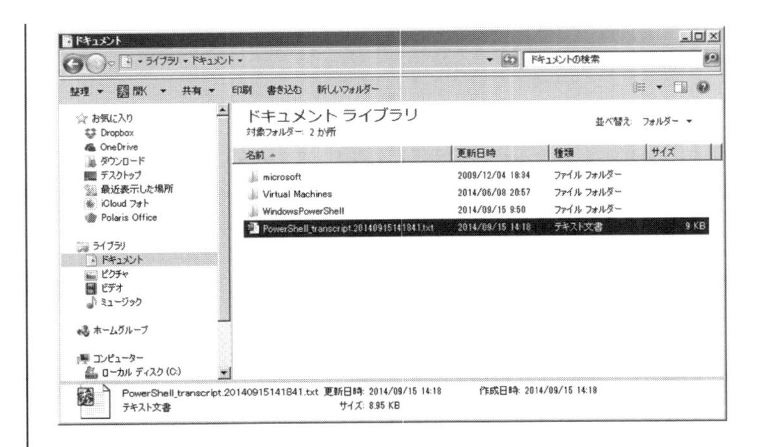

Start-Transcript コマンドレットによって開始されたログ出力は、Stop-Transcript コマンドレットによって停止することができます。

第3章

機能別コマンドレットとスクリプト

本章では、PowerShellでやりたいことを機能別に分類し、それに該当するコマンドレットやスクリプトを紹介します。

次章では、業務のためのスクリプトの作成を中心に行いますが、そのために知っておくべき型操作や外部ファイルの取り扱い方法などを本章で説明します。

本章の構成は、次のとおりです。

- データ型に関する操作
- ファイルシステム管理
- レジストリーの管理
- COMオブジェクトの操作
- テキストファイル操作
- データベース管理

「データ型に関する操作」では、例えば、ある文字列のなかに指定した文字列が含まれるかどうかや、日付型データを指定したフォーマットを文字列型に変換する方法などを説明します。PowerShellスクリプトを作成する上で、最も利用頻度が高い項目でしょう。

「ファイルシステム管理」では、指定したパスにファイルが存在するかどうかや、存在しなかった場合にそのパスにフォルダごとファイルを作成する方法など、すでにWSHなどでバッチファイルの作成経験がある方にはお馴染みのファイル操作を説明します。

「レジストリーの管理」では、レジストリーを参照したりレジストリーに新たなキーを作成したり、レジストリーからキーを削除する方法について、説明します。

「COMオブジェクトの操作」では、COMオブジェクトを利用して、Microsoft ExcelやMicrosoft Wordを操作する方法について、説明します。また、Internet ExplorerブラウザをPowerShellから操作する方法についても、説明します。

「テキストファイル操作」では、通常のテキストファイルの読み書きや、CSVファイルの読み書きなどを説明します。

「データベース管理」では、PowerShellからMicrosoft Accessデータベースに接続したり、SQL Serverデータベースに接続する方法について、説明します。

本章は、PowerShellスクリプトを作成する上で基本的な操作となるパーツを紹介しています。業務で使用されるような大掛かりなスクリプトを作成する上での指針となれば、幸いです。

3-1 データ型に関する操作

ここでは、スクリプトを作成する際に利用頻度が高いデータ型の操作について、説明します。例えば、ある文字列に指定した文字列が含まれるかどうかや、数値型のデータを四捨五入したり、日付型のデータの加減算などについて、説明します。

- 文字列型に関するデータ操作
- 数値型に関するデータ操作
- 日付型に関するデータ操作

厳密に言えば、PowerShellの文字列型は.Net FrameworkのSystem.Stringクラスのオブジェクト型です。同様に、数値型はSystem.Int32クラスなどの数値を扱う.Net Frameworkのオブジェクト型で、日付型はSystem.Datetimeクラスのオブジェクト型に該当します。オブジェクト型であるため、各種データ操作は、そのオブジェクトのメソッドやプロパティを呼び出して行うことができます。

3-1-1 文字列型に関するデータ操作

データ型に関する操作のなかでも特に利用頻度が高いのが、文字列型に関するデータ操作です。ファイル名を判断する場合やテキストファイルの内容を編集する場合など、多くの場合が文字列データを取り扱います。

文字列の長さを取得する

文字列の長さを調べるには、String クラスの Length プロパティを参照します。

構文

```
variable.Length
```

変数・パラメーター	説明
variable	変数名

スクリプト　➡3-1-1_01.ps1

```
01: #文字列を定義します
02: $hoge = "Hello World!"
03:
04: #定義した文字列の長さを取得します
05: $hoge.Length
```

実行結果

```
12
```

上記スクリプトでは、文字列"Hello World!"の文字数である「12」が、実行結果として表示されています。

ある文字列の中に指定した文字列が含まれているかをチェックする

ある文字列の中に指定した文字列が含まれているかどうかをチェックするには、String クラスのContains メソッドを使用します。

構文

```
variable.Contains(string_value)
```

変数・パラメーター	説明
variable	変数名
string_value	検索する文字列

Containsメソッドは、検索する文字列をパラメータとして指定します。

スクリプト ➡3-1-1_02.ps1

```
01: #文字列を定義します
02: $hoge = "Hello World!"
03:
04: #以下に指定した文字列が含まれているかをチェックします
05: $foo = "and"
06: $bar = "or"
07:
08: #変数「$hoge」に定義した文字列に、変数「$foo」に定義した文字列が含まれているかを
    チェックします
09: $hoge.Contains($foo)
10:
11: #変数「$hoge」に定義した文字列に、変数「$bar」に定義した文字列が含まれているかを
    チェックします
12: $hoge.Contains($bar)
```

実行結果

```
False
True
```

上記スクリプトでは、"Hello World!"の文字列の中から、"or"という文字列が含まれるかどうかと、"and"という文字列が含まれているかどうかの2つをチェックしています。

"Hello World!"の中には文字列"or"が含まれているため、スクリプト9行目の実行結果としてFalseが返ります。また、"Hello World!"の中には文字列"and"は含まれていないため、スクリプト12行目の実行結果としてTrueが返ります。

ある文字列が空かどうかをチェックする

ある文字列が空かどうかをチェックするには、StringクラスのIsNullOrEmptyメソッドを使用します。

構文

```
[string]::IsNullOrEmpty(variable)
```

変数・パラメーター	説明
variable	変数名

"[string]::"の記述は、Stringクラスの呼び出し部分です。このように、インスタンスを生成せずに呼び出すメソッドやプロパティを、「スタティック(Static：静的)」なメンバと呼びます。

IsNullOrEmptyメソッドには、空かどうかをチェックする文字列をパラメータとして指定します。

スクリプト　➡3-1-1_03.ps1

```
01: #文字列を定義します
02: $hoge = "Hello World!"
03: $foo = $null
04: $bar = ""
05:
06: #変数「$hoge」が空かどうかをチェックします
07: [string]::IsNullOrEmpty($hoge)
```

```
08:
09: #変数「$foo」が空かどうかをチェックします
10: [string]::IsNullOrEmpty($foo)
11:
12: #変数「$bar」が空かどうかをチェックします
13: [string]::IsNullOrEmpty($bar)
```

実行結果

```
False
True
True
```

IsNullOrEmptyメソッドは、パラメータに指定された値がEmptyもしくはNullの場合にTrueを返します。Emptyとは、値が空の状態を示します。つまり、空文字列(長さが0の文字列)の状態を指します。これに対し、Nullとは、値が何も代入されていない状態を指します。変数を値を入れる箱に例えるなら、Emptyが「空」という値を代入した状態であり、Nullは箱には何の値もない、手付かずの状態であることを意味します。IsNullOrEmptyメソッドは、この2つ状態を判別する際に使用します。

指定した文字列を置換する

ある文字列に含まれる文字列を別の文字列に置換するには、StringクラスのReplaceメソッドを使用します。

構文

```
variable.Replace(string_value1, string_value2)
```

変数・パラメーター	説明
variable	変数名
string_value1	置換する文字列
string_value2	置換後の文字列

Replaceメソッドは、第1パラメータに置換する文字列を、第2パラメータに置換後の文字列を指定します。

スクリプト ➡3-1-1_04.ps1

```
01: #変数を定義します
02: $hoge = "Welcome To Japan!"
03:
04: #置換対象の文字列を定義します
05: $foo = "Japan"
06:
07: #置換後の文字列を定義します
08: $bar = "America"
09:
10: #文字列を置換します
11: $hoge.Replace($foo, $bar)
```

実行結果

```
Welcome To America!
```

上記サンプルでは、変数「$hoge」に代入した"Welcome To Japan!"の文字列から"Japan"に該当する部分の文字列を"America"に置き換えています。

文字列の先頭から指定した文字列が含まれる開始位置を取得する

文字列の先頭から、指定した文字列が含まれる開始位置を取得するには、StringクラスのIndexOfメソッドを使用します。

```
variable.IndexOf(string_value)
```

変数・パラメーター	説明
variable	変数名
string_value	検索する文字列

IndexOfメソッドのパラメータには、検索する文字列を指定します。検索する文字列が変数の中に含まれていない場合、戻り値として-1を返します。

スクリプト ➡3-1-1_05.ps1

```
01: #文字列を定義します
02: $hoge = "Hello World!"
03:
04: #検索する文字列を定義します
05: $foo = "or"
06: $bar = "and"
07:
08: #変数「$hoge」に定義した文字列に変数「$foo」に定義した文字列が含まれる開始位置
    を取得します
09: $hoge.IndexOf($foo)
10:
11: #変数「$hoge」に定義した文字列に変数「$bar」に定義した文字列が含まれる開始位置
    を取得します
12: $hoge.IndexOf($bar)
```

実行結果

```
7
-1
```

上記サンプルでは、文字列"Hello World!"から文字列"or"に該当する箇所と、文字列"and"に該当する箇所を検索しています。

文字列"or"に該当する箇所は、"Hello World!"の左から数えて7番目にありますが、文字列"and"に該当する箇所は"Hello World!"には存在しないため、戻り値として-1が返ります。

文字列の最後から指定した文字列が含まれる開始位置を取得する

文字列の最後から、指定した文字列が含まれる開始位置を取得するには、Stringクラスの LastIndexOfメソッドを使用します。

構文

```
variable.LastIndexOf(string_value)
```

変数・パラメーター	説明
variable	変数名
string_value	検索する文字列

LastIndexOfメソッドのパラメータには、検索する文字列を指定します。検索する文字列が含まれていない場合、戻り値として-1を返します。

スクリプト ➡3-1-1_06.ps1

```
01: #文字列を定義します
02: $foo = "Hello World!"
03:
04: #検索する文字列を定義します
05: $bar = "o"
06:
07: #変数「$foo」に定義した文字列に変数「$bar」に定義した文字列が含まれる開始位置を
    取得します（最初を優先）
08: $foo.IndexOf($bar)
09:
10: #変数「$foo」に定義した文字列に変数「$bar」に定義した文字列が含まれる開始位置を
    取得します（最後を優先）
11: $foo.LastIndexOf($bar)
```

実行結果

```
4
7
```

上記サンプルにて、IndexOfとLastIndexOfの違いを比較しています。サンプルでは、文字列"Hello World!"の中に文字列"o"が見つかった位置を取得しています。文字列"o"は、変数「$foo」に定義された文字列にて4文字めと7文字めに存在しますが、IndexOfの実行結果では4を返し、LastIndexOfの実行結果では7を返します。

文字列の左に余白(もしくは文字)を埋め込む

文字列の左に余白(もしくは文字)を埋め込むには、StringクラスのPadLeftメソッドを使用します。

構文

```
variable.PadLeft(length [, character])
```

変数・パラメーター	説明
variable	変数名
length	文字列を埋め込んだ後の文字数
character	埋め込む文字列

PadLeftメソッドには、第1パラメータとして最終的な文字数を指定します。この文字数になるまで、第2パラメータに指定した文字列を埋め込みます。第2パラメータを省略した場合、半角空白を埋め込みます。

スクリプト ➡3-1-1_07.ps1

```
01: #文字列を定義します
02: $foo = "123"
03:
04: #埋め込む文字列を定義します
05: $bar = "0"
06:
07: #文字列を埋め込みます
08: $foo.PadLeft(5, $bar)
```

```
09: 
10: #空白を埋め込みます
11: $foo.PadLeft(5)
```

実行結果

```
00123
  123
```

上記サンプルでは、"123"という文字列に対して、文字数が5になるまで、左側に"0"を埋め込んでいます。第2パラメータを省略した場合は、文字数が5になるまで、左側に半角空白を埋め込んでいます。

文字列の右に余白(もしくは文字)を埋め込む

文字列の右に余白(もしくは文字)を埋め込むには、String クラスの PadRight メソッドを使用します。

構文

```
variable.PadRight(length [, character])
```

変数・パラメーター	説明
variable	変数名
length	文字列を埋め込んだ後の文字数
character	埋め込む文字列

PadRightメソッドには、第1パラメータとして最終的な文字数を指定します。この文字数になるまで、第2パラメータに指定した文字列を埋め込みます。第2パラメータを省略した場合、半角空白を埋め込みます。

スクリプト ➡3-1-1_08.ps1

```
01: #文字列を定義します
02: $foo = "123"
03:
04: #埋め込む文字列を定義します
05: $bar = "0"
06:
07: #文字列を埋め込みます
08: $foo.PadRight(5, $bar)
09:
10: #空白を埋め込みます
11: $foo.PadRight(5)
```

実行結果

```
12300
123    ←空白が埋め込まれています
```

上記サンプルでは、"123"という文字列に対して、文字数が5になるまで、右側に"0"を埋め込んでいます。第2パラメータを省略した場合は、文字数が5になるまで、右側に半角空白を埋め込んでいます。

文字列を指定した文字で分割して配列にする

文字列を指定した文字で分割して配列にするには、StringクラスのSplitメソッドを使用します。

構文

```
variable.Split(separator)
```

変数・パラメーター	説明
variable	変数名
separator	分割文字列

Splitメソッドには、パラメータとして分割文字列を指定します。例えば、分割文字としてカンマ(,)を指定した場合、CSVファイルを値ごとに分割して配列に格納することができます。

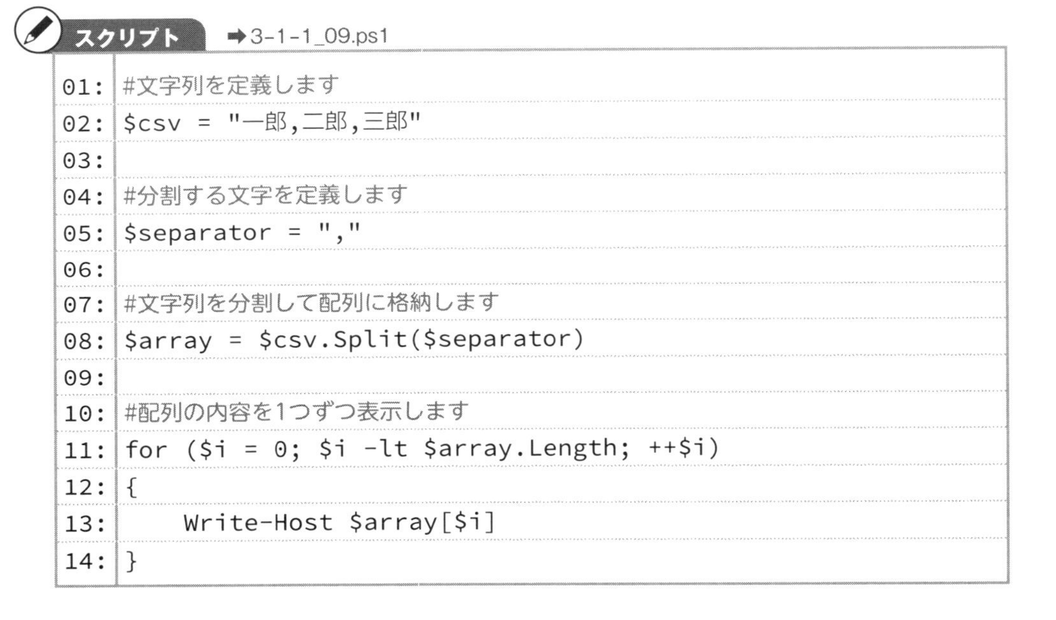

スクリプト　➡3-1-1_09.ps1

```
01: #文字列を定義します
02: $csv = "一郎,二郎,三郎"
03:
04: #分割する文字を定義します
05: $separator = ","
06:
07: #文字列を分割して配列に格納します
08: $array = $csv.Split($separator)
09:
10: #配列の内容を1つずつ表示します
11: for ($i = 0; $i -lt $array.Length; ++$i)
12: {
13:     Write-Host $array[$i]
14: }
```

実行結果

```
一郎
二郎
三郎
```

上記サンプルでは、CSVファイルを行単位で読み込んだ後を想定しています。読み込んだ1行分のデータを値ごとに配列に格納するため、Splitメソッドを使用しています。配列に読み込んだCSVデータは、すべての要素を1つずつ取得しながらWrite-Hostコマンドレットにて画面に出力しています。

指定した文字列の位置から指定した文字数分だけ文字列を取得する

ある文字列にて、指定した文字列の位置から指定した文字数分だけ文字列を取得するには、StringクラスのSubStringメソッドを使用します。

構文

```
variable.SubString(start, length)
```

変数・パラメーター	説明
variable	変数名
start	文字列を取得する開始位置
length	取得する文字数

SubStringメソッドでは、第1パラメータには取得する文字の開始位置を、第2パラメータには取得する文字数を指定します。

スクリプト ➡3-1-1_10.ps1

```
01: #文字列を定義します
02: $hoge = "Hello World!"
03:
04: #検索を開始する位置を定義します
05: $start = 6
06:
07: #取得する文字数を定義します
08: $length = 5
09:
10: #文字列を取得します
11: $hoge.SubString($start, $length)
```

実行結果

```
World
```

上記のサンプルでは、文字列"Hello World!"にて、左から6文字目から開始して5文字分の文字列を取得しています。

文字列を1文字ごとに区切って配列に格納する

文字列を1文字ごとに区切って配列に格納するには、StringクラスのToCharArrayメソッドを使用します。

```
variable.ToCharArray()
```

変数・パラメーター	説明
variable	変数名

ToCharArrayメソッドは、文字列を1文字ごとに分割した配列を戻り値として返します。

スクリプト　➡3-1-1_11.ps1

```
01: #文字列を定義します
02: $hoge = "Hello World!"
03:
04: #文字列を1文字ごとに区切って配列に格納します
05: $array = $hoge.ToCharArray()
06:
07: #配列の内容を1つずつ出力します
08: for ($i = 0; $i -lt $array.Length; ++$i)
09: {
10:     Write-Host $array[$i]
11: }
```

実行結果

上記サンプルでは、ToCharArrayメソッドの実行結果を変数「$array」に取得し、その配列の要素を1文字ずつWrite-Hostコマンドレットにて画面に出力しています。

小文字を大文字に変換する

小文字を大文字に変換するには、StringクラスのToUpperメソッドを使用します。

構文

```
variable.ToUpper()
```

変数・パラメーター	説明
variable	変数名

スクリプト ➡3-1-1_12.ps1

```
01: #文字列を定義します
02: $hoge = "Hello World!"
03:
04: #小文字を大文字に変換します
05: $hoge.ToUpper()
```

実行結果

```
HELLO WORLD!
```

サンプルでは、文字列“Hello World!”に含まれる小文字を、すべて大文字に変換しています。

大文字を小文字に変換する

大文字を小文字に変換するには、String クラスの ToLower メソッドを使用します。

構文

```
variable.ToLower()
```

変数・パラメーター	説明
variable	変数名

スクリプト ➡3-1-1_13.ps1

```
01: #文字列を定義します
02: $hoge = "Hello World!"
03:
04: #小文字を大文字に変換します
05: $hoge.ToLower()
```

実行結果

```
hello world!
```

サンプルでは、文字列“Hello World!”に含まれる大文字を、すべて小文字に変換しています。

文字列の両端から空白を削除する

文字列の両端から空白を削除するには、String クラスの Trim メソッドを使用します。

構文

```
variable.Trim()
```

変数・パラメーター	説明
variable	変数名

削除する空白は、半角全角を問いません。

スクリプト ➡3-1-1_14.ps1

```
01: #文字列を定義します
02: $hoge = "      12345      "
03:
04: #文字列の両端から空白を削除します
05: $hoge.Trim()
```

実行結果

```
12345
```

Trim メソッドは、文字列の両端の空白を削除します。文字列の途中に含まれる空白（例えば、姓と名の間に含まれる空白）などは削除しません。

文字列の左端から空白を削除する

文字列の左端から空白を削除するには、String クラスの TrimStart メソッドを使用します。

構文

```
variable.TrimStart()
```

変数・パラメーター	説明
variable	変数名

Trim メソッドは、文字列の両端から空白を削除しますが、TrimStart メソッドは、文字列の左端の空白のみを削除します。Trim メソッド同様、削除する空白は半角全角を問いません。

スクリプト　➡3-1-1_15.ps1

```
01: #文字列を定義します
02: $hoge = "      12345      "
03:
04: #文字列の左端から空白を削除します
05: $hoge.TrimStart()
```

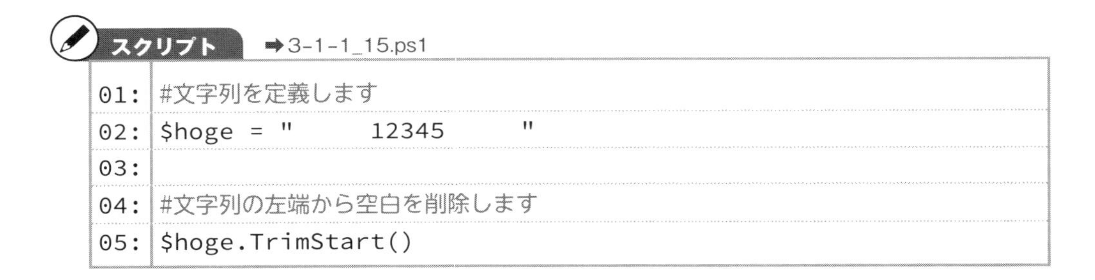

実行結果

```
12345      ←右端の空白は削除されていません
```

TrimStart メソッドは、WSH（VBScript）の LTrim 関数に該当するメソッドです。

文字列の右端から空白を削除する

文字列の右端から空白を削除するには、StringクラスのTrimEndメソッドを使用します。

```
variable.TrimEnd()
```

変数・パラメーター	説明
variable	変数名

Trimメソッドは、文字列の両端から空白を削除しますが、TrimEndメソッドは、文字列の右端の空白のみを削除します。Trimメソッド同様、削除する空白は半角全角を問いません。

スクリプト ➡3-1-1_16.ps1

```
01: #文字列を定義します
02: $hoge = "      12345      "
03:
04: #文字列の右端から空白を削除します
05: $hoge.TrimEnd()
```

実行結果

```
      12345←※右端の空白のみ削除されました
```

TrimStartメソッドは、WSH（VBScript）のRTrimに該当するメソッドです。

3-1-2 数値型に関するデータ操作

数値型に関するデータ操作は、.NET FrameworkのSystem.Mathクラスを使用します。ここでは、数値の切り上げ、切り下げ(切り捨て)、四捨五入と、数値の絶対値を求める方法を紹介します。これ以外にも、System.Mathクラスには、三角関数を求めるメソッドや、対数を求めるメソッドなどがあります。

小数点を切り上げて整数値を取得する

数値型の小数点を切り上げて整数値を取得するには、System.MathクラスのCeilingメソッドを使用します。

構文

```
[Math]::Ceiling(value)
```

変数・パラメーター	説明
value	小数点を含んだ数値

Ceilingメソッドのパラメータには、対象となる数値を指定します。

スクリプト ➡3-1-2_01.ps1

```
01: #数値を定義します
02: $foo = 123.456
03: $bar = 1234.56
04:
05: #小数点を切り上げた整数値を取得します
06: [Math]::Ceiling($foo)
07: [Math]::Ceiling($bar)
```

```
124
1235
```

サンプルでは、「123.456」と「1234.56」をCeilingメソッドにて整数値に変換しています。「123.456」の場合、小数点部分「0.456」を切り上げたため、結果として「124」が返ります。「1234.56」の場合、小数点部分「0.56」を切り上げたため、結果として「1235」が返ります。

小数点を切り下げて整数値を取得する

数値型の小数点を切り下げて整数値を取得するには、System.Math クラスの Floor メソッドを使用します。

```
[Math]::Floor(value)
```

変数・パラメーター	説明
value	小数点を含んだ数値

Ceilingメソッドのパラメータには、対象となる数値を指定します。

スクリプト ➡3-1-2_02.ps1

```
01: #数値を定義します
02: $foo = 123.456
03: $bar = 1234.56
04:
05: #小数点を切り下げた整数値を取得します
06: [Math]::Floor($foo)
07: [Math]::Floor($bar)
```

```
123
1234
```

サンプルでは、「123.456」と「1234.56」をFloorメソッドにて整数値に変換しています。「123.456」の場合、小数点部分「0.456」を切り下げたため、結果として「123」が返ります。「1234.56」の場合、小数点部分「0.56」を切り下げたため、結果として「1234」が返ります。

指定した桁数で四捨五入する

数値型を四捨五入するには、Roundメソッドを使用します。

構文

```
[Math]::Round(value[, position])
```

変数・パラメーター	説明
value	四捨五入する値
position	四捨五入する位置

Floorメソッドには、第1パラメータに四捨五入する数値を、第2パラメータには四捨五入する位置を指定します。第2パラメータにて、0を指定した場合は、小数点第1位を四捨五入して整数部のみを返します。1を指定した場合は、小数点第2位を四捨五入して小数点第1位までを返します。また、1の位を四捨五入したい場合は、第2パラメータに-1を、10の位を四捨五入したい場合は、第2パラメータに-2を指定します。

スクリプト ➡3-1-2_03.ps1

```
01: #数値を定義します
02: $hoge = 123.456
03:
04: #小数点を切り下げた整数値を取得します
05: [Math]::Round($hoge, 0)       #小数点第1位を四捨五入します
06: [Math]::Round($hoge, 1)       #小数点第2位を四捨五入します
07: [Math]::Round($hoge, 2)       #小数点第3位を四捨五入します
08: [Math]::Round($hoge)          #2つめのパラメータを省略した場合も小数
    点第1位を四捨五入します
```

実行結果

```
123
123.5
123.46
123
```

サンプルでは、Roundメソッドの第2パラメータにそれぞれ「0」「1」「2」「-1」「-2」を指定した場合と、第2パラメータを省略した場合の結果を表示しています。

絶対値を取得する

数値の絶対値を取得する場合は、System.Math クラスの Abs メソッドを使用します。

構文

```
[Math]::Abs(value)
```

変数・パラメーター	説明
value	絶対値を取得する数値

Absメソッドのパラメータには、絶対値を取得する数値を指定します。

スクリプト ➡3-1-2_04.ps1

```
01: #数値を定義します
02: $foo = 123.456
03: $bar = -123.456
04:
05: #小数点を切り下げた整数値を取得します
06: [Math]::Abs($foo)
07: [Math]::Abs($bar)
```

実行結果

```
123.456
123.456
```

サンプルでは、「123.456」と「-123.456」をAbsメソッドで実行した場合の結果を表示しています。

3-1-3 日付型に関するデータ操作

PowerShellの日付型は、.NET FrameworkのSystem.DataTimeクラスのオブジェクト型です。System.DataTimeクラスには、現在の日時を返したり、日付を指定したフォーマットの文字列型に変換するためのメンバが存在します。ここでは、PowerShellに関する一般的な日付型のデータ操作について、説明します。

現在の日時を取得する

現在の日時を取得するには、System.DateTime クラスの Now プロパティを参照します。

構文

```
[DateTime]::Now
```

実行結果

```
2014年10月3日 12:56:20
```

System.DateTimeのNowプロパティは、Get-Dateコマンドレットの実行結果と同じです。

今日の日付を取得する

現在の日付を取得するには、System.DateTime の Today プロパティを参照します。

構文

```
[DateTime]::Today
```

実行結果

```
2014年10月4日 0:00:00
```

Nowプロパティと違い、時刻を取得できません。Todayプロパティの場合、日時は必ず0時ちょうど(0:00:00)となります。

時刻を取得できないのであれば、TodayプロパティよりもNowプロパティの方が使用価値が高そうだと思うかも知れませんが、時刻を取得しないことにもメリットがあります。例えば、次のような場合です。

スクリプト ➡3-1-3_01.ps1

```
01: #本日日付を代入します
02: $inpdate = "2014-10-04"
03:
04: #Todayプロパティで比較します
05: if ([DateTime]::Today -eq $inpdate)
06: {
07:     Write-Host "Todayプロパティでは等しい日付です。"
08: }
09: elseif ([DateTime]::Today -lt $inpdate)
10: {
11:     Write-Host "Todayプロパティでは本日日付を代入した変数の方が大きい
    です。"
12: }
13: else
14: {
15:     Write-Host "Todayプロパティでは本日日付を代入した変数の方が小さい
    です。"
16: }
17:
18: #Nowプロパティで比較します
19: if ([DateTime]::Now -eq $inpdate)
20: {
21:     Write-Host "Nowプロパティでは等しい日付です。"
22: }
23: elseif ([DateTime]::Now -lt $inpdate)
24: {
25:     Write-Host "Nowプロパティでは本日日付を代入した変数の方が大きいで
    す。"
26: }
27: else
28: {
29:     Write-Host "Nowプロパティでは本日日付を代入した変数の方が小さいで
    す。"
30: }
```

実行結果

```
Todayプロパティでは等しい日付です。
Nowプロパティでは本日日付を代入した変数の方が小さいです。
```

上記の実行結果を見ればわかるとおり、本日日付を代入した変数と、Todayプロパティ およびNowプロパティで比較した結果、Todayプロパティは本日日付を代入した変数と等値であると判断されましたが、Nowプロパティと本日日付を代入した変数は等値ではないと判断されました。なぜでしょう。

その理由は、本日日付を代入した変数は、Todayプロパティと同様に時刻を含んでいませんが、Nowプロパティは時刻を含んでいるため、時刻に関する分だけ、本日日付を代入した変数よりも大きいと判断されたのです。

このように、時刻を含まないデータ操作の場合は、NowプロパティではなくTodayプロパティを用います。

日付を指定したフォーマットの文字列型に変換する

日付を指定したフォーマットの文字列型に変換するには、System.DateTimeクラスのToStringメソッドを使用します。

構文

```
variable.ToString(format)
```

変数・パラメーター	説明
variable	System.DateTimeクラスの日付型の変数名
format	フォーマット

例えば、現在日付を"yyyy/MM/dd"形式の文字列型に変換するには、次のようにします。

```
> ([DateTime]::Today).ToString("yyyy/MM/dd")
2014/10/04
```

サンプルでは、ToStringメソッドのパラメータとして、文字列“yyyy/MM/dd”を渡してします。“yyyy”は4桁の西暦を、“MM”は2桁の月を、“dd”は2桁の日を表します。これらをスラッシュ「/」で区切って結合したフォーマットを、ToStringメソッドに指定しています。

この、“yyyy”・“mm”・“dd”のように、日付に関する特定の意味を持つ文字列を、書式指定子と言います。PowerShellで使用可能な日付に関する書式指定子は、次のとおりです。

書式指定子	説明	例
"d"	短い形式の日付パターン。詳細については、「短い形式の日付 ("d") 書式指定子」を参照してください。	6/15/2009 1:45:30 PM -> 6/15/2009 (en-US)6/15/2009 1:45:30 PM -> 15/06/2009 (fr-FR)6/15/2009 1:45:30 PM -> 2009/06/15 (ja-JP)
"D"	長い形式の日付パターン。詳細については、「長い形式の日付 ("D") 書式指定子」を参照してください。	6/15/2009 1:45:30 PM -> Monday, June 15, 2009 (en-US)6/15/2009 1:45:30 PM -> 15 и ю н я 2009 г .(ru-RU)6/15/2009 1:45:30 PM -> Montag, 15. Juni 2009 (de-DE)
"f"	完全な日付と時刻のパターン（短い形式の時刻）。詳細については、「完全な日付と短い形式の時刻 ("f") 書式指定子」を参照してください。	6/15/2009 1:45:30 PM -> Monday, June 15, 2009 1:45 PM (en-US)6/15/2009 1:45:30 PM -> den 15 juni 2009 13:45 (sv-SE)6/15/2009 1:45:30 PM -> Δ ε υ τ έ ρ α , 15 Ι ο υ ν ί ο υ 2009 1:45 μ μ (el-GR)
"F"	完全な日付と時刻のパターン（長い形式の時刻）。詳細については、「完全な日付と長い形式の時刻 ("F") 書式指定子」を参照してください。	6/15/2009 1:45:30 PM -> Monday, June 15, 2009 1:45:30 PM (en-US)6/15/2009 1:45:30 PM -> den 15 juni 2009 13:45:30 (sv-SE)6/15/2009 1:45:30 PM -> Δ ε υ τ έ ρ α , 15 Ι ο υ ν ί ο υ 2009 1:45:30 μ μ (el-GR)
"g"	一般の日付と時刻のパターン（短い形式の時刻）。詳細については、「一般の日付と短い形式の時刻 ("g") 書式指定子」を参照してください。	6/15/2009 1:45:30 PM -> 6/15/2009 1:45 PM (en-US)6/15/2009 1:45:30 PM -> 15/06/2009 13:45 (es-ES)6/15/2009 1:45:30 PM -> 2009/6/15 13:45 (zh-CN)
"G"	一般の日付と時刻のパターン（長い形式の時刻）。詳細については、「一般の日付と長い形式の時刻 ("G") 書式指定子」を参照してください。	6/15/2009 1:45:30 PM -> 6/15/2009 1:45:30 PM (en-US)6/15/2009 1:45:30 PM -> 15/06/2009 13:45:30 (es-ES)6/15/2009 1:45:30 PM -> 2009/6/15 13:45:30 (zh-CN)

書式指定子	説明	例
"M"、"m"	月日パターン。詳細については、「月 ("M"、"m") 書式指定子」を参照してください。	6/15/2009 1:45:30 PM -> June 15 (en-US)6/15/2009 1:45:30 PM -> 15. juni (da-DK)6/15/2009 1:45:30 PM -> 15 Juni (id-ID)
"O"、"o"	ラウンドトリップする日付と時刻のパターン。詳細については、「ラウンドトリップ ("O"、"o") 書式指定子」を参照してください。	6/15/2009 1:45:30 PM -> 2009-06-15T13:45:30.0900000
"R"、"r"	RFC1123 パターン。詳細については、「RFC1123 ("R"、"r") 書式指定子」を参照してください。	6/15/2009 1:45:30 PM -> Mon, 15 Jun 2009 20:45:30 GMT
"s"	並べ替え可能な日付と時刻のパターン。詳細については、「並べ替え可能な日付と時刻 ("s") 書式指定子」を参照してください。	6/15/2009 1:45:30 PM -> 2009-06-15T13:45:30
"t"	短い形式の時刻パターン。詳細については、「短い形式の時刻 ("t") 書式指定子」を参照してください。	6/15/2009 1:45:30 PM -> 1:45 PM (en-US)6/15/2009 1:45:30 PM -> 13:45 (hr-HR)6/15/2009 1:45:30 PM -> 01:45 ⊠ (ar-EG)
"T"	長い形式の時刻パターン。詳細については、「長い形式の時刻 ("T") 書式指定子」を参照してください。	6/15/2009 1:45:30 PM -> 1:45:30 PM (en-US)6/15/2009 1:45:30 PM -> 13:45:30 (hr-HR)6/15/2009 1:45:30 PM -> 01:45:30 ⊠ (ar-EG)
"u"	並べ替え可能な日付と時刻のパターン (世界時刻)。詳細については、「世界共通の並べ替え可能な日付と時刻 ("u") 書式指定子」を参照してください。	6/15/2009 1:45:30 PM -> 2009-06-15 20:45:30Z
"U"	完全な日付と時刻のパターン (世界時刻)。詳細については、「世界共通の完全な日付と時刻 ("U") 書式指定子」を参照してください。	6/15/2009 1:45:30 PM -> Monday, June 15, 2009 8:45:30 PM (en-US)6/15/2009 1:45:30 PM -> den 15 juni 2009 20:45:30 (sv-SE)6/15/2009 1:45:30 PM -> Δευτέρα, 15 Ιουνίου 2009 8:45:30 μμ (el-GR)
"Y"、"y"	年月パターン。詳細については、「年月 ("Y") 書式指定子」を参照してください。	6/15/2009 1:45:30 PM -> June, 2009 (en-US)6/15/2009 1:45:30 PM -> juni 2009 (da-DK)6/15/2009 1:45:30 PM -> Juni 2009 (id-ID)
その他の 1 文字	未定義の指定子。	ランタイム FormatException をスローします。

出典：http://msdn.microsoft.com/ja-jp/library/az4se3k1(v=vs.110).aspx

また、Get-Dateコマンドレットに-Formatオプションを指定することでも日付形式を変更することが可能です。

```
> Get-Date -Format "yyyy/MM/dd"
2014/10/04
```

指定した年月に含まれる日数を取得する

指定した年月に含まれる日数を取得するには、System.DateTimeクラスのDaysInMonthメソッドを使用します。

```
[DateTime]::DaysInMonth(year, month)
```

変数・パラメーター	説明
year	年を表す数値
month	月を表す数値

DaysInMonthメソッドの第1パラメータには年を表す数値を、第2パラメータには月を表す数値を指定します。

```
> #年を定義します
> $year = 2014
>
> #月を定義します
> $month = 10
>
> #指定した年月に含まれる日数を返します
> [DateTime]::DaysInMonth($year, $month)
31
```

サンプルでは、2014年10月の日数を求めています。2014年10月は31日までですので、戻り値として31が返ります。

うるう年かどうかを返す

指定した年がうるう年かどうかを調べるには、System.DateTimeクラスのIsLeapYearメソッドを使用します。

構文

```
[DateTime]::IsLeapYear(year)
```

変数・パラメーター	説明
year	うるう年かどうかを調べる年

IsLeapYearメソッドのパラメータには、うるう年かどうかを調べたい年を指定します。

コマンド

```
> #年を定義します
> $year2014 = 2014
> $year2020 = 2020
>
> #うるう年かどうかを返します
> [DateTime]::IsLeapYear($year2014)
False
> [DateTime]::IsLeapYear($year2020)
True
```

サンプルでは、2014年と2020年がうるう年かどうかを調べています。2014年はうるう年ではないため、IsLeapYearメソッドのパラメータに2014を指定して実行した場合の戻り値はFalseになります。同様に、2020年はうるう年のため、IsLeapYearメソッドのパラメータに2020を指定して実行した場合の戻り値はTrueになります。

指定した日付の年部分を返す

指定した日付の年部分のみを取得するには、System.DateTime クラスの Year プロパティを参照します。

構文

```
variable.Year
```

変数・パラメーター	説明
variable	System.DateTimeクラスの日付型の変数名

例えば、本年を取得するには、次のようにします。

コマンド

```
> #現在日付の年部分を返します
> ([DateTime]::Today).Year
2014
```

本日日付は、[DateTime]::Today プロパティを参照することで取得することができます。取得した本日日付の Year プロパティを参照することで、本年を取得することができます。

指定した日付の月部分を返す

指定した日付の月部分のみを取得するには、System.DateTime クラスの Month プロパティを参照します。

構文

```
variable.Month
```

変数・パラメーター	説明
variable	System.DateTimeクラスの日付型の変数名

例えば、今月を取得するには、次のようにします。

```
> #現在日付の月部分を返します
> ([DateTime]::Today).Month
10
```

指定した日付の日部分を返す

指定した日付の日部分のみを取得するには、System.DateTime クラスの Day プロパティを参照します。

構文

```
variable.Day
```

変数・パラメーター	説明
variable	System.DateTimeクラスの日付型の変数名

例えば、今日を取得するには、次のようにします。

```
> #現在日付の日部分を返します
> ([DateTime]::Today).Day
13
```

指定した日時の時部分を返す

指定した日時の時部分のみを取得するには、System.DateTime クラスの Hour プロパティを参照します。

構文

```
variable.Hour
```

変数・パラメーター	説明
variable	System.DateTimeクラスの日付型の変数名

例えば、今の時間を取得するには、次のようにします。

コマンド

```
> #現在日時の時部分を返します
> ([DateTime]::Now).Hour
15
```

現在日時は、[DateTime]::Now プロパティを参照することで取得することができます。

指定した日時の分部分を返す

指定した日時の分部分のみを取得するには、System.DateTime クラスの Minute プロパティを参照します。

構文

```
variable.Minute
```

変数・パラメーター	説明
variable	System.DateTimeクラスの日付型の変数名

例えば、今の分を取得するには、次のようにします。

```
> #現在日時の分部分を返します
> ([DateTime]::Now).Minute
44
```

指定した日時の秒部分を返す

指定した日時の秒部分のみを取得するには、System.DateTime クラスの Second プロパティを参照します。

構文

```
variable.Second
```

変数・パラメーター	説明
variable	System.DateTimeクラスの日付型の変数名

例えば、今の秒を取得するには、次のようにします。

```
> #現在日時の秒部分を返します
> ([DateTime]::Now).Second
3
```

指定した日時のミリ秒部分を返す

指定した日時のミリ秒部分のみを取得するには、System.DateTimeクラスのMillisecondプロパティを参照します。

構文

```
variable.Millisecond
```

変数・パラメーター	説明
variable	System.DateTimeクラスの日付型の変数名

例えば、今のミリ秒を取得するには、次のようにします。

コマンド

```
> #現在日時のミリ秒部分を返します
> ([DateTime]::Now).Millisecond
985
```

指定した日付の曜日を返す

指定した日付の曜日を取得するには、System.DateTimeクラスのDayOfWeekプロパティを参照します。

構文

```
variable.DayOfWeek
```

変数・パラメーター	説明
variable	System.DateTimeクラスの日付型の変数名

例えば、本日の曜日を取得するには、次のようにします。

```
> #現在日付の曜日を返します
> ([DateTime]::Today).DayOfWeek
Monday
```

サンプルのように、DayOfWeekプロパティの戻り値は英語です。

- 月曜日　Monday
- 火曜日　Tuesday
- 水曜日　Wednesday
- 木曜日　Thursday
- 金曜日　Friday
- 土曜日　Saturday
- 日曜日　Sunday

日時を加減算する

System.DateTimeクラスの日付型データに年数を加算したり減算したりするには、AddYearsメソッドを使用します。

```
variable.AddYears(number)
```

変数・パラメーター	説明
variable	System.DateTimeクラスの日付型の変数名
number	年数に加減算する数値

AddYearsメソッドには、年数に加減算する数値をパラメータとして指定します。指定日付の未来日付を取得する場合は正の値を、指定日付の過去日付を取得する場合は負の値を指定します。例えば、本日日付の10年後、および10年前の日付を取得するには、次のようにします。

```
> #現在日付の10年後を返します
> ([DateTime]::Today).AddYears(10)

2024年10月13日 0:00:00


> #現在日付の10年前を返します
> ([DateTime]::Today).AddYears(-10)

2004年10月13日 0:00:00
```

同様に、月数を加減算する場合はAddMonthsメソッド、日数を加減算する場合はAddDaysメソッド、時間を加減算する場合はAddHoursメソッド、分を加減算する場合はAddMinutesメソッド、秒数を加減算する場合はAddSecondsメソッドを使用します。

COLUMN

名前空間「System」について

PowerShellで名前空間を指定する際、名前空間「System」は省略可能です。例えば、日付のデータ型を扱う「System.DateTime」クラスは、「System」を省略して「DateTime」と記述することができます。

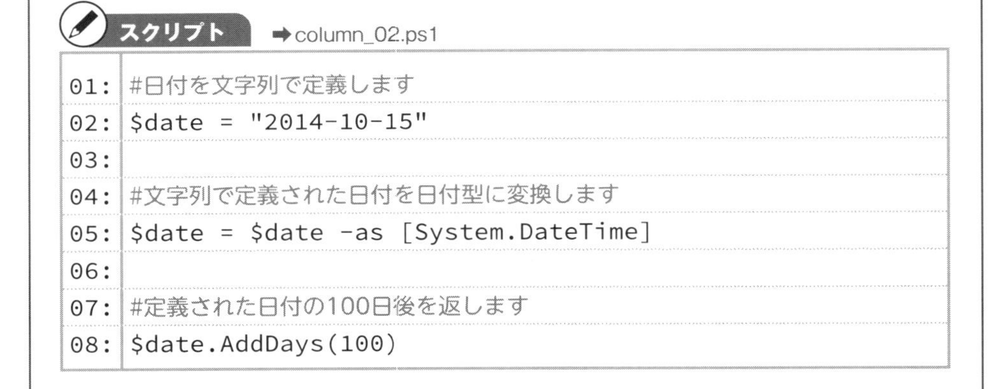

スクリプト　➡column_02.ps1

```
01: #日付を文字列で定義します
02: $date = "2014-10-15"
03:
04: #文字列で定義された日付を日付型に変換します
05: $date = $date -as [System.DateTime]
06:
07: #定義された日付の100日後を返します
08: $date.AddDays(100)
```

上記スクリプトでは、5行目の日付型変換にて「System.DateTime」と記述されている箇所は、「DateTime」と記述した場合と同じ意味になります。

3-2 ファイル／フォルダの管理

システム管理者が作成するバッチファイルでは、ファイルやフォルダの管理も非常に使用頻度が高いバッチ処理です。ファイルのバックアップに伴うフォルダの存在チェックやフォルダの作成、ファイルのコピーや削除といった処理を行うための基本を説明します。また、これらファイルシステムの管理に伴うパスの取得や操作方法もここで説明します。

3-2-1 ファイルシステム管理

ファイルシステム管理とは、ファイルやフォルダに関する一般的な管理を指します。ここでは、コマンドレットを用いたファイルシステム管理について、説明します。

ファイル／フォルダを作成する

ファイルを作成するには、New-Itemコマンドレットを使用します。

```
New-Item file_path -ItemType File [-Force] [-Value value]
```

変数・パラメーター	説明
file_path	ファイルパス
value	ファイルに書き込む値

例えば、「C:¥TEMP」フォルダに「TEST.txt」というファイルを作成するには、次のコマンドを実行します。

コマンド

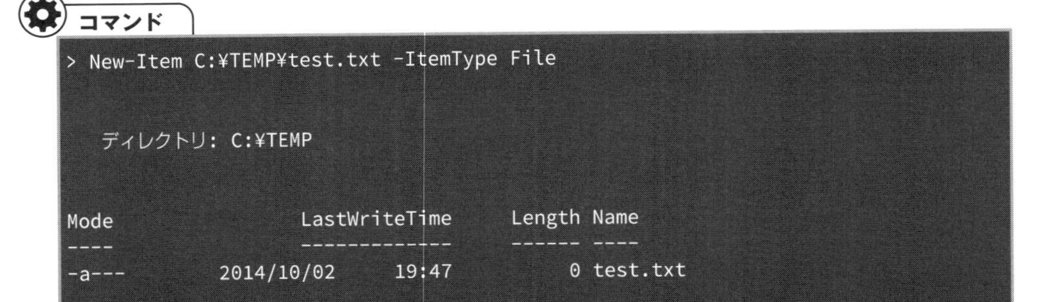

```
> New-Item C:¥TEMP¥test.txt -ItemType File


   ディレクトリ: C:¥TEMP


Mode                LastWriteTime     Length Name
----                -------------     ------ ----
-a---        2014/10/02     19:47          0 test.txt
```

上記コマンドは、すでに「C:¥TEMP」フォルダに「test.txt」ファイルが存在する場合、エラーとなります。ファイルが存在しても上書きする場合は、-Forceオプションを追記します。

コマンド

```
> New-Item C:¥TEMP¥test.txt -ItemType File -Force
```

また、作成するファイルに文字列を書き込みたい場合は、-Valueオプションを追記します。

コマンド

```
> New-Item C:¥TEMP¥test.txt -ItemType File -Value "Hello World!"
```

このコマンドを実行すると、「C:¥TEMP」フォルダに作成された「test.txt」ファイルには、"Hello World!"の文字列が書き込まれています。

つまり、上記のコマンドにて、「C:」ドライブに「TEMP」フォルダが存在しない場合は、フォルダを自動的に作成します。フォルダを作成する場合も、ファイルを作成する場合と同様、New-Itemコマンドレットを実行します。フォルダを作成する場合は、-Typeオプションに“Directory”という文字列を指定します。

構文

```
New-Item folder_path -Type Directory [-Force]
```

変数・パラメーター	説明
folder_path	フォルダパス

例えば、「C:¥TEMP」フォルダに「TEST」フォルダを作成する場合は、次のコマンドを実行します。

コマンド

```
> New-Item C:¥TEMP¥TEST -Type Directory


   ディレクトリ: C:¥TEMP


Mode                LastWriteTime     Length Name
----                -------------     ------ ----
d----        2014/10/02     20:05            TEST
```

New-Itemコマンドレットでファイルを作成する場合と同様、-Forceオプションを指定すると、すでにフォルダが存在する場合でもエラーとならず、上書きします。

コマンド

```
> New-Item C:¥TEMP¥TEST -Type Directory -Force
```

作成するフォルダのパスまでのフォルダが存在しない場合でも、自動的に該当フォルダを作成します。上記のコマンドにて、「C:」ドライブに「TEMP」フォルダが存在しない場合は、フォルダを自動的に作成します。また、フォルダを作成するコマンドのエイリアスとして、「mkdir」や「md」があらかじめ初期状態から用意されています。

ファイル／フォルダをコピーする

ファイルをコピーする場合は、Copy-Itemコマンドレットを使用します。

構文

```
Copy-Item source_file, destination_file [-Force]
```

変数・パラメーター	説明
source_file	コピー元のファイル
destination_file	コピー先のファイル

例えば、「C:¥TEMP」フォルダに存在する「test.txt」ファイルを、「C:¥TEMP2」フォルダに「test2.txt」というファイル名でコピーしたい場合は、次のようにします。

コマンド

```
> Copy-Item C:¥TEMP¥test.txt C:¥TEMP2¥test2.txt
```

もし、コピー先のファイルへのパスが通っていない場合、つまり「C:¥」に「TEMP2」フォルダが存在しない場合にはエラーとなります。

Copy-Itemコマンドレットでコピー元を指定する場合、ワイルドカードを使用することが可能です。次の例では、「C:¥TEMP」フォルダに存在するテキストファイル（拡張子が「txt」のファイル）をすべて「C:¥TEMP2」フォルダにコピーします。

コマンド

```
> Copy-Item C:¥TEMP C:¥TEMP2 -Include *.txt
```

-Includeオプションは、以下に続くファイルパターンに合致するファイルをコピーの対象とするためのオプションです。同様に、テキストファイル以外のファイルをすべてコピーしたい場合は、-Includeオプションの代わりに-Excludeオプションを指定します。

作成するファイルがすでに存在する場合、-Forceオプションを指定することでエラーは発生しなくなります。

コマンド

```
> Copy-Item C:¥TEMP¥test.txt C:¥TEMP2¥test2.txt -Force
```

フォルダをコピーする場合も、ファイルをコピーする場合と同様、Copy-Itemコマンドレットを使用します。

構文

```
Copy-Item source_folder, destination_folder [-Force]
    [-Recurse]
```

変数・パラメーター	説明
source_folder	コピー元のフォルダ
destination_folder	コピー先のフォルダ

例えば、「C:¥TEMP」フォルダを「C:¥TEMP2」フォルダにコピーする場合は、次のコマンドを実行します。

コマンド

```
> Copy-Item C:¥TEMP C:¥TEMP2
```

-Forceオプションを使用すると、コピー先にすでにフォルダが存在する場合でも、上書きコピーします。

コマンド

```
> Copy-Item C:¥TEMP C:¥TEMP2 -Force
```

また、コピー元のファイルやサブフォルダも含めてコピーする場合は、「-Recurse」オプションを使用します。

```
> Copy-Item C:¥TEMP C:¥TEMP2 -Recurse
```

ただし、コピー先の「C:¥TEMP2」フォルダが存在する場合と存在しない場合で、Copy-Itemコマンドレットの挙動が異なるため、注意が必要です。コピー先のフォルダが存在する場合は、そのフォルダの中にコピー先のフォルダを作成します。つまり、上記のコマンドの場合、「C:¥TEMP2」フォルダの中に「TEMP」フォルダを作成します。「C:¥TEMP2」フォルダに「TEMP」フォルダが存在する場合は、-Forceオプションの指定がないとエラーになります。コピー先のフォルダが存在しない場合は、コピー元フォルダがコピー先フォルダのルートフォルダとなります。つまり、上記のコマンドの場合、「C:¥TEMP」フォルダの内容が、「C:¥TEMP2」フォルダに作成されます。

ファイル／フォルダを削除する

ファイルやフォルダを削除するには、Remove-Itemコマンドレットを使用します。

```
Remove-Item target_path [-Force] [-Recurse]
```

変数・パラメーター	説明
target_path	削除するファイルもしくはフォルダのパス

Remove-Itemコマンドレットには、削除するファイルもしくはフォルダのパスをパラメータとして指定します。例えば、「C:¥TEMP」フォルダの「test.txt」ファイルを削除する場合は、以下のコマンドを実行します。

```
> Remove-Item C:¥TEMP¥test.txt
```

読み取り専用属性のファイルを削除する場合は、-Forceオプションを指定します。-Forceオプションなしで読み取り専用ファイルを削除しようとすると、以下のエラーが発生します。

コマンド

```
> Remove-Item C:¥TEMP¥test.txt

Remove-Item : 項目 C:¥temp¥1.txt を削除できません: 操作を実行するために十分なアクセス許可がありません。
発生場所 行:1 文字:12
+ Remove-Item <<<<  C:¥temp¥1.txt
    + CategoryInfo          : PermissionDenied: (C:¥temp¥1.txt:FileInfo) [Remove-Item]、IOException
    + FullyQualifiedErrorId : RemoveFileSystemItemUnAuthorizedAccess,Microsoft.PowerShell.Commands.RemoveItemCommand
```

また、フォルダを削除する場合は、-Recurseオプションを指定します。-Recurseオプションを指定せずにフォルダを削除しようとした場合、以下のような確認メッセージが表示されます。

コマンド

```
> Remove-Item C:¥TEMP

確認
C:¥TEMP の項目には子があり、Recurse
パラメーターが指定されていませんでした。続行した場合、項目と共にすべての子が削
除されます。続行しますか?
[Y] はい(Y)  [A] すべて続行(A)  [N] いいえ(N)  [L] すべて無視(L)  [S] 中断(S)
[?] ヘルプ(既定値は "Y"):
```

［Y］キーを押下して［Enter］キーを押下するか、もしくはそのまま［Enter］キーを押下することで、指定したフォルダを削除することができます。この確認メッセージを表示しないようにするには、-Recurseオプションを指定します。

```
> Remove-Item C:¥TEMP -Recurse
```

Remove-Itemコマンドレットは、存在しないファイルやフォルダを指定した場合、エラーを返します。

```
> Remove-Item C:¥TEMP¥test.txt
Remove-Item : パス 'C:¥TEMP¥test.txt' が存在しないため検出できません。
発生場所 行:1 文字:12
+ Remove-Item <<<<  C:¥TEMP¥test.txt
   + CategoryInfo          : ObjectNotFound: (C:¥TEMP¥test.txt:String) [Remove-
Item]、ItemNotFoundException
   + FullyQualifiedErrorId : PathNotFound,Microsoft.PowerShell.Commands.
RemoveItemCommand
```

ファイル／フォルダを検索する

ファイルやフォルダを検索するには、Resolve-Pathコマンドレットを使用します。

構文

```
Resolve-Path target_path
```

変数・パラメーター	説明
target_path	検索対象のファイルもしくはフォルダのパス

Resolve-Pathコマンドレットには、パラメータとして検索対象のファイルもしくはフォルダのパスを指定します。ワイルドカードの指定も可能です。例えば、「C:¥TEMP」フォルダのテキストファイルをすべて取得する場合は、次のコマンドを実行します。

コマンド

```
> Resolve-Path C:¥TEMP¥*.txt

Path
----
C:¥TEMP¥test01.txt
C:¥TEMP¥test02.txt
C:¥TEMP¥test03.txt
```

Resolve-Pathコマンドレットと同様のコマンドとして、Get-ChildItemコマンドレットがありますが、Get-ChildItemコマンドレットの場合、実行結果はフルパスではなく、ファイルもしくはフォルダの名称のみが返ります。

コマンド

```
> Get-ChildItem C:¥TEMP¥*.txt


    ディレクトリ: C:¥TEMP


Mode                LastWriteTime     Length Name
----                -------------     ------ ----
-a---        2014/10/16     20:26         33 test01.txt
-a---        2014/10/16     20:26         35 test02.txt
-a---        2014/10/16     20:27         42 test03.txt
```

Get-ChildItemコマンドレットの場合、その他にもファイルのサイズや最終更新日、ファイルの属性なども取得することができますので、Resolve-Pathコマンドレットと必要に応じて使い分けるのがよいでしょう。

ファイルの作成日時／最終更新日時／最終アクセス日時を取得する

ファイルの作成日時／最終更新日時／最終アクセス日時を取得するには、Get-ChileItemで取得したファイル情報のオブジェクトより、それぞれに該当するプロパティを参照します。Get－ChildItemコマンドレットの戻り値は、ファイル情報が格納されたFileInfoというクラスです。ファイルの作成日時を取得するには、そのFileInfoクラスのCreationTimeプロパティを参照します。同様に、ファイルの最終更新日時を取得するにはFileInfoクラスのLastWriteTimeプロパティを、ファイルの最終アクセス日時を取得するにはFileInfoクラスのLastAccessTimeプロパティを参照します。次のコマンドでは、「C:¥TEMP」に存在する「¥TEST.txt」ファイルの作成日時／最終更新日時／最終アクセス日時を求めています。

```
> #ファイルパスを定義します
> $filename = "C:¥TEMP¥TEST.txt"
>
> #Get-ChildItemコマンドレットで指定されたパスのファイル情報(FileInfo)を取得します
> $file = Get-ChildItem $filename
>
> #FileInfoのCreatetionTimeプロパティを参照し、ファイルの作成日時を取得します
> Write-Host $file.CreationTime
>
> #FileInfoのLastWriteTimeプロパティを参照し、ファイルの最終更新日時を取得します
> Write-Host $file.LastWriteTime
>
> #FileInfoのLastAccessTimeプロパティを参照し、ファイルの最終アクセス日時を取得します
> Write-Host $file.LastAccessTime
2014/11/01 12:01:36
2014/11/04 12:17:41
2014/11/05 12:34:36
```

これらの情報は、例えば1年以上アクセスのないファイルをコンピューター上から削除したり、本日日付で作成・更新されたファイルがあれば別ドライブにバックアップするなどといったバッチファイルの作成に利用できます。

ファイルを起動する

ファイルを起動するには、Invoke-Itemコマンドレットを使用します。

構文

```
Invoke-Item file_path
```

変数・パラメーター	説明
file_path	起動するファイルのパス

例えば、「C:¥TEMP」フォルダに存在する「test.txt」ファイルを開くには、以下のコマンドを実行します。

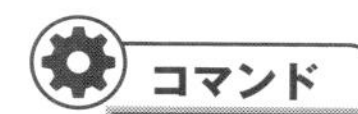

コマンド

```
> Invoke-Item C:¥TEMP¥test.txt
```

Invoke-Itemコマンドレットは、起動するファイルの拡張子に関連付けされたアプリケーションでファイルを開きます。Invoke-Itemコマンドレットは、ワイルドカードを利用することができます。例えば、「C:¥TEMP」フォルダの中のテキストファイルをすべて起動したい場合は、次のコマンドを実行します。

コマンド

```
> Invoke-Item C:¥TEMP¥*.txt
```

ファイル内の文字列を検索する

ファイル内の文字列を検索するには、Select-Stringコマンドレットを使用します。

```
Select-String search_string file_path
```

変数・パラメーター	説明
search_string	検索文字列
file_path	対象ファイルのパス

Select-Stringコマンドレットの1つめのパラメータには、検索対象となる文字列を指定します。2つめのパラメータには、検索するファイルのパスを指定します。1つめのパラメータは、正規表現による指定が可能です。2つめのパラメータは、ワイルドカードを使用可能です。例えば、「C:¥TEMP」フォルダ内のすべてのテキストファイルにて、"hoge"という文字列が含まれるファイルを列挙する場合は、次のコマンドを実行します。

```
> Select-String hoge C:¥TEMP¥*.txt

C:¥TEMP¥test01.txt:1:私の名前は、hogeです。
C:¥TEMP¥test02.txt:2:彼の名前も、hogeです。
C:¥TEMP¥test03.txt:4:彼女の名前も、hogeです。
C:¥TEMP¥test04.txt:8:あなたの名前も、きっとhogeです。
C:¥TEMP¥test05.txt:16:結局、みんなhogeなんです。
```

実行結果の形式は、次のようになっています。

構文

```
filePath:lineNumber:lineContent
```

変数・パラメーター	説明
filePath	検索対象の文字列が含まれていたファイルのパス
lineNumber	検索対象の文字列が存在する行数
lineContent	検索対象の文字列が含まれていた行の内容

3-2-2 ファイルパスを操作する

前述したファイルシステムの管理には、ファイルパスの操作をコマンドで行うこともあるでしょう。例えば、バックアップ先のメディアにすでに該当ファイルが存在するかどうかを確認する場合もありますし、またデスクトップのような特殊フォルダのパスを取得したい場合もあるでしょう。このようなファイルパスの操作について、ここで説明します。

パスの存在を確認する

パスの存在を確認するには、Test-Path コマンドレットを使用します。

構文

```
Test-Path path [-PathType pathtype]
```

変数・パラメーター	説明
path	パス
pathtype	存在を確認するオブジェクトの種類

上記の構文にて、pathtype に指定するパラメータ文字列は、次のとおりです。

変数・パラメーター	説明
Container	フォルダ
Leaf	ファイル

-PathTypeオプションを指定しなかった場合、存在を確認するオブジェクトの種類は任意です。

```
> Select-String -Path "*.txt" -Pattern "hoge" | Select-Object filename | Get-Unique

test01.txt
test02.txt
```

```
#「C:¥TEMP」フォルダは存在するが「C:¥TEMP¥test.txt」は存在しないものとします
> Test-Path C:¥TEMP -PathType Container
True
> Test-Path C:¥TEMP¥test.txt -PathType Leaf
False
```

パスからフォルダ名やファイル名を取得する

パスからファイル名やフォルダ名を取得するには、Split-Pathコマンドレットを使用します。

```
Split-Path path [pathtype]
```

変数・パラメーター	説明
path	パス
pathtype	パスから取得する部分

上記の構文にて、pathtypeは省略可能です。省略した場合、指定したパスからフォルダのパスを返します。例えば、「C:¥TEMP¥SUBFOLDER¥test.txt」からフォルダのパスだけを取得する場合、次のコマンドを実行します。

```
> Split-Path C:¥TEMP¥SUBFOLDER¥test.txt
C:¥TEMP¥SUBFOLDER
```

また、pathtypeに"-Parent"を指定した場合も、フォルダのパスだけを取得します。

```
> Split-Path C:¥TEMP¥SUBFOLDER¥test.txt -Parent
C:¥TEMP¥SUBFOLDER
```

ファイル名を取得したい場合は、pathtypeに"=Leaf"を指定します。

```
> Split-Path C:¥TEMP¥SUBFOLDER¥test.txt -Leaf
test.txt
```

pathtypeに指定可能なパラメータ文字列は、次のとおりです。

パラメータ	取得する部分
-Qualifier	ドライブ名
-noQualifier	ドライブ名を除いた部分
-Parent	親フォルダ
-Leaf	末端の要素

パスを結合する

パスを結合するには、Join-Pathコマンドレットを使用します。

```
Join-Path path1 path2 [-Resolve]
```

変数・パラメーター	説明
path1	結合するパス1
path2	結合するパス2

例えば、「C:¥TEMP」フォルダと「SUBFOLDER」を結合する場合、次のようにします。

```
> Join-Path C:¥TEMP SUBFOLDER
C:¥TEMP¥SUBFOLDER
```

また、-Resolveオプションを指定すると、結合したパスが存在する場合のみ、結果を返します。-Resolveオプションは、ワイルドカードの併用して使用すると便利です。例えば、「C:¥TEMP」フォルダに存在するテキストファイルの一覧を、次のようなコマンドで取得できます。

コマンド

```
> Join-Path C:¥TEMP *.txt -Resolve
C:¥TEMP¥test01.txt
C:¥TEMP¥test02.txt
C:¥TEMP¥test03.txt
C:¥TEMP¥test04.txt
C:¥TEMP¥test05.txt
```

ワイルドカードを使用したファイルの検索としてはResolve-Pathコマンドレットがありますが、Resolve-PathコマンドレットとJoin-Pathコマンドレットは、戻り値のデータ型に相違があります。Resolve-Pathコマンドレットの場合、戻り値は文字列型（System.String型）の配列ですが、Join-Pathコマンドレットの場合、PathInfo配列です。

相対パスを絶対パスに変換する

相対パスを絶対パスに変換するには、Convert-Path コマンドレットを使用します。

```
Convert-Path path
```

変数・パラメーター	説明
path	相対パス

Convert-Path コマンドレットのパラメータには、相対パスを指定します。次の例では、カレントディレクトリの1つ上のフォルダを、相対パスから絶対パスに変換しています。

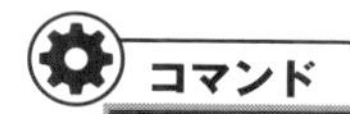

```
> #カレントディレクトリを「C:¥TEMP¥SUB」に変更します
> Set-Location C:¥TEMP¥SUB
>
> #カレントディレクトリの上位フォルダを相対パスで指定し、その絶対パスを取得します
> Convert-Path ..
C:¥TEMP
```

ファイルの拡張子を変更したファイル名を取得する

ファイルの拡張子を変更したファイル名を取得するには、System.IO.Path クラスの ChangeExtension メソッドを使用します。

```
[System.IO.Path]::ChangeExtension(file_path, extension)
```

変数・パラメーター	説明
file_path	ファイルパス
extension	変更後の拡張子

例えば、「C:¥TEMP¥test.txt」の拡張子を「.pdf」に変更したファイル名を取得したい場合、次のコマンドを実行します。

```
> [System.IO.Path]::ChangeExtension("C:¥TEMP¥test.txt", ".pdf")
C:¥TEMP¥test.pdf
```

ChangeExtensionメソッドは、あくまで拡張子を変更したファイル名を取得するだけです。実際のファイルのファイル名を変更したり、またはファイル形式を変更するものではありません。

特殊フォルダのパスを取得する

「マイ　ドキュメント」や「デスクトップ」などの特殊フォルダのパスを取得するには、System.Environment クラスの GetFolderPath メソッドを使用します。

構文

```
[Environment]::GetFolderPath([Environment+SpecialFolder]::foldertype)
```

変数・パラメーター	説明
foldertype	特殊フォルダの種類

上記構文にて、foldertypeに指定できる特殊フォルダの種類は、.NET FrameworkのEnvironmentSpecialFolder列挙体に定義されています。GetFolderPathで指定するEnvironmentSpecialFolder列挙体は、巻末の表にまとめてあります。

例えば、デスクトップのパスを取得するには、次のコマンドを実行します。

```
> [Environment]::GetFolderPath([Environment+SpecialFolder]::Desktop)
C:¥Users¥IKARASHI¥Desktop
```

また、GetFolderPathのパラメータには、EnvironmentSpecialFolder列挙体を直接していするのではなく、"Desktop"などの文字列を指定することも可能です。

```
> [Environment]::GetFolderPath("Desktop")
C:¥Users¥IKARASHI¥Desktop
```

環境変数を取得する

環境変数を取得するには、PowerShellのEnvironmentプロバイダーを使用します。

```
Get-ChildItem Env:[variable]
```

変数・パラメーター	説明
variable	環境変数名

上記構文にて、すべての環境変数を取得したい場合は、variableに該当する部分を指定せずにコマンドを実行します。

```
> Get-ChildItem Env:

Name                           Value
----                           -----
ALLUSERSPROFILE                C:¥ProgramData
APPDATA                        C:¥Users¥IKARASHI¥AppData¥Roaming
CommonProgramFiles             C:¥Program Files¥Common Files
CommonProgramFiles(x86)        C:¥Program Files (x86)¥Common Files
```

```
CommonProgramW6432              C:¥Program Files¥Common Files
COMPUTERNAME                    PC-IKARASHI
ComSpec                         C:¥windows¥system32¥cmd.exe
FP_NO_HOST_CHECK                NO
FPPUILang                       en-US
HOMEDRIVE                       C:
HOMEPATH                        ¥Users¥IKARASHI
LOCALAPPDATA                    C:¥Users¥IKARASHI¥AppData¥Local
LOGONSERVER                     ¥¥PC-IKARASHI
NUMBER_OF_PROCESSORS            8
OnlineServices                  Online Services
OOBEUILang                      ja-JP
OS                              Windows_NT
Path                            %SystemRoot%¥system32¥WindowsPowerShell¥v1.0¥...
PATHEXT                         .COM;.EXE;.BAT;.CMD;.VBS;.VBE;.JS;.JSE;.WSF;....
PCBRAND                         Pavilion
Platform                        BPC
PROCESSOR_ARCHITECTURE          AMD64
PROCESSOR_IDENTIFIER            Intel64 Family 6 Model 60 Stepping 3, Genuine...
PROCESSOR_LEVEL                 6
PROCESSOR_REVISION              3c03
ProgramData                     C:¥ProgramData
ProgramFiles                    C:¥Program Files
ProgramFiles(x86)               C:¥Program Files (x86)
ProgramW6432                    C:¥Program Files
PSModulePath                    C:¥Users¥IKARASHI¥Documents¥WindowsPowerShell...

...以下略
```

環境変数を個別で指定したい場合は、“Env:”の後ろに環境変数名を追記します。

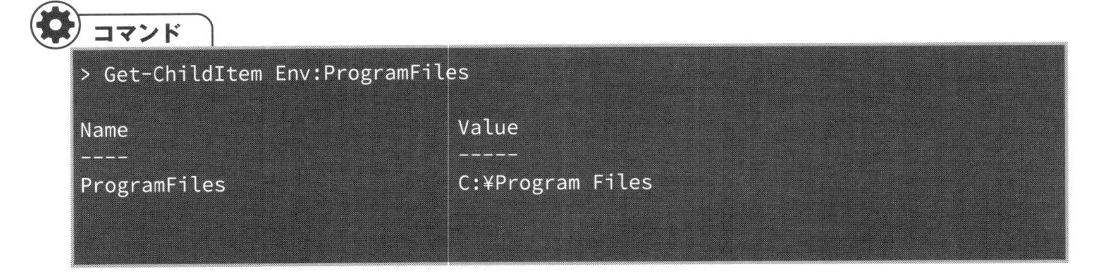

コマンド

```
> Get-ChildItem Env:ProgramFiles

Name                            Value
----                            -----
ProgramFiles                    C:¥Program Files
```

3-3 レジストリー管理

レジストリーは、Windowsコンピューターの様々な設定に関する情報を格納するデータベースです。例えば、レジストリーは、コンピューターにインストールされているアプリケーションの情報を保持したり、拡張子がどのアプリケーションに関連付けられているかの情報を保持しています。

そのため、レジストリーを操作する場合は、十分な注意が必要です。うっかり必要なレジストリーを削除してしまうことにより、コンピューターの挙動に悪影響を与えてしまう可能性があります。

レジストリーは、アプリケーションごとに固有の情報を保存させることが可能で、例えば終了時にフォームの位置を記憶しておくことで次回起動時に以前のフォームの状態を復元したり、30日間限定のアプリケーションの試用版を作成する際に残日数をレジストリーに保存するといった方法に利用することができます。

3-3-1 レジストリーの保存と復元

前述のとおり、レジストリーの操作は大変危険です。特に、プログラムからレジストリーを操作する場合、ちょっとしたプログラムミスによって他のアプリケーションにも重大な影響を与えてしまう可能性が大いにあります。そのため、レジストリーを操作する場合はまず、レジストリーをバックアップしておくことをお勧めします。レジストリーのバックアップは、レジストリーエディタで行います。ここでは、レジストリーエディタの起動方法と簡単な操作方法を説明します。

レジストリーエディタを起動する

まず、キーボードの[Windows]キーを押しながら[R]キーを押し、「ファイル名を指定して実行」ウィンドウを起動します。「ファイル名を指定して実行」ウィンドウが表示されたら、「名前」欄に“regedit”と入力し、[Enter]キーを押下します。すると、次のようなウィンドウが起動します。これが、レジストリーエディタです。

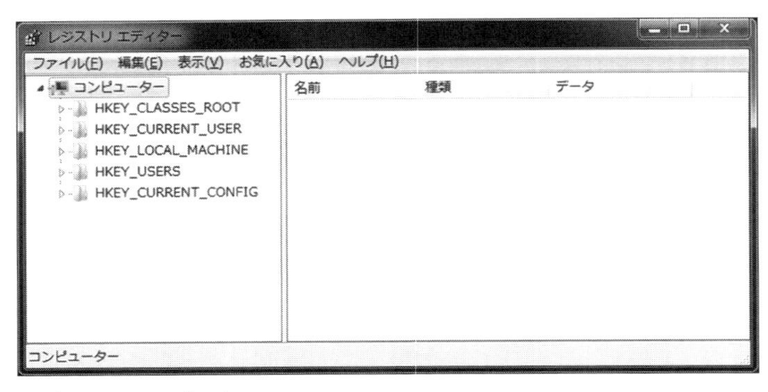

レジストリーエディタ

レジストリーエディタを見ると、レジストリーはエクスプローラーに表示されるファイル構成のように、ツリー構造になっているのを確認できます。レジストリーは、次の6つのメインキーで構成されています。

- HKEY_CLASSES_ROOT　ファイルの拡張子とアプリケーションの関連付けに関する情報
- HKEY_CURRENT_USER　現在、Windowsにログインしているユーザーに関する情報
- HKEY_LOCAL_MACHINE　コンピューターに関する情報
- HKEY_USERS　Windowsユーザーごとの情報
- HKEY_CURRENT_CONFIG　ハードウェア情報
- HKEY_DYN_DATA　ハードウェアの構成やステータスに関する情報

前述のとおり、PowerShellでアクセスできるのは、このうち「HKEY_CURRENT_USER」と「HKEY_LOCAL_MACHINE」の2つです。

レジストリーをバックアップする

普段、レジストリーエディタを起動して手作業でレジストリーを編集することは、ほとんどないでしょう。それでも、プログラムでレジストリーを操作したり、Windowsの挙動を変更したい場合などでレジストリーを故意に操作する場合、まずは現在のレジストリーの状態をバックアップしておきましょう。

レジストリーをバックアップする方法は、レジストリーエディタを起動し、メニューバーの「ファイル(F)」から「エクスポート(E)」を選択します。「レジストリー ファイルのエクスポート」ダイアログが表示されますので、任意のフォルダに任意のファイル名を付け、現在のレジストリーの構造をファイルとして出力します。保存されたレジストリーファイルは、フォーマット形式がUTF-16のテキストファイルです。

また、すべてのレジストリー情報ではなく、一部のレジストリー情報のみをエクスポートしたい場合は、レジストリーエディタよりエクスポートしたいレジストリーキーを右クリックし、「エクスポート(E)」を選択します。

エクスポートしたレジストリーファイルを復元する場合は、レジストリーエディタのメニューバーより「ファイル(F)」 - 「インポート(I)」を選択します。

「レジストリー ファイルのインポート」ダイアログが表示されたら、復元したいレジストリーファイルをダイアログにて選択します。

3-3-2 レジストリーの操作に関するコマンドレット

PowerShellの場合、レジストリーもドライブとして管理されています。PowerShellでは、「HKEY_LOCAL_MACHINE」と「HKEY_CURRENT_USER」へアクセスが可能ですが、その際、ファイルシステムと同様にSet-Locationコマンドレットによってカレントドライブをレジストリー内に移動することができます。

```
PS C:¥> #HKEY_LOCAL_MACHINEにカレントドライブを移動します
PS C:¥> Set-Location HKLM:
PS HKLM:¥> Set-Location HKLM:
PS HKLM:¥>
PS HKLM:¥> #HKEY_CURRENT_USERにカレントドライブを移動します
PS HKLM:¥> Set-Location HKCU:
PS HKCU:¥>
PS HKCU:¥>
```

上記のコマンドのとおり、「HKEY_LOCAL_MACHINE」を参照する場合は「HKLM:」というドライブ名を指定します。同様に、「HKEY_CURRENT_USER」を参照する場合は「HKCU:」というドライブ名を指定します。また、これらのドライブ名から正式なレジストリーキーを取得する場合は、Convert-Path コマンドレットを使用します。

```
> Convert-Path HKLM:
HKEY_LOCAL_MACHINE¥
```

Set-Location 以外でも、PowerShell はレジストリーがファイルシステムと共通のコマンドレットで操作が可能となっています。例えば、レジストリーに新たなキーを作成する場合は、新たなファイルを作成する場合と同様、New-Item コマンドレットを使用します。ここでは、代表的なレジストリーの操作を、いくつか説明します。

レジストリーキーの存在をチェックする

レジストリーキーの存在の有無を確認するには、ファイルやフォルダと同様、Test-Path コマンドレットを使用します。

```
Test-Path registry_key
```

変数・パラメーター	説明
registry_key	レジストリーキー

Test-Pathコマンドレットに指定したレジストリーキーが存在する場合、戻り値として論理型のTrueを返します。レジストリーキーが存在しない場合、論理型のFalseを返します。例えば、「HKEY_LOCAL_MACHINE」の「Software」に“Microsoft”というキーが存在するかどうかを確認するには、次のコマンドを実行します。

```
> Test-Path "HKCU:¥Software¥Microsoft"
True
```

レジストリーキーを取得する

レジストリーキーを取得するには、ファイルシステムと同様、Get-Itemコマンドレットを使用します。

```
Get-Item [registry_key]
```

変数・パラメーター	説明
registry_key	レジストリーキー

上記構文にて、registry_keyが指定されていない場合は、現在のカレントドライブのレジストリーキーに関する情報を返します。

```
PS C:¥> #カレントドライブを「HKEY_LOCAL_MACHINE」に変更します
PS C:¥> Set-Location HKCU:
PS HKCU:¥>
PS HKCU:¥> #[HKEY_LOCAL_MACHINE]キーを取得します
PS HKCU:¥> Get-Item
```

```
    Hive:


SKC  VC Name                           Property
---  -- ----                           --------
12    0 HKEY_CURRENT_USER              {}
```

上記コマンドは、Get-Itemコマンドレットに「HKCU:」ドライブを指定することで、同様の結果を得ることができます。

コマンド

```
PS C:¥> Get-Item HKCU:
```

また、Get-ChildItemコマンドを使用することによって、指定したレジストリーキーのサブキーを取得することができます。

構文

```
Get-ChildItem [registry_key]
```

変数・パラメーター	説明
registry_key	レジストリーキー

例えば、[HKEY_LOCAL_MACHINE]キーのサブキーを取得するには、次のコマンドを実行します。

コマンド

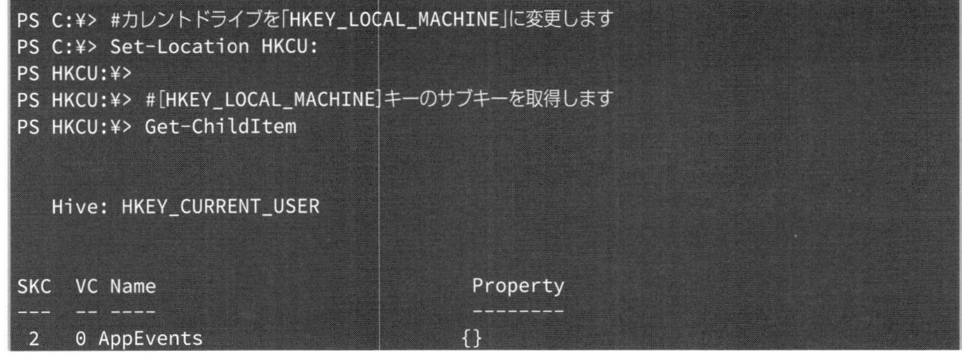

```
PS C:¥> #カレントドライブを「HKEY_LOCAL_MACHINE」に変更します
PS C:¥> Set-Location HKCU:
PS HKCU:¥>
PS HKCU:¥> #[HKEY_LOCAL_MACHINE]キーのサブキーを取得します
PS HKCU:¥> Get-ChildItem


    Hive: HKEY_CURRENT_USER


SKC  VC Name                           Property
---  -- ----                           --------
  2   0 AppEvents                      {}
```

```
 0  36 Console                         {ColorTable00, ColorTable01, ColorTab...
14   0 Control Panel                   {}
 0   2 Environment                     {TEMP, TMP}
 4   0 EUDC                            {}
 1   6 Identities                      {Identity Ordinal, Migrated7, Last Us...
 3   0 Keyboard Layout                 {}
 0   0 Network                         {}
 4   0 Printers                        {}
24   0 Software                        {}
 1   0 System                          {}
 1   8 Volatile Environment            {LOGONSERVER, USERDOMAIN, USERNAME, U...
```

上記コマンドは、Get-ChildItemコマンドレットに「HKCU:」ドライブを指定することでも、同様の結果を得ることができます。

```
PS C:¥> Get-ChildItem HKCU:
```

レジストリーキーを追加する

レジストリーキーを追加するには、New-Itemコマンドレットを使用します。

```
New-Item registry_key
```

変数・パラメーター	説明
registry_key	レジストリーキー

また、レジストリーキーにエントリを追加するには、New-ItemPropertyコマンドレットを使用します。

構文

```
New-ItemProperty registry_key entry_name -PropertyType
    entry_type -Value value
```

変数・パラメーター	説明
registry_key	レジストリーキー
entry_name	エントリ名
entry_type	エントリの種類
value	レジストリー値

例えば、「HKEY_CURRENT_USER」の「Software」に「TEST」というキーを作成し、その中に“Hello World!”という値の文字列型のエントリを追加する場合、次のようにします。

スクリプト ➡3-3-2_01.ps1

```
01: #作成するレジストリーキーを定義します
02: $regkey = "HKCU:¥Software¥TEST"
03:
04: #レジストリーに書き込むエントリを定義します
05: $entry = "SAMPLE"
06:
07: #エントリに書き込む文字列値を定義します
08: $value = "Hello World!"
09:
10: #まず、レジストリーキーを作成します
11: New-Item $regkey
12:
13: #作成したレジストリーキーに文字列エントリを追加します
14: New-ItemProperty $regkey $entry -PropertyType String
    -Value $value
```

実行結果

```
Hive: HKEY_CURRENT_USER¥SOFTWARE
```

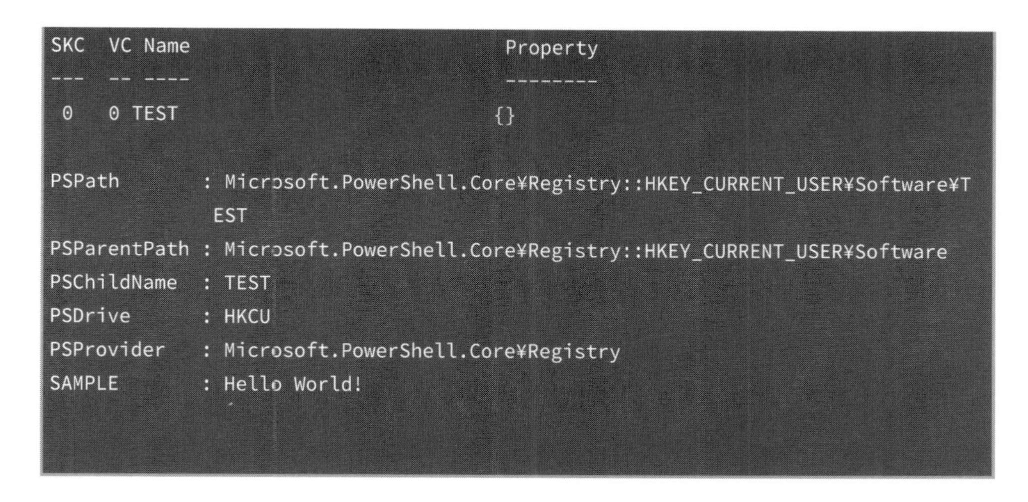

```
SKC  VC Name                           Property
---  -- ----                           --------
  0   0 TEST                           {}

PSPath       : Microsoft.PowerShell.Core¥Registry::HKEY_CURRENT_USER¥Software¥T
               EST
PSParentPath : Microsoft.PowerShell.Core¥Registry::HKEY_CURRENT_USER¥Software
PSChildName  : TEST
PSDrive      : HKCU
PSProvider   : Microsoft.PowerShell.Core¥Registry
SAMPLE       : Hello World!
```

上記スクリプトを実行後、レジストリーエディタを参照して新たなキーが作成されていることを確認してみてください。

すでに存在するレジストリーキーをNew-Itemコマンドレットで作成しようとした場合、エラーとなります。同様に、すでに存在するレジストリーのエントリをNew-ItemPropertyコマンドレットで作成しようとした場合も、エラーとなります。

PowerShellから作成可能なエントリの種類は、文字列だけではありません。レジストリーエディタで右クリックしてエントリを作成する際、選択できるエントリの種類は6種類ありますが、同様に、PowerShellでもこれら6種類のエントリを作成することが可能です。その際に指定する-PropertyTypeは、次のとおりです。

PropertyType の値	意味
Binary	バイナリ データ
DWord	有効な UInt32 型の数値
ExpandString	動的に展開される環境変数を保持できる文字列
MultiString	複数行の文字列
String	任意の文字列値
QWord	8 バイトのバイナリ データ

レジストリーキーやエントリ、値を変更する

レジストリーキーの名前を変更するには、Rename-Item コマンドレットを使用します。

構文

```
Rename-Item registry_key1 registry_key2
```

変数・パラメーター	説明
registry_key1	変更前のレジストリーキー
registry_key2	変更後のレジストリーキー

上記構文にて、registry_key1には変更前のレジストリーキーの名前を、registry_key2には変更後のレジストリーキーの名前を指定します。例えば、[HKEY_CURRENT_USER¥Software」の「TEST」キーの名前を「TEST2」に変更する場合、次のコマンドを実行します。

```
> #カレントドライブを移動します
> Set HKCU:¥Software
>
> #レジストリーキーの名前を変更します
> Rename-Item TEST TEST2
```

レジストリーのエントリの名前を変更するには、Rename-ItemProperty コマンドレットを使用します。

構文

```
Rename-ItemProperty registry_key entry_name1 entry_name2
```

変数・パラメーター	説明
registry_key	レジストリーキー
entry_name1	変更前のエントリ名
entry_name2	変更後のエントリ名

上記構文にて、registry_keyには変更したいエントリが存在するレジストリーキーを指定します。entry_name1には変更前のエントリ名を、entry_name2には変更後のエントリ名を指定します。例えば、[HKEY_CURRENT_USER¥Software¥TEST] キーの「SAMPLE」エントリを「SAMPLE2」に変更する場合、次のコマンドを実行します。

コマンド

```
> Rename-ItemProperty HKCU:¥Software¥TEST SAMPLE SAMPLE2
```

また、エントリの値を変更する場合は、Set-ItemPropertyコマンドレットを使用します。

構文

```
Set-ItemProperty registry_key entry_name value
```

変数・パラメーター	説明
registry_key	レジストリーキー
entry_name	エントリ名
value	レジストリー値

上記構文にて、registry_keyにはエントリが存在するレジストリーキーを指定します。entry_nameには対象となるエントリ名を、valueには変更後のレジストリーの値を指定します。New-ItemPropertyコマンドレットと違い、エントリの種類を指定する必要はありません。

例えば、[HKEY_CURRENT_USER¥Software¥TEST]キーの「SAMPLE」エントリの値を「This is a Pen.」に変更する場合、次のコマンドを実行します。

```
> Set-ItemProperty HKCU:¥Software¥TEST SAMPLE "This is a pen."
```

Set-ItemPropertyコマンドレットにて、存在しないエントリ名を指定した場合は、エントリを作成します。ただし、存在しないレジストリーキーを指定した場合は、エラーとなります。

レジストリーのパスからキーや親キーを取得する

レジストリーのパスを分割し、キーや親キーを取得するには、ファイルシステムと同様、Split-Pathコマンドレットを使用します。例えば、[HKEY_CURRENT_USER¥Software¥TEST]キーから末端のキー名を取得する場合は、次のコマンドを実行します。

```
> Split-Path HKCU:¥Software¥TEST -Leaf
TEST
```

Split-Pathに指定可能なオプションの種類については、ファイルシステムのSplit-Pathコマンドレットの説明をご覧ください（236ページ、「パスからフォルダ名やファイル名を取得する」を参照）。

レジストリーを削除する

レジストリーのエントリを削除するには、Remove-ItemPropertyコマンドレットを使用します。

構文

```
Remove-ItemProperty registry_key entry_name
```

変数・パラメーター	説明
registry_key	削除するエントリが存在するレジストリーキー
entry_name	削除するエントリ名

上記構文にて、registry_keyには削除するエントリが存在するレジストリーキーを指定し、entry_nameには削除するエントリ名を指定します。例えば、「HKEY_CURRENT_USER¥Software¥TEST」に存在する「Sample」エントリを削除する場合は、次のコマンドを実行します。

```
> Remove-ItemProperty HKCU:¥Software¥TEST Sample
```

Remove-ItemPropertyコマンドレットで削除するエントリが存在しない場合、エラーとなります。また、レジストリーのキーを削除するには、Remove-Itemコマンドレットを使用します。

```
Remove-Item registry_key
```

変数・パラメーター	説明
registry_key	削除するレジストリーキー

registry_keyには、削除するレジストリーキーを指定します。例えば、[HKEY_CURRENT_USER¥Software¥TEST]キーを削除する場合、次のコマンドを実行します。

コマンド

```
> Remove-Item HKCU:¥Software¥TEST
```

Remove-Itemコマンドレットで削除するレジストリーキーが存在しない場合、エラーとなります。

3-4 COMオブジェクトの操作

COMとは、Component Object Modelの略で、異なるアプリケーション間でプログラムを利用するための技術的な仕様のことをいいます。例えば、PowerShellからMicrosoft ExcelやMicrosoft WordなどのMicrosoft Office製品を操作する場合は、この技術仕様を用います。Microsoft Office以外にも、Windows OSに標準でインストールされているInternet Explorerブラウザも、COMによって操作することが可能です。

ここでは、COMを使ったMicrosoft Office製品の操作と、Internet Explorerの操作について、説明します。

3-4-1 Microsoft Office製品の操作

Microsoft Office製品に限らず、COMを利用して他のアプリケーションを操作する場合、アプリケーションごとに指定されたProgIDという識別文字列が必要となります。例えば、Microsoft Officeの場合、それぞれのアプリケーションを操作するためのProgIDは、次のようになっています。

アプリケーション	ProgID
Microsoft Access	Access.Application
Microsoft Excel	Excel.Application
Microsoft Outlook	Outlook.Application
Microsoft PowerPoint	Powerpoint.Application
Microsoft Word	Word.Application
Microsoft FrontPage	FrontPage.Application

出典：http://support.microsoft.com/kb/240794/ja

ここでは、Microsoft Office製品の中でももっとも利用頻度が高いと思われるMicrosoft Excel（以下、Excel）とMicrosoft Word（以下、Word）をPowerShellから利用する方法について、説明します。

WSHからCOMを利用してExcelやWordを操作した場合と同様、PowerShellからExcelやWordを操作することも非常に簡単です。まずは、ProgIDを指定して、COMオブジェクトへの参照を定義する必要があります。ProgIDを指定してCOMオブジェクトを参照する方法は、次のとおりです。

構文

```
New-Object -Com prodid
```

変数・パラメーター	説明
progid	ProgID

例えば、ExcelアプリケーションのCOMオブジェクトを参照する場合、次のようにします。

コマンド

```
> #Excelアプリケーションを操作するCOMオブジェクトへの参照を変数「$xl」に格納します
> $xl = New-Object -Com Excel.Application
```

上記コマンドを実行すると、ExcelアプリケーションのCOMオブジェクトを変数「$xl」に格納します。Excelアプリケーションの操作は、この変数「$xl」を使用して行われます。

また、PowerShellからExcelアプリケーションの操作を完了した場合、後始末が必要となります。具体的には、起動したExcelアプリケーションを閉じ、PowerShellからのCOMオブジェクトの参照を解放します。その方法は、次のとおりです。

コマンド

```
> #Excelアプリケーションを終了します
> $xl.Quit
>
> #Excelアプリケーションを操作するCOMオブジェクトへの参照を解放します
> [void][System.Runtime.InteropServices.Marshal]::FinalReleaseComObject($xl)
```

ExcelアプリケーションのQuitメソッドは、Excelアプリケーションを終了するためのメソッドです。

[void][System.Runtime.InteropServices.Marshal]::FinalReleaseComObject($xl)の部分は、COMオブジェクトへの参照を解放するためのコマンドです。

System.Runtime.InteropServices.MarshalクラスのFinalReleaseComObjectメソッドを実行し、COMオブジェクトへの参照を解放します。パラメータには、COMオブジェクトへの参照を定義した変数を指定します。

このコマンドの先頭に記述されている[void]は、戻り値を持たないコマンドに型変換するためのものです。[void]を指定しなかった場合、FinalReleaseComObjectメソッドの戻り値が画面上に表示されます。メソッドの戻り値が0の場合、コマンドが成功したことを意味します。

Excelファイルを読み込む

PowerShellを利用して、Excelファイルから値を読み込む方法をみてみましょう。次のサンプルは、「C:¥TEMP¥」に存在する「test.xlsx」ファイルから、「Sheet1」シートの「A1」セルの値を読み込みます。スクリプトを実行する前に、当該エクセルファイルを作成し、「Sheet1」シートの「A1」セルに“Hello World!”と記入しておきます。

スクリプト　➡3-4-1_01.ps1

```
01: #開きたいExcelファイルのパスを定義します
02: $xlfile = "C:¥TEMP¥test.xlsx"
03:
04: #Excelアプリケーションのインスタンスを生成します
05: $xl = New-Object -Com Excel.Application
06:
07: #Excelファイルを開きます
08: $wb = $xl.Workbooks.Open($xlfile)
09:
10: #Sheet1を選択します
```

```
11: $ws = $wb.Worksheets.Item("Sheet1")
12:
13: #A1セルの内容を画面に表示します
14: Write-Host $ws.Cells.Item(1, 1).Text
15:
16: #Excelファイルを閉じます
17: $wb.Close()
18:
19: #Excelアプリケーションを終了します
20: $xl.Quit()
21:
22: #COMオブジェクトの参照を解放します
23: [void][System.Runtime.InteropServices.
    Marshal]::FinalReleaseComObject($xl)
```

実行結果

```
Hello World!
```

このPowerShellスクリプトを実行すると、当該セルの値を取得したことを確認できます。

スクリプトの5行目は、ExcelのCOMオブジェクトを参照するための処理です。8行目は、ExcelアプリケーションのOpenメソッドを実行し、パラメータに指定されたExcelファイルを開いてそのインスタンスを変数「$wb」に代入しています。11行目は、ExcelファイルのインスタンスのWorksheets.Itemプロパティにて“Sheet1”という名前のシートを参照し、そのインスタンスを変数「$ws」に代入しています。14行目は、Sheet1シートのインスタンスのCellsプロパティにて1行目1列目のセル（A1セル）の値を文字列型で取得し、その値をWrite-Hostコマンドレットで画面上に表示しています。17行目は、ExcelファイルのCloseメソッドを実行し、当該ファイルを閉じています。20行目は、Excelアプリケーションを終了します。23行目は、PowerShellから参照していたCOMオブジェクトへの参照を閉じています。

このスクリプトを実行しても、見た目ではExcelファイルを開いているがわかりませんが、Excelアプリケーションを画面上に表示して操作したい場合は、上記スクリプトに次の行を追加します。

スクリプト　➡3-4-1_02.ps1

```
     04: #Excelアプリケーションのインスタンスを生成します
     05: $xl = New-Object -Com Excel.Application
      :
追加する行: #Excelアプリケーションを表示します
追加する行: $xl.Visible = $true
```

ExcelアプリケーションのCOMオブジェクトへの参照を定義した後、ExcelアプリケーションのVisibleプロパティにTrueをセットします。VisibleプロパティをTrueにすると、Excelアプリケーションが画面上に表示されるので、ExcelファイルがPowerShellによってどのように操作されるのかを視覚的に確認することができます。ただ、Excelアプリケーションが非表示（VisibleプロパティがFalse）の場合より、Excelアプリケーションが描画される分､スクリプトの実行時間が長くなります。

ExcelアプリケーションをPowerShellで大々的に操作する場合、VisiblleプロパティをFalseにしてバックグラウンドで操作するほうが､処理時間が短くすみます。

Excelファイルに書き込む

次に、Excelファイルへ値を書き込む方法について、みてみましょう。先ほど使用したExcelファイルに、PowerShellスクリプトによって値を書き込み、その後上書き保存する方法をみてみます。

スクリプト　➡3-4-1_03.ps1

```
01: #更新したいExcelファイルのパスを定義します
02: $xlfile = "C:¥TEMP¥test.xlsx"
03:
04: #Excelアプリケーションのインスタンスを生成します
05: $xl = New-Object -Com Excel.Application
06:
07: #Excelファイルを開きます
08: $wb = $xl.Workbooks.Open($xlfile)
```

```
09:
10: #Sheet1を選択します
11: $ws = $wb.Worksheets.Item("Sheet1")
12:
13: #A2セルの内容を更新します
14: $ws.Cells.Item(2, 1) = "This is a pen."
15:
16: #Excelファイルを保存します
17: $wb.Save()
18:
19: #Excelファイルを閉じます
20: $wb.Close()
21:
22: #Excelアプリケーションを終了します
23: $xl.Quit()
24:
25: #COMオブジェクトの参照を解放します
26: [void][System.Runtime.InteropServices.
    Marshal]::FinalReleaseComObject($xl)
```

上記スクリプトにて、14行目で指定のセルに値を書き込み、17行目で上書き保存しています。Excelファイルを上書き保存するには、Excelファイルのオブジェクトより Save メソッドを実行します。

このサンプルでは文字列を代入しましたが、数式を代入することも可能です。例えば、14行めにて代入している値を"=NOW()"とした場合、A2セルには現在日付を呼び出す NOW 関数を数式として代入することができます。

また、編集したExcelファイルを新たなExcelファイルとして保存したい場合は、Workbook オブジェクトのSaveAsメソッドを実行します。例えば、先ほどのサンプルにて、ファイル名を「test2.xlsx」として「C:¥TEMP」フォルダに保存する場合、17行目を次のように書き換えます。

スクリプト ➡3-4-1_04.ps1

```
17: $wb.SaveAs([ref]"C:¥TEMP¥test2.xlsx")
```

SaveAsメソッドは、Excelアプリケーションのメニューでは「名前を付けて保存」に該当します。そのため、SaveAsメソッドのパラメータに指定されたファイルパスにすでに同じ名前のファイルが存在する場合、上書き確認のメッセージが表示されます。

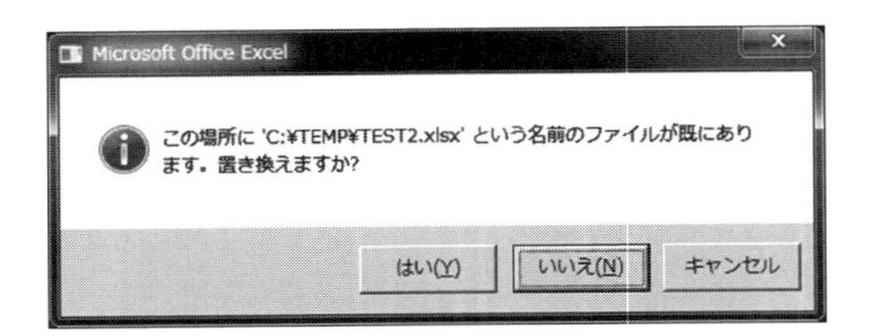

この上書き確認メッセージを表示しないようにするには、Excelアプリケーション側で警告などのメッセージを表示しないようにする必要があります。上記スクリプトの17行目の上に、次の行を追加して実行してみてましょう。

スクリプト　➡3-4-1_05.ps1

```
追加する行: #Excelアプリケーションからのメッセージを抑制します
追加する行: $xl.DisplayAlerts = $false
          :
        16: #Excelファイルを保存します
        17: $wb.SaveAs([ref]"C:¥TEMP¥test2.xlsx")
```

ExcelアプリケーションのDisplayAlertsプロパティにFalseを指定すると、そのExcelアプリケーションは、上書き確認などのメッセージを一切表示しなくなります。この設定を元に戻したい場合は、再度DisplayAlertsプロパティにTrueを指定します。

PowerShellスクリプト上からは一切Excelアプリケーションの操作によるメッセージを表示しないようにしたい場合は、ExcelアプリケーションのCOMオブジェクトを参照した直後、すぐにDisplayAlertsプロパティにfalseを指定するとよいでしょう。

ファイル形式を変換して保存する

次に、SaveAsメソッドで「名前を付けて保存」する際、ファイル形式を変換して保存する方法について、みてみましょう。今度は、「C:¥TEMP¥test.xlsx」を、同一フォルダ内にCSV形式で保存しなおしてみます。その場合、17行目を次のように書き換えます。

スクリプト ➡3-4-1_06.ps1

```
17:    $wb.SaveAs([ref]"C:¥TEMP¥test.csv", 6)
```

SaveAsメソッドのパラメータに、ファイル形式を指定する「6」を追加しました。この「6」が、保存時にCSV形式で保存することを指定するためのパラメータです。これは、Excelアプリケーションの XlFileFormat 列挙体に該当します。この XlFileFormat 列挙体は、Excelアプリケーションからファイルを保存する際に指定可能なファイル形式の列挙体です。XlFileFormat 列挙体は、次のとおりです。

名前	値	説明
xlAddIn	18	Microsoft Excel 97-2003 アドイン
xlAddIn8	18	Microsoft Excel 97-2003 アドイン
xlCSV	6	CSV
xlCSVMac	22	Macintosh CSV
xlCSVMSDOS	24	MSDOS CSV
xlCSVWindows	23	Windows CSV
xlCurrentPlatformText	-4158	現在のプラットフォームのテキスト
xlDBF2	7	DBF2
xlDBF3	8	DBF3
xlDBF4	11	DBF4
xlDIF	9	DIF
xlExcel12	50	Excel12
xlExcel2	16	Excel2
xlExcel2FarEast	27	Excel2 FarEast
xlExcel3	29	Excel3
xlExcel4	33	Excel4
xlExcel4Workbook	35	Excel4 ブック
xlExcel5	39	Excel5

名前	値	説明
xlExcel7	39	Excel7
xlExcel8	56	Excel8
xlExcel9795	43	Excel9795
xlHtml	44	HTML 形式
xlIntlAddIn	26	International Add-In
xlIntlMacro	25	International Macro
xlOpenDocumentSpreadsheet	60	OpenDocument スプレッドシートを開く
xlOpenXMLAddIn	55	XML アドインを開く
xlOpenXMLStrictWorkbook	61 (&H3D)	XML ファイルを厳密に開く
xlOpenXMLTemplate	54	XML テンプレートを開く
xlOpenXMLTemplateMacroEnabled	53	マクロを有効にした XML テンプレートを開く
xlOpenXMLWorkbook	51	XML ブックを開く
xlOpenXMLWorkbookMacroEnabled	52	マクロを有効にした XML ブックを開く
xlSYLK	2	SYLK
xlTemplate	17	テンプレート
xlTemplate8	17	テンプレート 8
xlTextMac	19	Macintosh テキスト
xlTextMSDOS	21	MSDOS テキスト
xlTextPrinter	36	プリンター テキスト
xlTextWindows	20	Windows テキスト
xlUnicodeText	42	Unicode テキスト
xlWebArchive	45	Web アーカイブ
xlWJ2WD1	14	WJ2WD1
xlWJ3	40	WJ3
xlWJ3FJ3	41	WJ3FJ3
xlWK1	5	WK1
xlWK1ALL	31	WK1ALL
xlWK1FMT	30	WK1FMT
xlWK3	15	WK3
xlWK3FM3	32	WK3FM3
xlWK4	38	WK4
xlWKS	4	ワークシート
xlWorkbookDefault	51	ブックの既定
xlWorkbookNormal	-4143	ブックの標準
xlWorks2FarEast	28	Works2 FarEast
xlWQ1	34	WQ1
xlXMLSpreadsheet	46	XML スプレッドシート

出典：http://msdn.microsoft.com/ja-jp/library/office/ff198017(v=office.15).aspx

Excelファイルを新規作成する

Excelファイルを新規作成するには、ExcelアプリケーションのWorkbooksクラスからAddメソッドを実行します。例えば、「C:¥TEMP」フォルダに「TEST2.xlsx」というファイル名のExcelファイルを新規作成し、Sheet1セルのA1セルに“Hello World!”と記入して保存するPowerShellスクリプトを作成してみましょう。

スクリプト ➡3-4-1_07.ps1

```
01: #Excelアプリケーションのインスタンスを生成します
02: $xl = New-Object -Com Excel.Application
03:
04: #Excelファイルを作成し、そのオブジェクトを変数「$wb」に格納します
05: $wb = $xl.Workbooks.Add()
06:
07: #Sheet1を選択します
08: $ws = $wb.Worksheets.Item("Sheet1")
09:
10: #A1セルの内容を更新します
11: $ws.Cells.Item(1, 1) = "Hello World!"
12:
13: #Excelファイルを保存します
14: $wb.SaveAs([ref]"C:¥TEMP¥test2.xlsx")
15:
16: #Excelファイルを閉じます
17: $wb.Close()
18:
19: #Excelアプリケーションを終了します
20: $xl.Quit()
21:
22: #COMオブジェクトの参照を解放します
23: [void][System.Runtime.InteropServices.
    Marshal]::FinalReleaseComObject($xl)
```

Excelファイルを新規作成する箇所は、5行目です。Workbooksクラスの Add メソッドを実行して作成されたExcelファイルのインスタンスは、変数「$wb」に格納されます。作成されたExcelファイルは、14行目のSaveAsメソッドにて、指定されたパスに保存されます。

Excelファイルを印刷する

Excelファイルを印刷するには、Excelシートの PrintOut メソッドを実行します。次のスクリプトは、「C:¥TEMP」フォルダに存在する「test.xlsx」ファイルの「Sheet1」シートを印刷するためのスクリプトです。

スクリプト　➡3-4-1_08.ps1

```
01: #Excelアプリケーションのインスタンスを生成します
02: $xl = New-Object -Com Excel.Application
03:
04: #Excelファイルを開きます
05: $wb = $xl.Workbooks.Open("C:¥TEMP¥test.xlsx")
06:
07: #Sheet1を選択します
08: $ws = $wb.Worksheets.Item("Sheet1")
09:
10: #Sheet1を印刷します
11: $ws.PrintOut()
12:
13: #Excelファイルを閉じます
14: $wb.Close()
15:
16: #Excelアプリケーションを終了します
17: $xl.Quit()
18:
19: #COMオブジェクトの参照を解放します
20: [void][System.Runtime.InteropServices.
    Marshal]::FinalReleaseComObject($xl)
```

上記スクリプトにて、11行目がSheet1シートを印刷している箇所です。Excelシートの PrintOut メソッドを実行することで、そのシートの内容が「通常使うプリンター」に印刷されます。

Excelマクロを実行する

続いて、PowerShellからExcelマクロを実行する方法について、みてみましょう。様々なExcelアプリケーションに関する操作は、PowerShell上からExcelアプリケーションを操作するより、Excelマクロ(Excel VBA)で行った方がバッチ作成が楽です。

まずは、Excelマクロを用意します。実行すると、"Hello Excel!" と表示するだけのExcelマクロです。

Excel マクロ

```
01: Sub Hello()
02:   Call MsgBox("Hello Excel!")
23: End Sub
```

このExcelマクロを、PowerShellスクリプトから呼び出してみます。このExcelマクロは、「C:¥TEMP」フォルダに「test.xlsm」というファイル名で保存しておきます。これを、PowerShellから呼び出してみましょう。

スクリプト ➡3-4-1_09.ps1

```
01: #Excelマクロファイルのパスを定義します
02: $xlfile = "C:¥TEMP¥test.xlsm"
03: 
04: #Excelアプリケーションのインスタンスを生成します
05: $xl = New-Object -Com Excel.Application
06: 
07: #Excelファイルを開きます
08: $wb = $xl.Workbooks.Open($xlfile)
09: 
```

```
10: #Excelマクロを実行します
11: $xl.Run("Hello")
12:
13: #Excelアプリケーションからの警告表示を行わないようにします
14: $xl.DisplayAlerts = $false
15:
16: #Excelファイルを閉じます
17: $wb.Close()
18:
19: #Excelアプリケーションからの警告表示を行うようにします
20: $xl.DisplayAlerts = $true
21:
22: #Excelアプリケーションを終了します
23: $xl.Quit()
24:
25: #COMオブジェクトの参照を解放します
26: [void][System.Runtime.InteropServices.
    Marshal]::FinalReleaseComObject($xl)
```

実行結果

スクリプトを実行すると、Excelマクロが実行され、Excelアプリケーションから"Hello Excel!"と書かれたメッセージボックスが表示されるのを確認することができます。Excelマクロを実行している箇所は、スクリプトの11行目です。ExcelアプリケーションのRunメソッドで、パラメータに指定された名前のマクロを実行します。Excelマクロファイル(拡張子がxlsm)の場合、ファイルを閉じるときに保存確認メッセージが表示されるため、14行目にて、ExcelアプリケーションのDisplayAlertsプロパティにfalseを指定して、Excelアプリケーションからの警告メッセージを表示しないようにしています。

COLUMN

COM オブジェクトの参照を解放しなかった場合

COMオブジェクトの参照を解放しなかった場合、どうなるのでしょう？

258ページのスクリプトを修正し、23行目のFinalReleaseComObjectメソッドを行わないスクリプトを作成して実行してみましょう。

➡column_01.ps1

```
01: #開きたいExcelファイルのパスを定義します
02: $xlfile = "C:¥TEMP¥test.xlsx"
03:
04: #Excelアプリケーションのインスタンスを生成します
05: $xl = New-Object -Com Excel.Application
06:
07: #Excelファイルを開きます
08: $wb = $xl.Workbooks.Open($xlfile)
09:
10: #Sheet1を選択します
11: $ws = $wb.Worksheets.Item("Sheet1")
12:
13: #A1セルの内容を画面に表示します
14: Write-Host $ws.Cells.Item(1, 1).Text
15:
16: #Excelファイルを閉じます
17: $wb.Close()
18:
19: #Excelアプリケーションを終了します
20: $xl.Quit()
```

いっけん、正常に動作しているかのようにみえます。しかし、このスクリプトの実行によって、コンピューター上にこのスクリプトを実行した残骸を残しています。この残骸とは、COMオブジェクトの参照時に作成された、使用されなくなったプロセスです。これを確認するには、「Windows タスク マネージャー」を起動します。

Windowsのタスクバーを右クリックし、表示されたプルダウンメニューから「タスク マネージャーの起動」を選択します。「Windows タスク マネージャー」ウィンドウが表示されたら、「プロセス」タブをクリックし、「イメージ名」に”EXCEL.EXE”という名前のプロセスが存在することを確認してください。

本来であれば、Excelアプリケーションを起動した際に生成されるプロセスですが、Excelアプリケーションを起動していなくてもプロセスが残っていることを確認することができます。

このプロセスの残骸は、上記のスクリプトを実行するたびに新たに作成されるため、解放されないExcelアプリケーションのプロセスがメモリを圧迫していまう可能性があります。

そのため、PowerShellからCOMオブジェクトを参照した場合は、FinalReleaseComObjectメソッドにてCOMオブジェクトへの参照を解放するようにしてください。

ちなみに、この残骸となったプロセスを解放するには、「Windows タスク マネージャー」で該当するプロセス上で右クリックし、表示されたプロダウンメニューから「プロセスの終了」を選択します。

Wordファイルを読み込む

今度は、Microsoft Word（以下、Word）をPowerShellから操作する方法について、みてみましょう。WordのProgIDは、“Word.Application”です。PowerShellからWordのCOMオブジェクトを参照する場合は、次のように記述します。

```
> #Wordアプリケーションを操作するCOMオブジェクトへの参照を変数「$wd」に格納します
> $wd = New-Object -Com Word.Application
```

上記コマンドを実行すると、WordアプリケーションのCOMオブジェクトが参照され、そのオブジェクトは変数「$wd」に格納されます。PowerShellからExcelアプリケーションを操作した場合と同様、WordアプリケーションをPowerShellから操作した場合も、WordアプリケーションのQuitメソッドによるWordアプリケーションの終了や、System.Runtime.InteropServices.MarshalクラスのFinalReleaseComObjectメソッドによるCOMオブジェクトの参照を解放が必要です。

```
> #Wordアプリケーションを終了します
> $wd.Quit
>
> #Wordアプリケーションを操作するCOMオブジェクトへの参照を解放します
> [void][System.Runtime.InteropServices.Marshal]::FinalReleaseComObject($wd)
```

では、PowerShellからWordファイルに記述されている内容を取得する方法について、みてみましょう。次は、「C:¥TEMP」フォルダ内の「test.docx」ファイルの内容をPowerShell上で取得するためのスクリプトです。

スクリプト ➡3-4-1_10.ps1

```
01: #開きたいWordファイルのパスを定義します
02: $docfile = "C:¥TEMP¥test.docx"
03:
04: #Wordアプリケーションのインスタンスを生成します
05: $wd = New-Object -Com Word.Application
06:
07: #Wordファイルを開きます
08: $doc = $wd.Documents.Open($docfile)
09:
10: #Wordの内容を表示します
11: Write-Host $doc.Content.Text
12:
13: #Wordファイルを閉じます
14: $doc.Close()
15:
16: #Wordアプリケーションを終了します
17: $wd.Quit()
18:
19: #COMオブジェクトの参照を解放します
20: [void][System.Runtime.InteropServices.
    Marshal]::FinalReleaseComObject($wd)
```

2行目では、読み込むWordファイルのパスを変数「$docfile」に代入しています。

5行目では、WordアプリケーションのCOMオブジェクトを参照しています。

8行目では、WordアプリケーションのDocumentsクラスのOpenメソッドにて、パラメータに指定されたWordファイルを参照し、そのインスタンスを変数「$doc」に代入しています。

11行目では、WordファイルのインスタンスよりContentクラスを参照し、Textプロパティからその Wordファイルに記入されている内容を読み込んで、Write-Hostコマンドレットで画面上に反映させています。

14行目では、変数「$doc」に格納されているWordファイルを閉じ、17行目でWordアプリケーションを終了しています。

20行目では、WordアプリケーションのCOMオブジェクトの参照を解放しています。

Wordファイルに書き込む

今度は、Wordファイルに文字列を書き込む方法について、みてみましょう。先ほどPowerShellスクリプトから読み込んだ「C:¥TEMP¥」フォルダの「test.docx」ファイルに対し、“This is a pen.” という文字列を書き込んでみます。

スクリプト ➡3-4-1_11.ps1

```
01: #Wordファイルのパスを定義します
02: $docfile = "C:¥TEMP¥test.docx"
03:
04: #Wordアプリケーションのインスタンスを生成します
05: $wd = New-Object -Com Word.Application
06:
07: #Wordファイルを開きます
08: $doc = $wd.Documents.Open($docfile)
09:
10: #Wordファイルに文字列を記入します
11: $doc.Content.Text = "This is a pen."
12:
13: #Wordファイルを上書き保存します
14: $doc.Save()
15:
16: #Wordファイルを閉じます
17: $doc.Close()
18:
19: #Wordアプリケーションを終了します
20: $wd.Quit()
21:
22: #COMオブジェクトの参照を解放します
23: [void][System.Runtime.InteropServices.
    Marshal]::FinalReleaseComObject($wd)
```

Wordファイルに文字列を代入している箇所は、11行目です。ContentクラスのTextプロパティに文字列を代入すると、その文字列でWordファイルの内容が上書きされます。

14行目では、WordファイルをSaveメソッドで上書き保存しています。上書き保存ではなく、新たなWordファイルとして作成したい場合は、Excelファイルのときと同様、SaveAsメソッドを使用します。例えば、「C:¥TEMP」フォルダに「test2.docx」というファイル名で新たなWordファイルとして保存したい場合は、スクリプトの14行目を次のように書き換えます。

➡3-4-1_12.ps1

```
14: $doc.SaveAs([ref]"C:¥TEMP¥test2.docx")
```

Wordファイルを新規作成する

Wordファイルを新規作成するには、WordアプリケーションのAddメソッドを実行します。「C:¥TEMP」フォルダに「test2.docx」というファイル名のWordファイルを作成するには、次のようにします。

スクリプト ➡3-4-1_13.ps1

```
01: #Wordアプリケーションのインスタンスを生成します
02: $wd = New-Object -Com Word.Application
03:
04: #Wordファイルを新規作成します
05: $doc = $wd.Documents.Add()
06:
07: #新規作成したWordファイルに文字列を記入します
08: $doc.Content.Text = "Hello World!"
09:
10: #Wordファイルを「C:¥TEMP」に「test2.docx」というファイル名で保存します
11: $doc.SaveAs([ref]"C:¥TEMP¥test2.docx")
```

```
12:
13: #Wordファイルを閉じます
14: $doc.Close()
15:
16: #Wordアプリケーションを終了します
17: $wd.Quit()
18:
19: #COMオブジェクトの参照を解放します
20: [void][System.Runtime.InteropServices.
    Marshal]::FinalReleaseComObject($wd)
```

5行目にて、Wordファイルを新規作成しています。Wordファイルを新規作成するには、Documentsクラスの Addメソッドを実行します。8行目にて、新規作成したWordファイルに文字列を代入し、11行目にて、「C:¥TEMP」フォルダに「test2.docx」というファイル名で保存しています。

Wordファイルを印刷する

Wordファイルを印刷するには、Excelファイルのときと同様、PrintOutメソッドを使用します。次のスクリプトは、「C:¥TEMP」フォルダの「test.docx」を印刷するためのスクリプトです。

スクリプト ➡3-4-1_14.ps1

```
01: #Wordファイルのパスを定義します
02: $docfile = "C:¥TEMP¥test.docx"
03:
04: #Wordアプリケーションのインスタンスを生成します
05: $wd = New-Object -Com Word.Application
06:
07: #Wordファイルを開きます
08: $doc = $wd.Documents.Open($docfile)
```

09:	
10:	#Wordファイルを印刷します
11:	$doc.PrintOut()
12:	
13:	#Wordファイルを閉じます
14:	$doc.Close()
15:	
16:	#Wordアプリケーションを終了します
17:	$wd.Quit()
18:	
19:	#COMオブジェクトの参照を解放します
20:	[void][System.Runtime.InteropServices.Marshal]::FinalReleaseComObject($wd)

Wordファイルを印刷している箇所は、11行目です。PrintOutメソッドを実行すると、開いているWordファイルの内容が「通常使うプリンタ」で印刷されます。

Wordマクロを実行する

Wordマクロを実行するには、WordアプリケーションのRunメソッドを実行します。次のスクリプトは、「C:¥TEMP」フォルダの「test.docm」ファイルに登録されている「Hello」マクロを実行するためのスクリプトです。「Hello」マクロは、Excelマクロの実行時に使用したものと同様、「Hello!」というメッセージボックスを表示するだけのマクロです。

スクリプト ➡3-4-1_15.ps1

```
01: #Wordファイルのパスを定義します
02: $docfile = "C:¥TEMP¥test.docm"
03:
04: #Wordアプリケーションのインスタンスを生成します
05: $wd = New-Object -Com Word.Application
06:
07: #Wordファイルを開きます
08: $doc = $wd.Documents.Open($docfile)
09:
10: #Wordマクロを実行します
11: $wd.Run("Hello")
12:
13: #Wordファイルを閉じます
14: $doc.Close()
15:
16: #Wordアプリケーションを終了します
17: $wd.Quit()
18:
19: #COMオブジェクトの参照を解放します
20: [void][System.Runtime.InteropServices.
    Marshal]::FinalReleaseComObject($wd)
```

実行結果

Wordマクロを実行している箇所は、11行目です。Excelマクロを実行する場合と同様、マクロはWordアプリケーションのRunメソッドで実行します。

3-4-2 Internet Explorerの操作

COMが提供されているのは、Microsoft Officeだけではありません。Microsoft社のブラウザであるInternet ExplorerもCOMが提供されており、PowerShellを含めた様々なプログラムはCOMを通じてInternet Explorerを操作することができます。Internet ExplorerのProgIDは、“InternetExplorer.Application”です。PowerShellからInternet ExplorerのCOMを参照するには、次のようにします。

```
> #Internet Explorerを操作するCOMオブジェクトへの参照を変数「$ie」に格納します
> $ie = New-Object -Com InternetExplorer.Application
```

PowerShellからInternet ExplorerのCOMを参照した場合もMicrosoft OfficeのCOMを呼び出した場合と同様に、System.Runtime.InteropServices.MarshalクラスのFinalReleaseComObjectメソッドによってCOMの参照を解放しないとプロセスが残ったままになってしまうので、注意が必要です。

指定したURLをブラウザで開く

PowerShellから指定したURLをInternet Explorerで開くには、Internet ExplorerのCOMオブジェクトを参照し、Navigateメソッドを実行します。次のサンプルスクリプトは、PowerShellからInternet Explorerを起動し、Yahoo!のポータルサイトを開くためのスクリプトです。

スクリプト　➡3-4-2_01.ps1

```
01: #Internet Explorerを操作するCOMオブジェクトへの参照を変数「$ie」に格納します
02: $ie = New-Object -Com InternetExplorer.Application
03:
```

```
04: #Internet Explorerを表示します
05: $ie.visible = $true
06:
07: #Yahoo!のポータルサイトを開きます
08: $ie.Navigate("http://www.yahoo.co.jp/")
```

このスクリプトを実行すると、Internet Explorerが自動的に起動し、Yahoo!のポータルサイトを開きます。

2行目は、Internet ExplorerのCOMオブジェクトへの参照を定義しています。

4行目は、Internet Explorerを表示するため、Internet ExplorerアプリケーションのVisibleプロパティにTrueをセットしています。

8行目は、Internet ExplorerのNavigateメソッドを実行し、パラメータに指定されたURLをInternet Explorerで開いています。

Internet Explorerを操作する

PowerShellでInternet Explorerを起動できるようになったら、今度はPowerShellからInternet Explorerを操作する方法について、みてみましょう。先ほど紹介したYahoo!のポータルサイトを起動するスクリプトを修正し、Yahoo!のポータルサイトでWeb検索した結果を表示するスクリプトを作成してみます。

スクリプト ➡3-4-2_02.ps1

```
01: #Internet Explorerを操作するCOMオブジェクトへの参照を変数「$ie」に格納します
02: $ie = New-Object -Com InternetExplorer.Application
03:
04: #Internet Explorerを表示します
05: $ie.visible = $true
06:
07: #Yahoo!のポータルサイトを開きます
08: $ie.Navigate("http://www.yahoo.co.jp/")
09:
```

```
10: #Yahoo!のポータルサイトを完全に開くまで待機します
11: While($ie.Busy)
12: {
13:     #1秒間(1000ミリ秒)待機します
14:    Start-Sleep -MilliSeconds 1000
15: }
16:
17: #Yahoo!ポータルサイトの検索テキストのオブジェクトを取得します
18: $srchtxt = $ie.Document.getElementByID("srchtxt")
19:
20: #検索テキストに"PowerShell"と入力します
21: $srchtxt.value = "PowerShell"
22:
23: #Yahoo!ポータルサイトの「検索」ボタンのオブジェクトを取得します
24: $srchbtn = $ie.Document.getElementByID("srchbtn")
25:
26: #検索ボタンをクリックします
27: $srchbtn.Click()
```

このスクリプトを実行した結果は、次のとおりです。

実行結果

前回のスクリプトから、9行目以降を追加しました。

まずは、11行目にて、Yahoo!ポータルサイトが完全に開ききるまで、待機します。その後、18行目にて、Internet Explorerアプリケーションのドキュメントクラスより、getElementByIDメソッドを実行してYahoo!ポータルサイトのHTMLの指定タグをインスタンスを取得しています。"srchtxt"は、検索文字列を入力するテキスト欄のタグに付けられているIDです。タグに付けられているIDは、Yahoo!ポータルサイトのHTMLを表示することで確認します。18行目にて取得した検索テキスト欄のインスタンスより、21行目で"PowerShell"という文字列を代入します。21行目では、「検索」ボタンのインスタンスを取得し、24行目に「検索」ボタンのインスタンスからClickイベントを実行し、「検索」ボタンをクリックします

実行結果

検索テキストに" PowerShell"と入力し、「検索」ボタンをクリックするまでの処理をPowerShellで行います

上記結果を得られず、次のようなエラーメッセージがでる場合は、.NET Frameworkの開発用ツールである「Microsoft .NET Framework 2.0 SDK」をインストールすることで解消されます。

実行結果

```
"getElementById" のオーバーロードで、引数の数が "1" であるものが見つかりません。
```

「Microsoft .NET Framework 2.0 SDK」は、Microsoftダウンロードセンターからダウンロードすることができます。

- Microsoft .NET Framework 2.0 SDK 日本語版 (x86)
- http://www.microsoft.com/ja-jp/download/details.aspx?id=19988

「Microsoft .NET Framework 2.0 SDK」をインストールしたら、いったんパソコンを再起動してください。

Webページから HTML を取得する

Internet ExplorerのCOMを参照することで、指定したURLからHTMLを取得することができるようになります。PowerShellから指定したURLのHTMLを取得できれば、Webページの調査や分析が容易になります。先ほど説明した、Yahoo!のポータルサイトで検索した結果を解析したり、株価サイトから毎日の終値を取得するなどといったこともPowerShellスクリプトで可能となります。指定したURLからHTMLを取得するには、次のようにします。

スクリプト　➡3-4-2_03.ps1

```
01: #Internet Explorerを操作するCOMオブジェクトへの参照を変数「$ie」に格納します
02: $ie = New-Object -Com InternetExplorer.Application
03:
04: #Internet Explorerを表示します
05: $ie.visible = $true
06:
07: #Yahoo!のポータルサイトを開きます
```

```
08: $ie.Navigate("http://www.yahoo.co.jp/")
09:
10: #Yahoo!のポータルサイトを完全に開くまで待機します
11: While($ie.Busy)
12: {
13:    #1秒間(1000ミリ秒)待機します
14:     Start-Sleep -MilliSeconds 1000
15: }
16:
17: #Yahoo!のポータルサイトより、<BODY>タグのHTMLを取得します
18: $html = $ie.Document.Body.InnerHtml
19:
20: #取得したHTMLを画面に表示します
21: Write-Host $html
```

上記のサンプルスクリプトは、Yahoo!のポータルサイトのHTMLを取得するためのスクリプトです。HTMLを取得している箇所は、18行目です。InnerHtmlプロパティを参照することで、該当するWebページのHTMLを取得することができます。また、HTMLではなくテキストデータだけを取得したい場合は、InnerTextプロパティを参照します。

3-5 テキストファイルの操作

テキストファイルと一口にいっても、その形式は様々です。メモ帳を保存してできるファイル、ホームページで使用されるHTMLファイル、データのやり取りで一般的なCSVファイルやXMLファイル、これらはすべて、テキストファイルです。またテキストファイルには、Shift-JISやJIS、UTF-8やUTF-16、EUCなど、様々な文字コードの種類があります。

ここでは、PowerShellからテキストファイルを操作する方法を説明します。通常のテキストファイルの読み書きといった基本操作、CSVファイルやXMLファイルの参照や編集の方法を紹介します。

3-5-1 通常のテキストファイルの読み書きについて

PowerShellからのテキストファイルを読み書きするには、コマンドレットを使用するのが簡単です。テキストファイルの読み書きなどの一般的な操作は、以下のコマンドレットを使用します。

コマンドレット	エイリアス	説明
Add-Content	ac	ファイルの内容に追記します。
Clear-Content	clc	ファイルの内容をクリアします。
Get-Content	gc, cat, type	ファイルの内容を読み込みます。
Set-Content	sc	ファイルに内容を書き込みます。

テキストファイルを読み込む

まずは、PowerShellでテキストファイルの内容を読み込む方法について、みてみましょう。「C:¥TEMP」フォルダに「test.txt」というテキストファイルを作成し、そのファイルに任意の文字を入力しておきます。本書では、当該ファイルに“Hello World!”と入力しておきました。これを、PowerShellで読み込んでみましょう。

```
> Get-Content "C:¥TEMP¥test.txt"
Hello World!
```

WSHからテキストファイルを読み込んだ経験があるなら、PowerShellの場合はあまりにも簡単にテキストファイルを読み込みできることに、驚くことでしょう。

テキストファイルの読み込みは、Get-Contentコマンドレットで行います。Get-Contentコマンドレットは、パラメータとして読み込みたいテキストファイルのパスを指定します。また、戻り値として読み込んだテキストファイルの内容が返ります。パラメータに指定されたファイルが存在しない場合、Get-Contentコマンドレットはエラーを返します。

このように、PowerShellではコマンドレット1つで簡単にテキストファイルの読み取りが可能です。WSHの場合では、FileSystemObjectというCOMを参照してファイル操作を行うのが一般的ですが、コマンドレット1つで読み取りできるPowerShellの方が楽であることは言うまでもありません。

ただし、読み取りたいテキストファイルに日本語文字が含まれている場合、Get-Contentコマンドレットのオプションとして読み取るテキストファイルのエンコードの種類を指定しないと文字化けが発生する場合があります。Get-Contentコマンドレットでエンコードの種類を指定するには、次のようにします。

```
> Get-Content "C:¥TEMP¥test.txt" -Encoding String
```

上記のように、エンコードの種類は「-Encoding」オプションの後ろにエンコードの種類を示す文字列を指定します。指定可能なエンコードの種類は、次のとおりです。

文字コード	意味
String	日本語環境ではShift-JIS。規定値
Unicode	LittleEndian UTF-16
BigEndianUnicode	BigEndian UTF-16
UTF8	UTF-8
UTF7	UTF-7
Ascii	ASCII
Byte	バイトシーケンス
Unknown	バイナリ

テキストファイルへ書き込む

今度は、テキストファイルに文字列を入力してみましょう。先ほど、テキストファイルの読み込みで使用した「test.txt」ファイルに、"This is a pen."という文字列を入力してみます。

```
> Add-Content "C:¥TEMP¥test.txt" "This is a pen."
```

このコマンドを実行後、再度先ほどのGet-Contentコマンドレットで当該ファイルを読み込んでみると、新たに"This is a pen."の文字が追加されているのを確認することができます。

```
> Get-Content "C:¥TEMP¥test.txt"
Hello World!
This is a pen.
```

Add-Contentコマンドレットは、1つめのパラメータに指定したファイルに対し、2つめのパラメータに指定した文字を追加します。1つめのパラメータに指定したファイルが存在しない場合は、当該ファイルを作成します。

Add-Contentコマンドレットは、テキストファイルに指定された文字を追加入力しますが、テキストファイルに記入されているそれまでの文字列をいったんクリアして文字を入力する場合は、Set-Contentコマンドレットを使用します。

コマンド

```
> Set-Content "C:¥TEMP¥test.txt" "This is a pen."
```

上記コマンドを実行後、Get-Contentコマンドで当該ファイルを参照すると、次のようになります。

コマンド

```
> Get-Content "C:¥TEMP¥test.txt"
This is a pen.
```

Set-Contentコマンドレットのパラメータは、Add-Contentコマンドレットと同様、1つめのパラメータにはテキストファイルのパスを、2つめのパラメータには入力したい文字を指定します。また、Set-Contentコマンドレットを使用せずに、Clear-Contentコマンドレットを使用し、テキストファイルの内容をクリアしてからAdd-Contentコマンドレットで文字を入力する方法もあります。

コマンド

```
> Clear-Content "C:¥TEMP¥test.txt"
> Add-Content "C:¥TEMP¥test.txt" "This is a pen."
```

上記コマンドにて、Clear-Contentコマンドを実行すると、パラメータに指定されたテキストファイルの内容をクリアします。その後、Add-Contentコマンドレットにて、新たな文字列を当該ファイルに追加します。Add-Countentコマンド、Set-Contentコマンドレットともに、-Encodingオプションを指定することで、エンコードの種類を指定することもできます。指定可能なエンコードの種類は、Get-Contentコマンドレットと同じです。

```
> Add-Content "C:¥TEMP¥test.txt" "This is a pen." -Encoding String
```

既存のテキストファイルのエンコードの種類を変更したい場合は、Get-Contentコマンドレットで読み込んだ内容をエンコードの種類を指定してSet-Contentコマンドレットを実行します。

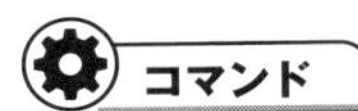

```
> #Shift-JISのテキストファイルを読み取ります
> $content = Get-Content "C:¥TEMP¥test.txt" -Encoding String
>
> #UTF-8で書き込みます
> Set-Content "C:¥TEMP¥test.txt" $content -Encoding UTF8
```

3-5-2　CSVファイルの読み書き

今度は、CSVファイルの読み書きについて、みてみましょう。CSVファイルは、テキストファイルの1行がデータの1レコードに該当します。また、各データの値はカンマ(,)で区切られています。

■CSVファイルの例

```
連番,氏名,性別,生年月日,血液型
1,柳田美久,女,1975/11/02,A
2,新垣武彦,男,1980/09/01,O
3,末吉優,女,1967/11/04,A
4,前田陽子,女,1979/10/27,B
5,杉村加奈子,女,1994/04/22,A
6,大浦俊雄,男,1979/12/12,A
7,江田奈々美,女,1979/01/25,A
8,横溝晴,女,1972/12/25,A
9,萩原紗彩,女,1981/12/28,A
10,石沢覚,男,1959/10/10,A
```

※上記CSVのサンプルデータは、以下のサイトの擬似個人情報生成サービスを利用させていただきました。
単位換算、進数変換等の便利なWEBアプリ集
http://hogehoge.tk/

CSVファイルを読み込む

まずは、PowerShellからCSVファイルを読み込む方法について、みてみましょう。PowerShellからCSVファイルを読み込むには、Import-Csvコマンドレットを使用します。例えば、「C:¥TEMP」フォルダの「test.csv」ファイルをPowerShellから読み込むには、次のコマンドを実行します。

コマンド

```
> Import-Csv "C:¥TEMP¥test.csv"


連番     : 1
氏名     : 柳田美久
性別     : 女
生年月日 : 1975/11/02
血液型   : A

連番     : 2
氏名     : 新垣武彦
性別     : 男
生年月日 : 1980/09/01
血液型   : O

連番     : 3
氏名     : 末吉優
性別     : 女
生年月日 : 1967/11/04
血液型   : A

連番     : 4
氏名     : 前田陽子
性別     : 女
生年月日 : 1979/10/27
血液型   : B

連番     : 5
氏名     : 杉村加奈子
性別     : 女
生年月日 : 1994/04/22
血液型   : A

連番     : 6
氏名     : 大浦俊雄
```

```
性別     : 男
生年月日 : 1979/12/12
血液型   : A

連番     : 7
氏名     : 江田奈々美
性別     : 女
生年月日 : 1979/01/25
血液型   : A

連番     : 8
氏名     : 横溝晴
性別     : 女
生年月日 : 1972/12/25
血液型   : A

連番     : 9
氏名     : 荻原紗彩
性別     : 女
生年月日 : 1981/12/28
血液型   : A

連番     : 10
氏名     : 石沢覚
性別     : 男
生年月日 : 1959/10/10
血液型   : A
```

Import-Csvコマンドレットも、Get-Contentコマンドレットと同様、エンコードの種類を指定できます。次のように、-Encodingオプションにて読み込みたいCSVファイルのエンコードの種類を指定します。日本語の読み取りで文字化けが発生した場合は、エンコードの種類を指定する必要があります。

```
> Import-Csv "C:¥TEMP¥test.csv" -Encoding Default
```

Get-Contentコマンドレット同様、エンコードの種類は「-Encoding」オプションの後ろにエンコードの種類を示す文字列を指定します。指定可能なエンコードの種類は、次のとおりです。

文字コード	意味
UTF8	UTF-8。規定値
UTF7	UTF-7
UTF32	UTF-32
Unicode	LittleEndian UTF-16
BigEndianUnicode	BigEndian UTF-16
OEM	OEMコード識別子。日本語環境ではShift-JIS
Default	日本語環境ではShift-JIS
Ascii	ASCII

Get-Contentコマンドレットで指定可能なエンコードの種類を示す文字列と若干の相違があるので、注意が必要です。

Import-Csvコマンドレットの戻り値は、PSCustomeObjectクラスに格納されます。PSCustomeObjectクラスは、Where-Objectコマンドレットを使用して、CSVデータの絞り込みを行うことができます。例えば、先ほどのCSVファイルより、性別が"男"のデータのみに絞り込むには、次のようにします。

コマンド

```
> Import-Csv "C:¥TEMP¥test.csv" | Where-Object { $_.性別 -eq "男" }


連番     : 2
氏名     : 新垣武彦
性別     : 男
生年月日 : 1980/09/01
血液型   : O

連番     : 6
氏名     : 大浦俊雄
性別     : 男
生年月日 : 1979/12/12
血液型   : A

連番     : 10
氏名     : 石沢覚
性別     : 男
生年月日 : 1959/10/13
血液型   : A
```

Where-Objectコマンドレットは、オブジェクトを条件によって絞り込むためのコマンドレットです。上記コマンドにて、Where-Objectコマンドレットの左に記述されているパイプライン「¦」により、Import-Csvコマンドレットの実行結果を絞り込みます。Where-Objectコマンドレットは、スクリプトブロックで絞り込みの条件を指定します。上記コマンドの「$_」は、パイプラインのオブジェクトを参照するシェル変数です。つまり、Where-Objectコマンドレットのスクリプトブロックに記述されている条件式は、「パイプラインによって渡されたCSVファイルのオブジェクトにて、「性別」フィールドの値が“男”となっているもの」を意味します。

また、Sort-Objectコマンドレットで実行結果の並び順を指定したり、Format-Tableコマンドレットで実行結果の出力を2次元の表形式で出力したりすることもできます。例えば、上記コマンドの実行結果を「生年月日」の昇順で並び替えて表形式で出力するには、次のようにします。

コマンド

```
> Import-Csv "C:¥TEMP¥test.csv" | Where-Object { $_.性別 -eq "男" } | Sort-Object
$_.生年月日 | Format-Table


連番          氏名          性別          生年月日          血液型
--            --            --            ----              ---
10            石沢覚        男            1959/10/10        A
6             大浦俊雄      男            1979/12/12        A
2             新垣武彦      男            1980/09/01        O
```

さらに、特定のフィールドのみを絞り込んで表示したい場合は、Select-Objectコマンドレットを使用します。

```
> Import-Csv "C:¥TEMP¥test.csv" | Where-Object { $_.性別 -eq "男" } | Sort-Object
$_.生年月日 | Select-Object 連番


連番
--
2
6
10
```

ところで、本書では、1行目が見出し行となっているCSVファイルの例を挙げましたが、1行目が見出し行ではない場合、Import-Csvコマンドレットに「-Header」オプションを指定します。このオプションを指定すると、CSVの1行目からデータ行として扱い、その代わりに「-Header」オプションに続く文字列を各フィールドのフィールド名として扱います。

```
> Import-Csv "C:¥TEMP¥test.csv" -Header "連番","氏名","性別","生年月日","血液型"
```

逆に、「-Header」オプションを指定しない場合は、1行目は見出し行として扱われます。

CSVファイルの書き込み

CSVファイルの書き込みは、Export-Objectコマンドレットを使用します。このコマンドレットは、オブジェクトをCSVファイルに出力します。例えば、Import-Csvコマンドレットで読み込んだCSVファイルをWhere-Objectコマンドレットによって条件を絞り込み、Sort-Objectコマンドレットで並び替えた後、その結果を別ファイルとしてCSVに出力する方法をみてみましょう。

```
> Import-Csv "C:¥TEMP¥test.csv" | Where-Object { $_.性別 -eq "男" } | Sort-Object
$_.生年月日 | Export-Csv "C:¥TEMP¥test2.csv" -Encoding UTF8
```

Import-Csvコマンドレット同様、出力するCSVファイルはエンコードの種類を指定することができます。エンコードの種類を指定しなかった場合、初期値はASCIIコードとなります。日本語環境だとASCIIコードでは文字化けが発生するため、本書ではエンコードの種類としてUTF-8を指定しています。上記コマンドを実行すると、「C:¥TEMP」フォルダに「test2.csv」が作成されます。では、作成されたCSVファイルを開いてみましょう。

■「test2.csv」の内容

```
#TYPE System.Management.Automation.PSCustomObject
"連番","氏名","性別","生年月日","血液型"
"10","石沢覚","男","1959/10/10","A"
"6","大浦俊雄","男","1979/12/12","A"
"2","新垣武彦","男","1980/09/01","O"
```

1行目にCSVファイルに出力する際のオブジェクトのデータ型が表示されています。Import-Csvコマンドレットによって取り込まれたデータ型と同じ「System.Management.Automation.PSCustomObject」クラスです。この1行目に表示されるデータ型が不要であれば、Export-Csvコマンドレットに「-NoTypeInformation」オプションを追記します。おそらくは、大抵の場合において、「-NoTypeInformation」オプションを指定することになるでしょう。

コマンド

```
> Export-Csv "C:¥TEMP¥test2.csv" -Encoding UTF8 -NoTypeInformation
```

CSVファイルの出力先にすでに同一ファイル名のファイルが存在する場合、そのファイルを上書きします。上書きせずに既存のCSVファイルにデータを追記したい場合は、「-Append」オプションを指定します。

```
> Export-Csv "C:¥TEMP¥test2.csv" -Encoding UTF8 -Append
```

当然、Export-Csvコマンドレットによって出力したCSVファイルは、Import-Csvコマンドレットによって取り込み可能です。

このように、Import-CsvコマンドレットとExport-Csvコマンドレットを使用することで、PowerShellではCSVファイルの操作が非常に容易です。

CSVファイルは、異なる業務アプリケーション間でのデータのやり取りとして使用されることが多いですが、その際にCSVファイルを加工する手段として、PowerShellが活躍する場は大いにありそうです。

3-5-3 XMLファイルの読み書き

PowerShellからXMLファイルを操作する方法は、非常に簡単です。XMLの文字列をSystem.Xml.XmlDccumentクラスのデータ型に型変換することで、XMLの要素を参照したり追加することが可能です。本書では、サンプルとして次のXMLを使用します。

■XMLファイルの例

```
<?xml version="1.0"?>
<社員名簿>
 <社員>
   <連番>1</連番>
   <氏名>柳田美久</氏名>
   <性別>女</性別>
   <生年月日>1975/11/02</生年月日>
   <血液型>A</血液型>
 </社員>
 <社員>
   <連番>2</連番>
   <氏名>新垣武彦</氏名>
   <性別>男</性別>
   <生年月日>1980/09/01</生年月日>
   <血液型>O</血液型>
 </社員>
 <社員>
```

```
    <連番>3</連番>
    <氏名>末吉優</氏名>
    <性別>女</性別>
    <生年月日>1967/11/04</生年月日>
    <血液型>A</血液型>
  </社員>
  <社員>
    <連番>4</連番>
    <氏名>前田陽子</氏名>
    <性別>女</性別>
    <生年月日>1979/10/27</生年月日>
    <血液型>B</血液型>
  </社員>
  <社員>
    <連番>5</連番>
    <氏名>杉村加奈子</氏名>
    <性別>女</性別>
    <生年月日>1994/04/22</生年月日>
    <血液型>A</血液型>
  </社員>
  <社員>
    <連番>6</連番>
    <氏名>大浦俊雄</氏名>
    <性別>男</性別>
    <生年月日>1979/12/12</生年月日>
    <血液型>A</血液型>
  </社員>
  <社員>
    <連番>7</連番>
    <氏名>江田奈々美</氏名>
    <性別>女</性別>
    <生年月日>1979/01/25</生年月日>
    <血液型>A</血液型>
  </社員>
  <社員>
    <連番>8</連番>
    <氏名>横溝晴</氏名>
    <性別>女</性別>
    <生年月日>1972/12/25</生年月日>
    <血液型>A</血液型>
  </社員>
  <社員>
    <連番>9</連番>
    <氏名>萩原紗彩</氏名>
    <性別>女</性別>
    <生年月日>1981/12/28</生年月日>
    <血液型>A</血液型>
  </社員>
  <社員>
    <連番>10</連番>
    <氏名>石沢覚</氏名>
```

```
    <性別>男</性別>
    <生年月日>1959/10/10</生年月日>
    <血液型>A</血液型>
  </社員>
</社員名簿>
```

※上記XMLのサンプルデータは、以下のサイトの擬似個人情報生成サービスを利用させていただきました。
単位換算､進数変換等の便利なWEBアプリ集
http://hogehoge.tk/

1
2
3
4
第3章 機能別コマンドレットとスクリプト

XMLファイルを読み込む

あらかじめ、上記のXMLファイルを「C:¥TEMP」フォルダに「test.xml」というファイル名で保存しておきます。これを、PowerShellから読み込んでみましょう。XMLファイルの読み込みは、通常のテキストファイルと同様、Get-Contentコマンドレットで読み込み、それを[xml]データ型に型変換します。

スクリプト ➡3-5-3_01.ps1

```
01: #XMLファイルのパスを定義します
02: $xmlfile = "C:¥TEMP¥test.xml"
03:
04: #XMLファイルを読み込みます
05: $content = Get-Content $xmlfile
06:
07: #読み込んだ内容をxmlデータ型に変換します
08: $xml = [XML]$content
09:
10: #社員名簿の1人目の社員の名前を取得します
11: Write-Host $xml.社員名簿.社員[0].氏名
```

実行結果

```
柳田美久
```

上記スクリプトにて、2行目で読み込むXMLファイルのパスを定義し、5行目でGet-Contentコマンドレットでその内容を読み込んでいます。読み込んだ内容は、変数「$content」に格納しています。8行目では、XMLファイルの内容を読み込んだ変数「$content」をSystem.Xml.XmlDocumentクラスのデータ型に変換しています。11行目では、8行目で生成したXMLオブジェクトより、「社員名簿」に登録されている1人目の社員（要素が0）の氏名を取得し、Write-Hostコマンドレットによって画面に表示させています。

このように、PowerShellからXMLの要素にアクセスしてデータを取り出す処理は、非常に簡単です。foreach文を使用することで、すべての要素に対して繰り返し処理を行うこともできます。

スクリプト　➡3-5-3_02.ps1

```
01: #XMLファイルのパスを定義します
02: $xmlfile = "C:¥TEMP¥test.xml"
03:
04: #XMLファイルを読み込みます
05: $content = Get-Content $xmlfile
06:
07: #読み込んだ内容をxmlデータ型に変換します
08: $xml = [XML]$content
09:
10: #社員名簿のすべての社員データを表示します
11: foreach ($emp in $xml.社員名簿.社員)
12: {
13:     Write-Host "--------------------------------"
14:     Write-Host "連番:" $emp.連番
15:     Write-Host "氏名:" $emp.氏名
16:     Write-Host "性別:" $emp.性別
17:     Write-Host "生年月日:" $emp.生年月日
18:     Write-Host "血液型:" $emp.血液型
19: }
```

実行結果

```
------------------------------
連番: 1
氏名: 柳田美久
性別: 女
生年月日: 1975/11/02
血液型: A
------------------------------
連番: 2
氏名: 新垣武彦
性別: 男
生年月日: 1980/09/01
血液型: O
------------------------------
連番: 3
氏名: 末吉優
性別: 女
生年月日: 1967/11/04
血液型: A
------------------------------
連番: 4
氏名: 前田陽子
性別: 女
生年月日: 1979/10/27
血液型: B
------------------------------
連番: 5
氏名: 杉村加奈子
性別: 女
生年月日: 1994/04/22
血液型: A
------------------------------
連番: 6
氏名: 大浦俊雄
性別: 男
生年月日: 1979/12/12
血液型: A
------------------------------
```

```
連番: 7
氏名: 江田奈々美
性別: 女
生年月日: 1979/01/25
血液型: A
------------------------------
連番: 8
氏名: 横溝晴
性別: 女
生年月日: 1972/12/25
血液型: A
------------------------------
連番: 9
氏名: 萩原紗彩
性別: 女
生年月日: 1981/12/28
血液型: A
------------------------------
連番: 10
氏名: 石沢覚
性別: 男
生年月日: 1959/10/10
血液型: A
```

XMLファイルへの書き込み

今度は、XMLファイルの既存の要素のデータを書き換えたり、新たな要素を追加する方法について、みてみましょう。まず、既存の要素のデータを書き換えて保存する方法について、説明します。先ほど使用した「C:¥TEMP」フォルダの「test.xml」ファイルにて、「連番」が「5」の社員、「杉村加奈子」の血液型を「A」から「O」に書き換え、上書き保存するスクリプトを作成します。

スクリプト ➡3-5-3_03.ps1

```
01: #参照するXMLファイルのパスを定義します
02: $readfile = "C:¥TEMP¥test.xml"
03:
04: #保存するXMLファイルのパスを定義します
05: $savefile = "C:¥TEMP¥test2.xml"
06:
07: #XMLファイルを読み込みます
08: $content = Get-Content $readfile
09:
10: #読み込んだ内容をxmlデータ型に変換します
11: $xml = [XML]$content
12:
13: #XMLに定義されている社員名簿から連番が5の社員に該当する配列のインデックスを
    格納する変数を定義します
14: $index = -1;
15:
16: #XMLに定義されている社員名簿から連番が5の社員を検索します
17: for ($i = 0; $i -lt ($xml.社員名簿.社員).Length; ++$i)
18: {
19:     #連番が5の場合、現在の添え字を変数「$index」に格納して処理を抜けます
20:     if ($xml.社員名簿.社員[$i].連番 -eq 5)
21:     {
22:         $index = $i
23:         break
24:     }
25: }
26:
27: #変数「$index」の値が-1でなければ、連番が5の社員は見つかりました
28: if ($index -ne -1)
29: {
30:     #該当する社員が存在したら、血液型を編集します
31:     $xml.社員名簿.社員[$index].血液型 = "O"
32:     $xml.Save($savefile)
33:
34:     #該当する社員が見つかり、XMLを編集して保存したことを画面に表示します
```

```
35:     Write-Host "XMLファイルを編集しました"
36: }
37: #変数「$index」の値が-1であれば、連番が5の社員は見つかりませんでした
38: else
39: {
40:    #該当する社員が見つからなかったことを画面に表示します
41:     Write-Host "該当する社員は存在しません"
42: }
```

少々長くなってしまいましたが、XMLに定義されている社員名簿より、「連番」が「5」に該当する社員の配列インデックスを検索する箇所が、13行目から25行目に該当します。14行目では、配列インデックスを格納するための変数を定義しています。初期値に-1を代入しておくことで、該当する要素があったかどうかを変数の値が-1のままかどうかでチェックすることができます。17行目では、XMLデータの社員の配列を1つずつ検索するための繰り返し文を定義しています。20行目では、1つずつ検索している社員の連番が5かどうかを検索し、該当する社員が存在したら、その配列インデックスを変数「$index」に格納して繰り返し文を抜けます（22行目、23行目）。

28行目では、変数「$index」の値を確認し、-1であれば「連番」が「5」に該当する社員が存在しなかったため、41行目で"該当する社員は存在しません"を画面上に表示してスクリプトを終了します。変数「$index」の値が-1以外であれば、「連番」が「5」に該当する社員の配列インデックスがそこに格納されています。31行目で「連番」が「5」の社員の「血液型」を"O"に上書きし、32行目でXMLファイルを別ファイルとして保存しています。

XMLファイルに新たな要素を作成するには、System.Xml.XmlDocumentクラスのCreateElementメソッドを使用します。さらに、要素に従属した子要素を追加するには、System.Xml.XmlDocument.XmlElementクラスのAppendChildメソッドを使用します。例えば、先ほどのXMLファイルに新たな要素を追加してみましょう。

スクリプト　➡3-5-3_04.ps1

```
01: #参照するXMLファイルのパスを定義します
02: $readfile = "C:¥TEMP¥test2.xml"
03: 
04: #保存するXMLファイルのパスを定義します
05: $savefile = "C:¥TEMP¥test3.xml"
06: 
```

```
07: #XMLファイルを読み込みます
08: $content = Get-Content $readfile
09:
10: #読み込んだ内容をxmlデータ型に変換します
11: $xml = [XML]$content
12:
13: #新たに追加する要素を定義します
14: $element = $xml.CreateElement("役職")
15:
16: #定義した要素を追加します
17: [void]$xml.社員名簿.社員[0].AppendChild($element)
18:
19: #追加した要素に値を代入します
20: $xml.社員名簿.社員[0].役職 = "社長"
21:
22: #XMLファイルを保存します
23: $xml.Save($savefile)
```

新たな要素を追加するために、14行目にて要素の定義を行っています。17行目では定義した要素を追加する箇所を指定し、20行目では追加した要素に値を代入しています。

この他にもPowerShellでは、XMLファイルから文字列を検索するためのSelect-Xmlコマンドレットや、オブジェクトをXMLに変換するConvert-Xmlコマンドレットなど、XMLファイルを操作するためのコマンドレットが存在します。

3-6
データベース管理

業務アプリケーションを開発するにあたり、データベース管理は必須の知識です。本書の読者であれば、Microsoft Accessでデータベースを構築した経験がある方もいらっしゃることでしょう。中小企業のシステム管理者であれば、社内システムをデータベース構築も含めて自作されている方もいらっしゃるかもしれません。

ここでは、PowerShellからMicrosoft Access（以降、Access）やMicrosoft社のSQL Serverに接続し、SQL（Structured Query Language）を発行する方法について、説明します。SQLについては本書では詳しく触れませんが、SQLやデータベースについて学びたい方は、314ページで紹介する著者の著した書籍をお求めいただけると幸いです。

データベースへの接続方法として、本書ではADO（ActiveX Data Object）というCOMを利用する方法と、ADO.NETという.NETライブラリを利用する方法の2とおりを紹介します。どちらの方法でも、Accessデータベースと SQL Serverデータベースに接続するサンプルスクリプトを作成します。

3-6-1　ADO（COM）でデータベースに接続する

まずは、ADOを利用してAccessデータベースに接続する方法をみてみましょう。ADOとは、ActiveX Data Objectの略で、Microsoft社が開発したデータベースを操作するためのソフトウェア群です。ADOを利用することで、AccessやSQL Serverなどの様々なデータベースに対して、プログラムからアクセスすることが容易になります。ADOは、WSHでデータベースに接続するためのスクリプトを作成した経験があれば、お馴染みでしょう。

ADOでデータベースに接続するには、ADODB.ConnectionというCOMオブジェクトを参照します。ADODB.Connectionには、ConnectionStringというプロパティに対し、接続するデータベースの種類やデータベースの場所、必要に応じてデータベースに接続するためのユーザーIDやパスワードを指定します。

データベースに接続したら、データベースを操作するSQLを発行します。SELECTコマンドの実行結果を取得する場合、ADODB.RecordsetというCOMオブジェクトを利用します。

Accessデータベースに接続する

では、ADOを利用してAccessデータベースに接続するサンプルスクリプトを作成してみましょう。本書のサンプルとして利用するAccessデータベースは、次のとおりです。

- mdbファイル名：社員名簿.mdb
- テーブル名：社員

社員テーブルのデータは、288ページのCSVファイルの内容と同じです。mdbファイルは、「C:¥TEMP」フォルダに配置しました。以下のサンプルスクリプトは、PowerShellから「社員」テーブルを参照し、「氏名」フィールドの内容をすべて画面に表示します。

スクリプト ➡3-6-1_01.ps1

```
01: #Accessデータベースファイルのパスを定義します
02: $mdbfile = "C:¥TEMP¥社員名簿.mdb"
03:
04: #ADODB.ConnectionのCOMオブジェクトを参照します
05: $cn = New-Object -ComObject ADODB.Connection
06:
07: #ADODB.RecordsetのCOMオブジェクトを参照します
08: $rs = New-Object -ComObject ADODB.Recordset
09:
```

```
10: #Accessデータベースを開きます
11: $cn.Open("Provider=Microsoft.Jet.OLEDB.4.0; Data
    Source=$mdbfile")
12:
13: #SQLを実行し、レコードセットを取得します
14: $rs.Open("SELECT * FROM [社員]", $cn)
15:
16: #レコードセットの先頭行を取得します
17: $rs.MoveFirst()
18:
19: #レコードセットが終了するまで処理を繰り返します
20: do
21: {
22:    #レコードセットから「氏名」フィールドの値を画面に表示します
23:      Write-Host $rs.Fields.Item("氏名").Value
24:
25:    #次のレコードセットを取得します
26:      $rs.MoveNext()
27: }
28: until ($rs.EOF -eq $true)
29:
30: #レコードセットを閉じます
31: $rs.Close()
32:
33: #Accessデータベースから切断します
34: $cn.Close()
```

実行結果

```
柳田美久
新垣武彦
末吉優
前田陽子
杉村加奈子
大浦俊雄
江田奈々美
横溝晴
萩原紗彩
石沢覚
```

2行目では、接続するAccessデータベースのファイルを定義しています。

5行目では、New-Objectコマンドレットでデータベースに接続するためのCOMオブジェクトであるADODB.Connectionへの参照を定義しています。

8行目では、同じくNew-Objectコマンドレットで SELECTコマンドの実行結果を格納するCOMオブジェクトであるADODB.Recordsetへの参照を定義しています。

11行目では、ADODB.ConnectionのOpenメソッドに接続したいデータベース情報を接続文字列としてパラメータに渡し、Accessデータベースへの接続を試みています。

14行目では、ADODB.RecordsetのOpenメソッドで、SQLの実行結果をRecordsetに格納しています。Openメソッドには、1つめのパラメータとして実行するSQLを、2つめのパラメータとして接続先のデータベース接続オブジェクトを指定します。

17行目では、ADODB.Recordsetに格納されたSELECTコマンドの実行結果にて、1つめのレコードへ参照位置を移動しています。

20行目から28行目では、ADODB.Recordsetに格納されたデータに対し、「氏名」フィールドに格納されている内容を1つずつ画面に表示しています。26行目のMoveNextメソッドは、参照する行を1つ次の行へ移動するためのものです。28行目では、Recordsetに格納されたデータが最終行まで達したら(EOFが真)、繰り返し処理を抜けるようにしています。31行目ではSQLコマンドの実行結果を格納したRecordsetを閉じ、34行目でデータベースとの接続を切断します。

SQL Serverに接続する

Accessデータベースに接続できれば、SQL Serverへの接続するようにスクリプトを変更することも容易です。変更する箇所は、ADODB.Connectionに指定する接続文字列のみです。

SQL Serverに接続するには、Windows認証接続とSQL Server認証接続の2とおりがありますが、本書では接続するユーザーIDとパスワードを指定したSQL Server認証接続でスクリプトを作成します。SQL Server認証接続では、接続文字列に対してユーザーIDとパスワードを指定しますが、ユーザーIDが指定されなかった場合、Windows認証接続となります。

ADOを利用してSQL Serverに接続するサンプルスクリプトは、次のとおりです。

スクリプト ➡3-6-1_02.ps1

```
01: #SQL Serverのサーバー名を指定します
02: $server = "[ここにサーバー名を記述します]"
03:
04: #接続するデータベース名を指定します
05: $dbname = "[ここにデータベース名を記述します]"
06:
07: #SQL Serverに接続するユーザーIDを指定します
08: $userid = "[ここにユーザーIDを記述します]"
09:
10: #SQL Serverに接続するユーザーIDに該当するパスワードを指定します
11: $password = "[ここにパスワードを記述します]"
12:
13: #SQL Serverに接続する接続文字列を定義します
14: $connstr = "Provider=SQLOLEDB;Data Source=$server;Initial
    Catalog=$dbname;User ID=$userid;Password=$password"
15:
16: #ADODB.ConnectionのCOMオブジェクトを参照します
17: $cn = New-Object -ComObject ADODB.Connection
18:
19: #ADODB.RecordsetのCOMオブジェクトを参照します
20: $rs = New-Object -ComObject ADODB.Recordset
21:
22: #SQL Serverデータベースに接続します
23: $cn.Open($connstr)
24:
25: #SQLを実行し、レコードセットを取得します
26: $rs.Open("SELECT * FROM [社員]", $cn)
27:
28: #レコードセットの先頭行を取得します
29: $rs.MoveFirst()
30:
31: #レコードセットが終了するまで処理を繰り返します
32: do
33: {
34:   #レコードセットから「氏名」フィールドの値を画面に表示します
```

```
35:     $rs.Fields.Item("氏名").Value
36:
37:   #次のレコードセットを取得します
38:     $rs.MoveNext()
39: }
40: until ($rs.EOF -eq $true)
41:
42: #レコードセットを閉じます
43: $rs.Close()
44:
45: #SQL Serverデータベースから切断します
46: $cn.Close()
```

SQL Serverデータベースに接続する際の接続文字列は、Accessデータベースに接続する際の接続文字列と比較すると、「Provider」が"Microsoft.Jet.OLEDB.4.0"から"SQLOLEDB"に変更になり、さらに「Data Source」がAccessデータベースファイルのパスからSQL Serverのサーバー名に変更になりました。

接続文字列は、1行目から14行目までの間で定義しています。SQL ServerにSQL Server認証接続で必要となる項目は、次の4つです。

- サーバー名
- データベース名
- 接続するユーザーID
- 接続するユーザーIDのパスワード

3-6-2 .NETライブラリでデータベースに接続する

今度は、.NETライブラリでデータベースに接続する方法をみてみましょう。データベースに接続するための.NETライブラリは、ADO.NETといいます。ADOの.NET版です。.NETライブラリを利用してデータベースに接続するには、System.Data.OleDb.OleDbConnectionクラスを使用します。接続するデータベースの種類によって使用するクラスは異なりますが、OleDbConnectionクラスであれば、AccessデータベースとSQL Serverデータベースの両方に接続することができます。データベースに接続するには、このクラスでデータベースへの接続情報を接続文字列として引き渡すことで、該当するデータベースに接続します。SELECTコマンドの実行結果は、System.Data.OleDb.OleDbDataAdapterクラスを経由してSystem.Data.DataSetに格納します。

Accessデータベースに接続する

次のサンプルスクリプトは、先ほどADOを利用して接続したAccessデータベースに対し、.NETライブラリを利用して接続するように書き換えたものです。

スクリプト ➡3-6-1_03.ps1

```
01: #Accessデータベースファイルのパスを定義します
02: $mdbfile = "C:¥TEMP¥社員名簿.mdb"
03:
04: #System.Data.OleDb.OleDbConnectionクラスのオブジェクトを生成します
05: $cn = New-Object -TypeName System.Data.OleDb.
    OleDbConnection
06:
07: #Accessデータベースに接続するための接続文字列を設定します
08: $cn.ConnectionString = "Provider=Microsoft.Jet.OLEDB.4.0;
    Data Source=$mdbfile"
09:
10: #SQLコマンドを実行するオブジェクトを生成します
11: $cm = $cn.CreateCommand()
12:
13: #実行するSQLコマンドを設定します
14: $cm.CommandText = "SELECT * FROM [社員]"
15:
16: #System.Data.OleDb.OleDbDataAdapterクラスのオブジェクトを生成します
17: $ad = New-Object -TypeName System.Data.OleDb.
    OleDbDataAdapter $cm
```

```
18:
19: #System.Data.DataSetクラスのオブジェクトを生成します
20: $ds = New-Object -TypeName System.Data.DataSet
21:
22: #OleDBDataAdapterクラスを通じてデータベースに接続し、SQLコマンドの実行結
    果をDataSetクラスに格納します
23: [void]$ad.Fill($ds)
24:
25: #DataSetクラスにて、SQLコマンドによって取得した結果の1つめのテーブルから
    「name」フィールドの内容を画面に次々と表示します
26: for ($row = 0; $row -lt $ds.Tables[0].Rows.Count; ++$row)
27: {
28:     Write-Host $ds.Tables[0].Rows[$row]["氏名"]
29: }
30:
31: #Accessデータベースから切断します
32: $cn.Close()
```

ADOでデータベースに接続する方法と比較すると、だいぶ変わってしまったように感じるかも知れませんが、データベースに接続する際の基本的な考え方は、ADOの場合と同じです。

2行目では、Accessデータベースファイルが存在するパスを指定しています。

5行目では、データベースと接続するためのSystem.Data.OleDb.OleDbConnectionクラスをインスタンス化しています。

8行目では、5行目で定義したSystem.Data.OleDb.OleDbConnectionクラスのインスタンスに対し、Accessデータベースに接続するための接続文字列をセットしています。

11行目では、SQLコマンドを実行するためのオブジェクトを生成しています。System.Data.OleDb.OleDbCcnnectionクラスのCreateCommandメソッドを実行すると、SQLコマンドを実行するためのオブジェクトであるSystem.Data.OleDb.OleDbCommandクラスのインスタンスが戻り値として返ります。その戻り値を、変数「$cm」に格納しています。

14行目では、System.Data.OleDb.OleDbCommandクラスから実行するためのSQLコマンドをセットしています。実行するSQLコマンドは、System.Data.OleDb.OleDbCommandクラスのCommandTextプロパティにセットします。

17行目では、20行目で定義しているSELECTコマンドの実行結果を取得するためのSystem.Data.DataSetクラスのインスタンスをデータベースと結合するためのSystem.Data.OleDb.OleDbDataAdapterクラスのインスタンスを定義しています。

23行目では、System.Data.OleDb.OleDbDataAdapterクラスのFillメソッドを実行することで、データベースに対してSQLコマンドを実行してその結果をSystem.Data.DataSetクラスに格納しています。Fillメソッドは、DataSetで正常に追加または更新された行数が戻り値として返ります。戻り値が不要であれば、このサンプルのように、[void]型にデータ型を型変換することにより、戻り値を画面に表示するのを抑止します。

26行目から29行目では、DataSetに格納されているデータを画面に表示する処理を行っています。26行目は、DataSetに格納されている1つめの実行結果（Table[0]）のレコードの数だけ27行目以降の処理を繰り返すことを定義しています。28行目では、変数「$row」で指定された行インデックスより「氏名」フィールドの内容を画面に表示しています。

32行目では、OleDbConnectionクラスのCloseメソッドを実行することで、それまで接続していたAccessデータベースとの接続を切断しています。

SQL Serverデータベースに接続する

同様に、.NETライブラリを利用してSQL Serverデータベースに接続するサンプルスクリプトを作成してみましょう。ADOを利用した場合と同様、.NETライブラリを利用してAccessデータベースに接続したサンプルスクリプトから変更となる箇所は、データベースに接続するための情報を定義する接続文字列です。

スクリプト　➡3-6-1_04.ps1

```
01: #SQL Serverのサーバー名を指定します
02: $server = "[ここにサーバー名を記述します]"
03:
04: #接続するデータベース名を指定します
05: $dbname = "[ここにデータベース名を記述します]"
06:
07: #SQL Serverに接続するユーザーIDを指定します
08: $userid = "[ここにユーザーIDを記述します]"
09:
10: #SQL Serverに接続するユーザーIDに該当するパスワードを指定します
11: $password = "[ここにパスワードを記述します]"
```

```
12:
13: #System.Data.OleDb.OleDbConnectionクラスのオブジェクトを生成します
14: $cn = New-Cbject -TypeName System.Data.OleDb.
    OleDbConnection
15:
16: #SQL Serverデータベースに接続するための接続文字列を設定します
17: $cn.ConnectionString = "Provider=SQLOLEDB;Data
    Source=$server;Initial Catalog=$dbname;User
    ID=$userid;Password=$password"
18:
19: #SQLコマンドを実行するオブジェクトを生成します
20: $cm = $cn.CreateCommand()
21:
22: #実行するSQLコマンドを設定します
23: $cm.CommandText = "SELECT * FROM tbl_employee"
24:
25: #System.Data.OleDb.OleDbDataAdapterクラスのオブジェクトを生成します
26: $ad = New-Object -TypeName System.Data.OleDb.
    OleDbDataAdapter $cm
27:
28: #System.Data.DataSetクラスのオブジェクトを生成します
29: $ds = New-Object -TypeName System.Data.DataSet
30:
31: #OleDBDataAdapterクラスを通じてデータベースに接続し、SQLコマンドの実行結
    果をDataSetクラスに格納します
32: [void]$ad.Fill($ds)
33:
34: #DataSetクラスにて、SQLコマンドによって取得した結果の1つめのテーブルから
    「name」フィールドの内容を画面に次々と表示します
35: for ($row = 0; $row -lt $ds.Tables[0].Rows.Count; ++$row)
36: {
37:     Write-Host $ds.Tables[0].Rows[$row]["name"]
38: }
39:
40: #SQL Serverデータベースから切断します
41: $cn.Close()
```

ADOの場合と同様、接続文字列の「Provider」の部分と、SQL Serverデータベースに接続するために必要となるサーバー名やデータベース名、接続するユーザーIDとそのパスワードを指定する部分のみ、変更となります。DataAdapterとDataSetを利用して取得したデータを画面に表示する処理などは、すべてAccessデータベースに接続した場合と同じです。

COLUMN

データベース書籍の紹介

データベースやSQLについて、もっと本格的に学びたい方には、著者の著した以下の書籍をお勧め致します。どの書籍も、データベースを始めて学ぶ人にも解り易く読んで頂けるように著しています。

● これならわかるSQL 入門の入門（翔泳社：2007/10/23）

SQLを初めて学ぶ人のために著した書籍です。データベースの基本からおさえているため、これからデータベースについて学び始める人にもお勧めです。読み終えた頃には、SQLでデータベースを自在に操ることができるようになることでしょう。

● いちばんやさしいデータベースの本（技評SE選書）（技術評論社：2010/07/03）

これ以上やさしく書けないほど、もっともやさしく著したデータベースに関する著書です。今までどの本を読んでもデータベースが難しいと感じてしまうのであれば、ぜひとも本書をお勧め致します。ただし、だからといって内容が薄いわけではなく、データベースについて大事な箇所を凝縮して詰め込んであります。

● SQLite ポケットリファレンス（技術評論社：2010/10/22）

SQLiteデータベースのリファレンス本です。SQLiteは、ファイルベースで管理できる、コンパクトなデータベースです。技術評論社定番のポケットリファレンスです。SQLiteでデータベースを構築しているシステム管理者は、ぜひともすぐに手を伸ばせる場所に置いていただきたい書籍です。

● サンプルで覚えるMYSQL―データベース接続の基本から応用まで（ソシム：2011/04/01）

日本でもっとも普及しているオープンソースのデータベースシステムであるMySQLについて著した書籍です。データベースへの接続はPHPを用いています。PHPでWebアプリケーションを開発しようとしている方に、お勧めです。すぐに業務で利用可能なサンプルプログラムを豊富に掲載しています。

第4章

実践的なサンプルスクリプト

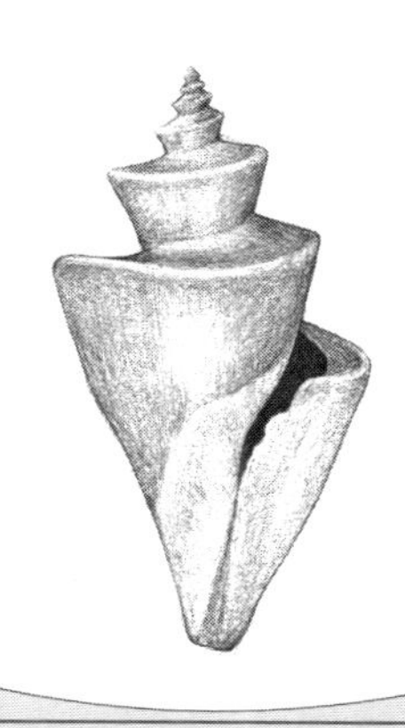

第1章から第3章までの内容を踏まえ、第4章ではより実践的なスクリプトの作成に入ります。実際の業務を想定して作成したサンプルスクリプトです。これらのスクリプトを環境に合わせて変更を加えることで、きっと業務に役立てることができるでしょう。

著者は、流通業界や証券業界にてシステム管理者として勤務した経験があります。その間に作成したスクリプトは、ファイルやフォルダの移動・コピーといったファイルシステム操作が最も多く、次いでExcelやWordといったMicrosoft Office製品のファイル編集を自動化する処理でした。スクリプトからのAccessデータベースやSQL Serverデータベースのデータ操作も経験しました。

本章では、前章までの内容を発展させ、個別に紹介した複数の技術を連携します。また、業務の役に立つであろう幾つかの技を紹介します。

例えば、SQL Serverデータベースから取得したデータをExcelに出力したり、指定した拡張子のファイルのみを別ドライブにバックアップするスクリプトなどを紹介します。プログラミング初心者には、SQL Serverデータベースに接続して必要なデータを取得するサンプルスクリプトと、Excelファイルに値を書き込むサンプルスクリプトがあっても、これらを元に、データベースのデータをExcelに出力するサンプルスクリプトを作成するのは難しいことでしょう。

前述のとおり、本章は実際の業務を想定して作成しました。プログラミング初心者が独学では乗り越えにくい応用的な部分を、より実業務に即した形で紹介します。このサンプルスクリプトを元に、実業務のスクリプト作成の一助となれば幸いです。

簡単なバックアップスクリプトのサンプル

プログラミング初心者のために、PowerShellスクリプトで作成した簡単なバックアップスクリプトのサンプルを作成しました。ローカルに存在するフォルダを外部メディアにフォルダごとバックアップします。バックアップするファイルは問いません。サブフォルダも含めてバックアップします。

バックアップ先のメディアには、バックアップした日付ごとにフォルダを作成します。フォルダ名は、"yyyyMMdd"形式のバックアップした日付の文字列とします。バックアップ先のメディアにすでに同一日付のバックアップが作成されていた場合は、該当日付のバックアップフォルダをいったん削除してからバックアップし直します。

スクリプト ➡4-0-2_01.ps1

```
01: #バックアップするフォルダを定義します
02: $src_path = "C:¥Important"
03:
04: #バックアップ先のドライブを定義します
05: $dst_drv = "Z:¥"
06:
07: #本日日付を"yyyyMMdd"形式で取得します
08: #この文字列をバックアップ先でのフォルダ名とします
09: $dst_folder = Get-Date -Format ("yyyyMMdd")
10:
11: #バックアップ先のフルパスを取得します
12: $dst_path = $dst_drv + "¥" + $dst_folder
13:
14: #バックアップ先にすでにフォルダが存在する場合
15: $flg = Test-Path $dst_path
16: if ($flg -eq $true)
17: {
18:     #該当フォルダを削除します
19:     Remove-Item $dst_path -Recurse
20: }
21:
22: #フォルダをコピーします
23: Copy-Item $src_path $dst_path -Recurse
```

このスクリプトを元に、いろいろと機能を追加・変更してみてください。例えば、このスクリプトではすべてのファイルをバックアップの対象としていますが、指定した拡張子のファイルだけをバックアップの対象にするだとか、ファイルの最終更新日付が本日日付のファイルのみをバックアップの対象にするだとか、思いついたアイディアをこのスクリプトに肉付けしてみてください。プログラミングに関するコツをつかむきっかけになるかも知れません。

メールを自動送信する／Gmailを自動送信する

.NET Frameworkには、メールを送信するためのSystem.Net.Mail.SmtpClientクラスが標準ライブラリとして用意されていますが、メールを受信するためのクラスは用意されていません。PowerShellも同様に、メールを送信するためのコマンドレットとしてSend-MailMessageコマンドレットは用意されていますが、メールを受信するためのコマンドレットは用意されていません。そのため、PowerShellでメールを受信する場合は、標準ライブラリ以外のライブラリを利用するなどの方法があります。

では、PowerShellでメールを送信するサンプルスクリプトを作成してみましょう。業務におけるメールの自動送信の利用方法としては、例えば定時になったらその日の営業粗利益の速報を各営業所の所長にメールで一斉送信するなどの利用が考えられます。営業粗利益は、各営業担当者が入力する営業日報のデータが格納されているデータベースからスクリプトで自動取得するところまでPowerShellで実装することができれば、一連の流れを完全に自動化することが可能です。

まずは、Send-MailMessageコマンドレットを利用して、メールを送信する方法をみてみましょう。

スクリプト　➡4-0-3_01.ps1

```
01: #宛先メールアドレスを定義します
02: $to = "ikarashi@example.com"
03:
04: #送信先メールアドレスを定義します
05: $from = "support@ikachi.org"
```

```
06:
07: #SMTPサーバーを定義します
08: $smtp = "smtp.ikachi.org"
09:
10: #資格情報を定義します
11: $credential = "ikarashi"
12:
13: #メール件名を定義します
14: $subject = 'テスト"
15:
16: #メール本文を定義します
17: $body = "これは、テストメールです。"
18:
19: #Send-MailMessageコマンドレットでメールを送信します
20: Send-MailMessage -To $to -From $from -SmtpServer $smtp
    -Credential $credential -Subject $subject -Body $body
    -UseSsl
```

2行目で宛先メールアドレスを、5行目で送信先メールアドレスを定義しています。8行目では、SMTPサーバーに接続するための資格情報を定義しています。

この資格情報は、パスワードの入力が必要となります。そのため、資格情報がコンピューター上に記憶されていない場合、次のようなパスワード入力のためのダイアログが表示されます。

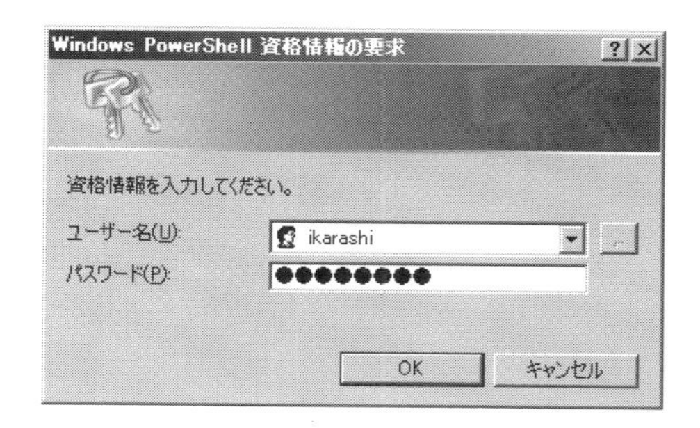

スクリプトの実行の都度、このダイアログが表示されてしまうと完全な自動化とは言えませんので、Get-Credentialコマンドレットで資格情報を予めコンピューター上に記憶させておくとよいでしょう。Get-Credentialコマンドレットで資格情報をコンピューターに記憶させるには、次のコマンドを実行します。

構文

```
Get-Credential -Credential UserName
```

変数・パラメーター	説明
UserName	資格情報を保存するユーザー名

コマンドを実行すると、先ほどと同じダイアログが表示されますので、指定したユーザー名に該当するパスワードを入力し、「OK」ボタンをクリックして資格情報を保存します。

スクリプトの説明に戻ります。

14行目ではメール件名を、17行目ではメール本文を定義しています。20行目では、Send-MailMessageコマンドレットで定義した送信メールの情報でメールを送信します。

さて、非常に便利なSend-MailMessageコマンドレットですが、このコマンドレットにはSMTPのポート番号を指定できないという欠点があります。つまり、メールの送信ポートにポート番号587を指定しているドメインもありますが、その場合、そのドメインからSend-MailMessageコマンドレットでのメール送信ができないのです。そのような場合は、.NETライブラリのSystem.Net.Mail.SmtpClientクラスを使用します。Gmailの場合もポート番号587を指定しているため、Gmailの自動送信の場合もSmtpClientクラスを使用します。

System.Net.Mail.SmtpClientクラスを使用したメール送信のサンプルスクリプトは、次のようになります。

スクリプト　➡4-0-3_02.ps1

```
01: #送信先メールアドレスを定義します
02: $from = "from_mailaddress@gmail.com"
03: 
04: #宛先メールアドレスを定義します
05: $to = "to_mailaddress@gmail.com"
06: 
07: #メール件名を定義します
08: $subject = "テスト"
09: 
10: #メール本文を定義します
11: $body = "本文"
12: 
```

```
13: #SMTPサーバーを定義します
14: $smtp = "smtp.gmail.com"
15:
16: #SMTPClientのインスタンスを生成します
17: $smtpclient = New-Object Net.Mail.SmtpClient($smtp, 587)
18:
19: #SSLを許可します
20: $smtpclient.EnableSsl = $true
21:
22: #資格情報を定義します
23: $smtpclient.Credentials = New-Object System.Net.
    NetworkCredential($from, "password")
24:
25: #メールを送信します
26: $smtpclient.Send($from, $to, $subject, $body)
```

1行目から14行目では、送信メールの情報を定義しています。

17行目では、メールを送信するSystem.Net.MailクラスのSmtpClientメソッドを実行し、そのインスタンスを生成しています。

20行目は、メール送信の際にデータを暗号化して送信するSSLプロトコルの使用を指定しています。

23行目ではメール送信者の資格情報を定義し、26行目ではSendメソッドでメールを送信しています。

サンプルでは、単一のメールアドレスにメールを送信する方法について説明しましたが、例えばメールアドレスの一覧を配列に定義しておき、その配列の要素分だけメールを送信するように修正することで、複数のメールアドレスに対してメールの一括送信することができます。

また、配列ではなく外部のテキストファイルにメールアドレスの一覧を入力し、スクリプトからそのファイルを読み込むことで、ファイルに記述されているすべてのメールアドレスにメールを送信するようにもすることができます。その場合、送信したいメールアドレスを追加したり削除する場合、そのテキストファイルを修正するだけで済みます。

ファイルをダウンロードする

インターネット上に公開されている画像や動画をダウンロードしたり、Webページをダウンロードして解析する作業をスクリプトから一括して行いたい場合もあるでしょう。PowerShellからファイルをダウンロードするには、.NETライブラリのNet.WebClientクラス(System.Net名前空間)を利用します。

次のスクリプトは、著者のホームページ「フリープログラミング団体　いかちソフトウェア」に掲載されている戦闘機の画像を一括でダウンロードするスクリプトです。軍事画像はhttp://www.ikachi.org//graphic/military/fighter/s001.jpgからファイル名の連番で14つあります。この14の画像ファイルをスクリプトで一括ダウンロードします。

スクリプト　➡4-0-4_01.ps1

```
01: #ダウンロードファイルが存在するフォルダを定義します
02: $url = "http://www.ikachi.org//graphic/military/fighter/"
03:
04: #ダウンロード先のフォルダを定義します
05: $downloadfolder = "C:¥TEMP¥"
06:
07: #WebClientオブジェクトを定義します
08: $webclient = New-Object Net.WebClient
09:
10: #以下の処理を繰り返します
11: for ($i = 1; $i -le 14; ++$i)
12: {
13:    #ダウンロードファイルの名前を取得します
14:      $filename = "s" + $i.ToString("000") + ".jpg"
15:
16:    #ファイルをダウンロードします
17:      $webclient.DownloadFile($url + $filename,
    $downloadfolder + $filename)
18: }
```

2行目でダウンロードファイルが存在するウェブ上のディレクトリを定義し、5行目ではダウンロード先のローカルマシンのフォルダパスを定義しています。

8行目ではNet.WebClientクラスをインスタンス化しています。

11行目ではウェブ上のディレクトリに存在する14つの画像ファイルを繰り返しダウンロードするためのfor文を定義しています。

14行目ではダウンロードファイル名を取得し、17行目ではSystem.Net.WebClientクラスのDownloadFileメソッドにてウェブ上のファイル名と同一のファイル名でローカルマシンにダウンロードしています。DownloadFileメソッドは、1つめのパラメータにダウンロード元のウェブ上のファイルを指定し、2つめのパラメータにダウンロード先のファイルパスを指定します。

本書では、jpeg画像をダウンロードするサンプルスクリプトを作成しましたが、DownloadFileメソッドはHTMLもダウンロードすることが可能です。そのため、指定したURLのページを解析するためのHTMLをダウンロードし、本章内で紹介したテキストファイルの一括検索によって指定した文言が含まれるウェブページのURLを取得するなどといった使い方が考えられます。

決まった時間にスクリプトを実行する

作成したスクリプトを手動で実行していたのでは、完全に自動化された処理とは言えません。定時にスクリプトを自動で実行したい場合は、Windows標準機能のタスクスケジューラーを使用します。タスクスケジューラーは、PowerShellコンソールウィンドウやコマンドプロントより、「schtasks.exe」をネイティブコマンドとして呼び出すことができます。

すでにスケジュールされているタスクの一覧を表示する場合は、次のコマンドを実行します。

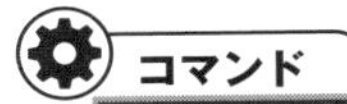

```
> schtasks

フォルダー¥
タスク名                                    次回の実行時刻         状態
======================================== ====================== ===============
Registration                             N/A                    開始できません
SidebarExecute                           N/A                    準備完了
User_Feed_Synchronization-{E4802926-1796 2014/12/02 17:53:03    準備完了

フォルダー¥Hewlett-Packard
タスク名                                    次回の実行時刻         状態
======================================== ====================== ===============
情報: アクセス レベルに現在使用可能な予定されたタスクはありません。

フォルダー¥Microsoft
タスク名                                    次回の実行時刻         状態
======================================== ====================== ===============
情報: アクセス レベルに現在使用可能な予定されたタスクはありません。

フォルダー¥Microsoft¥Microsoft Antimalware
タスク名                                    次回の実行時刻         状態
======================================== ====================== ===============
Microsoft Antimalware Scheduled Scan     2014/12/03 12:21:53    不明

フォルダー¥Microsoft¥Windows
タスク名                                    次回の実行時刻         状態
======================================== ====================== ===============
情報: アクセス レベルに現在使用可能な予定されたタスクはありません。

...以下略
```

新たなタスクをスケジュールに追加する場合は、次のようにします。

コマンド構文

```
SCHTASKS /Create [/S システム [/U ユーザー名 [/P [パスワード]]]]
  [/RU ユーザー名 [/RP パスワード]] /SC スケジュール [/MO 修飾子] [/D 日]
  [/M 月] [/I アイドル時間] /TN タスク名 /TR 実行タスク [/ST 開始時刻]
  [/RI 間隔] [ {/ET 終了時刻 | /DU 継続時間} [/K] [/XML xml ファイル] [/V1]]
  [/SD 開始日] [/ED 終了日] [/IT | /NP] [/Z] [/F]
```

例えば、毎日3時に「C:¥TEMP」フォルダ内の「test.ps1」を実行するタスクをスケジュールするには、次のコマンドを実行します。

```
> schtasks /create /tn "PSスクリプト実行" /sc DAILY /st 03:00 /tr
"$pshome¥powershell.exe C:¥TEMP¥test.ps1"
成功: スケジュール タスク "PSスクリプト実行" は正しく作成されました。
```

また、すでにスケジュールされているタスクを削除するには、次のようにします。

```
> schtasks /delete /tn "PSスクリプト実行"
```

「schtasks.exe」については、"/?"オプションを指定して実行することで、詳しいヘルプを参照することができます。

```
> schtasks /?
```

データベースの内容をExcelに出力する

前章では、データベースに接続してデータを取得するスクリプトと、Excelにデータを出力するスクリプトを紹介しました。各々は個別のスクリプトとして紹介しましたが、いざ、この2つのスクリプトを流用して、データベースから取得したデータをExcelに出力するスクリプトとして1つにまとめるとなると、プログラミング初心者には難しいことです。そこで、ここではデータベースから取得したデータをExcelに出力するサンプルスクリプトを作成してみることにします。

作成するスクリプトは、SQL Serverデータベースから前章で使用した「社員名簿」データベースの「社員」テーブルのデータをExcelファイルに出力します。Excelファイルの出力先は、「C:¥TEMP」フォルダに「社員.xls」というファイル名で出力します。

スクリプト　➡4-0-6_01.ps1

```
01: #SQL Serverのサーバー名を指定します
02: $server = "[ここにサーバー名を指定します]"
03:
04: #接続するデータベース名を指定します
05: $dbname = "[ここにデータベース名を指定します]"
06:
07: #SQL Serverに接続するユーザーIDを指定します
08: $userid = "ここにユーザーIDを指定します"
09:
10: #SQL Serverに接続するユーザーIDに該当するパスワードを指定します
11: $password = "ここにパスワードを指定します"
12:
13: #SQL Serverに接続する接続文字列を定義します
14: $connstr = "Provider=SQLOLEDB;Data Source=$server;Initial
    Catalog=$dbname;User ID=$userid;Password=$password"
15:
16: #ADODB.ConnectionのCOMオブジェクトを参照します
17: $cn = New-Object -ComObject ADODB.Connection
18:
19: #ADODB.RecordsetのCOMオブジェクトを参照します
20: $rs = New-Object -ComObject ADODB.Recordset
21:
22: #SQL Serverデータベースに接続します
23: $cn.Open($connstr)
24:
25: #SQLを実行し、レコードセットを取得します
26: $rs.Open("SELECT * FROM [社員]", $cn)
27:
28: #レコードセットの先頭行を取得します
29: $rs.MoveFirst()
30:
31: #Excelアプリケーションのインスタンスを生成します
32: $xl = New-Object -Com Excel.Application
33:
34: #Excelファイルを作成し、そのオブジェクトを変数「$wb」に格納します
```

```
35: $wb = $xl.Workbooks.Add()
36:
37: #Sheet1を選択します
38: $ws = $wb.Worksheets.Item("Sheet1")
39:
40: #Excel行カウンタを定義します
41: $row = 1
42:
43: #レコードセットが終了するまで処理を繰り返します
44: do
45: {
46:    #レコードセットから「氏名」フィールドの値をExcelの1列目に代入します
47:     $ws.Cells.Item($row, 1) = $rs.Fields.Item("名前").Value
48:
49:    #Excel行カウンタをインクリメントします
50:      ++$row
51:
52:    #次のレコードセットを取得します
53:      $rs.MoveNext()
54: }
55: until ($rs.EOF -eq $true)
56:
57: #Excelアプリケーションを表示します
58: $xl.Visible = $true
59:
60: #レコードセットを閉じます
61: $rs.Close()
62:
63: #SQL Serverデータベースから切断します
64: $cn.Close()
```

実行結果

今回は、ADO（COM）を利用してデータベースに接続した例です。ADO.NETを利用してデータベースに接続する方法は、前章をご確認ください。ポイントは、まず最初にデータベースからデータを取得し、次にExcelファイルを開いてレコードセットに格納されているデータを1行ずつExcelファイルに出力します。

ADODB.Recordsetに格納されている内容を1行ずつExcelファイルに出力する箇所は、44行目から55行目です。出力先のExcelシートの行を1行ずつ移動するために、41行目にて現在行を保持する変数「$row」を定義しています。ADODB.Recordsetにて、次のデータへ移動するのと同じタイミングで変数「$row」を1つずつ加算することで、データを出力する行を1つずつ下の行へ移動しています。

データベースから取得したデータをExcelに出力する部分は、例えばADODB.Recordsetの内容やDataSetクラスを渡すとその中に含まれるデータをExcelに出力する関数を作成しておくと、汎用的に使えて便利です。

データベースの内容をCSVに出力する

先ほど、ADO（COM）を利用してSQL Serverデータベースのデータを Excelに出力する方法を紹介しましたので、今度は、.NETライブラリを利用してAccessデータベースに接続し、Accessデータベースから取得したデータをCSVに出力するサンプルスクリプトを作成してみましょう。

SQL Serverのデータを Excelファイルに出力した場合と同じように、データベースから取得した結果を1行ずつファイルに出力する方法もありますが、ここではExport-Csvコマンドレットを使用してCSVファイルを作成してみます。

作成するサンプルは、前章で使用した「社員名簿.mdb」を使用します。

スクリプト ➡4-0-7_01.ps1

```
01: #Accessデータベースファイルのパスを定義します
02: $mdbfile = "C:¥TEMP¥社員名簿.mdb"
03:
04: #CSVファイルの出力先パスを定義します
05: $csvfile = "C:¥TEMP¥test.csv"
06:
07: #System.Data.OleDb.OleDbConnectionクラスのオブジェクトを生成します
08: $cn = New-Object -TypeName System.Data.OleDb.
    OleDbConnection
09:
10: #Accessデータベースファイルに接続するための接続文字列を設定します
11: $cn.ConnectionString = "Provider=Microsoft.Jet.OLEDB.4.0;
    Data Source=$mdbfile"
12:
13: #SQLコマンドを実行するオブジェクトを生成します
14: $cm = $cn.CreateCommand()
15:
16: #実行するSQLコマンドを設定します
17: $cm.CommandText = "SELECT * FROM [社員]"
18:
19: #System.Data.OleDb.OleDbDataAdapterクラスのオブジェクトを生成します
```

```
20: $ad = New-Object -TypeName System.Data.OleDb.
    OleDbDataAdapter $cm
21:
22: #System.Data.DataSetクラスのオブジェクトを生成します
23: $ds = New-Object -TypeName System.Data.DataSet
24:
25: #OleDBDataAdapterクラスを通じてデータベースに接続し、SQLコマンドの実行結
    果をDataSetクラスに格納します
26: $ad.Fill($ds)
27:
28: #DataSetクラスにて、SQLコマンドによって取得した結果セットの1つめをCSVファ
    イルに出力します
29: $ds.Tables[0] | Export-Csv $csvfile -NoTypeInformation
30:
31: #Accessデータベースから切断します
32: $cn.Close()
```

前章で紹介した.NETライブラリを利用してAccessデータベースに接続するサンプルスクリプトから、ほとんど変更がありません。Accessデータベースから取得した結果はDataSetクラスに格納されており、その内容をCSVファイルに出力する箇所は、29行目です。DataSetのTablesオブジェクトに格納されている内容を、パイプラインで繋ぎ、Export-Csvコマンドレットで出力しています。

SQLでExcelファイルとCSVファイルを読み込む

ExcelファイルやCSVファイルから取得したデータをスクリプト上で集計するのは、少々面倒な作業です。特に、ExcelファイルであればExcel VBAで集計部分を実装し、スクリプトからExcelマクロを呼び出すといった方法も考えられますが、CSVファイルのデータを集計する場合はそうもいかず、スクリプト上で実装するしかありません。

「ExcelファイルやCSVファイルのデータについても、SQLのSELECTコマンドが実行できれば集計が楽なのに」と思ったことがある方もいらっしゃるかもしれません。実は、

Excelファイルや CSV ファイルに対しても、ADO や ADO.NET を利用して SQL を実行することができます。

以下のスクリプトは、Excelファイルに対して SQL の SELECT コマンドを実行し、その結果を画面に出力するサンプルスクリプトです。

スクリプト ➡4-0-8_01.ps1

```
01: #Excelファイルのパスを定義します
02: $xlfile = "C:¥TEMP¥test.xlsx"
03:
04: #Excelファイルに接続する接続文字列を定義します
05: $connstr = "Provider=Microsoft.ACE.OLEDB.12.0;Data
    Source=$xlfile;Extended Properties=Excel 12.0"
06:
07: #ADODB.ConnectionのCOMオブジェクトを参照します
08: $cn = New-Object -ComObject ADODB.Connection
09:
10: #ADODB.RecordsetのCOMオブジェクトを参照します
11: $rs = New-Object -ComObject ADODB.Recordset
12:
13: #Excelファイルに接続します
14: $cn.Open($connstr)
15:
16: #SQLを実行し、結果セットを取得します
17: $rs.Open("SELECT * FROM [Sheet1$]", $cn)
18:
19: #結果セットの先頭行を取得します
20: $rs.MoveFirst()
21:
22: #結果セットが終了するまで処理を繰り返します
23: do
24: {
25:   #結果セットから「氏名」フィールドの値を画面に表示します
26:     Write-Host $rs.Fields.Item("氏名").Value
27:
28:   #次の結果セットを取得します
29:     $rs.MoveNext()
30: }
31: until ($rs.EOF -eq $true)
```

データベースの接続には、ADO(COM)を利用しました。むろん、ADO.NETでもExcelファイルに接続することは可能です。ポイントは、5行目のデータベース接続文字列と、17行目のSQLコマンドです。Excelファイルに接続するための接続文字列は、Microsoft.ACEプロバイダを使用します。DataSourceには、接続するExcelファイルのパスを指定します。

Excelファイルに対してSQLコマンドを実行する場合、Excelシートがテーブルに該当します。シートの指定は、サンプルスクリプトのように、シート名の後ろに"$"記号を付加し、さらに"["と"]"で囲います。

SQLさえ実行できれば、後はWHERE句で条件を指定したり、必要な列だけを抽出するといったことも可能ですし、GROUP BY句で項目ごとに集計することも可能です。

では、今度はCSVファイルに対してSQLコマンドを実行してみましょう。この場合も、データベース接続文字列とテーブルの指定がポイントです。

スクリプト　➡4-0-8_02.ps1

```
01: #CSVファイルが存在するフォルダのパスを定義します
02: $csvfile = "C:¥TEMP¥"
03:
04: #CSVファイルが存在するフォルダに接続する接続文字列を定義します
05: $connstr = "Provider=Microsoft.Jet.
    OLEDB.4.0;Data Source=$csvfile;Extended
    Properties=`"text;HDR=Yes;FMT=Delimited`""
06:
07: #ADODB.ConnectionのCOMオブジェクトを参照します
08: $cn = New-Object -ComObject ADODB.Connection
09:
10: #ADODB.RecordsetのCOMオブジェクトを参照します
11: $rs = New-Object -ComObject ADODB.Recordset
12:
13: #SQL Serverデータベースに接続します
14: $cn.Open($connstr)
15:
```

```
16: #SQLを実行し、結果セットを取得します
17: $rs.Open("SELECT * FROM test.csv", $cn)
18:
19: #結果セットの先頭行を取得します
20: $rs.MoveFirst()
21:
22: #結果セットが終了するまで処理を繰り返します
23: do
24: {
25:    #結果セットから「氏名」フィールドの値を画面に表示します
26:      Write-Host $rs.Fields.Item("氏名").Value
27:
28:    #次の結果セットを取得します
29:      $rs.MoveNext()
30: }
31: until ($rs.EOF -eq $true)
```

CSVファイルをデータベースとして扱う場合、Microsoft.Jetプロバイダを使用します。CSVファイルに接続する場合、データベース接続文字列にはCSVファイルのパスではなく、CSVファイルが存在するフォルダのパスです。また、テーブルに該当するのは、CSVファイル名です。そのため、実行するSQLコマンドのテーブル名には、サンプルスクリプトのようにCSVファイルのファイル名を指定します。

CSVファイルにMicrosoft.Jetプロバイダで接続する場合、CSVファイルの文字コードはシステムのデフォルト文字コード（日本語環境ではShift-JIS）です。CSVファイルの文字コードがUTF-8やUTF-16の場合、文字化けが発生してしまいます。

コンソールウィンドウでユーザーに入力させる

バッチファイルを実行中、コンソールウィンドウでユーザーに文字列を入力させたり、二者択一の選択肢からどちらかを選択してもらうといった操作を促したい場合があります。これらを行うための例をみてみましょう。

まず、コンソール上でユーザーに文字列を入力させる場合は、Read-Hostコマンドレットを使用します。Read-Hostコマンドレットの構文は、次のとおりです。

```
Read-Host message
```

変数・パラメーター	説明
message	コンソール上に表示する文字列

例えば、次のように使用します。

```
> Read-Host "あなたの名前を入力してください。"
あなたの名前を入力してください。:
```

入力カーソルは":"の後ろにありますので、ユーザーは続けて文字列を入力します。

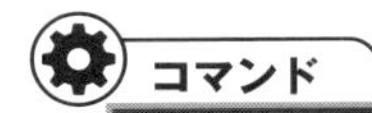

```
> Read-Host "あなたの名前を入力してください。"
あなたの名前を入力してください。: Takayuki.Ikarashi
```

ユーザーが入力した文字列は、変数に格納したり、パイプラインを通して次のコマンドに引き渡すことが可能です。

スクリプト　➡4-0-9_01.ps1

```
01: #ユーザーに文字列の入力を促します
02: $name = Read-Host "あなたの名前を入力してください。"
03:
04: #入力された文字列を表示します
05: Write-Host "あなたの名前は $name ですね。"
06:
07: #10秒間待機します(コマンドレットがすぐに閉じないようにするため)
08: Start-Sleep -s 10
```

実行結果

ユーザーに選択させる

今度は、選択肢を表示してユーザーに選択させる方法について、みてみましょう。選択肢を表示するには、.NETライブラリのSystem.Management.Automation.Host.ChoiceDescriptionクラスを使用します。例をみてみましょう。

スクリプト　➡4-0-10_01.ps1

```
01: #選択肢を作成するための.NETクラス名を指定します
02: $typename = "System.Management.Automation.Host.
    ChoiceDescription"
03:
04: #1つめの選択肢を作成します
05: $apple   = New-Object $typename("&Apple", "リンゴ")
06:
07: #2つめの選択肢を作成します
08: $lemon   = New-Object $typename("&Lemon", "レモン")
09:
10: #3つめの選択肢を作成します
11: $grape   = New-Object $typename("&Grape", "ブドウ")
12:
13: #4つめの選択肢を作成します
14: $nothanks  = New-Object $typename("&No", "要りません")
15:
16: #作成した選択肢を定義します
17: $choice = [System.Management.Automation.Host.
    ChoiceDescription[]]($apple, $lemon, $grape, $nothanks)
18:
19: #作成した選択肢をコンソールウィンドウ上に表示し、選択された内容のインデックス
    を変数に格納します
20: $answer = $host.ui.PromptForChoice("食後の果物", "どれが好みです
    か?", $choice, 0)
21:
22: #選択された内容によってコンソールウィンドウ上に表示する文字を指定します
23: switch ($answer)
24: {
```

25:	0 { Write-Host "リンゴの皮にはポリフェノールが大量に含まれているそうです。" }
26:	1 { Write-Host "レモンのすっぱさはビタミンCとクエン酸が原因です。" }
27:	2 { Write-Host "ブドウにはブドウ糖と果糖が多く含まれています。" }
28:	3 { Write-Host "残念です..." }
29:	}
30:	
31:	#10秒間待機します(コマンドレットがすぐに閉じないようにするため)
32:	Start-Sleep -s 10

実行結果

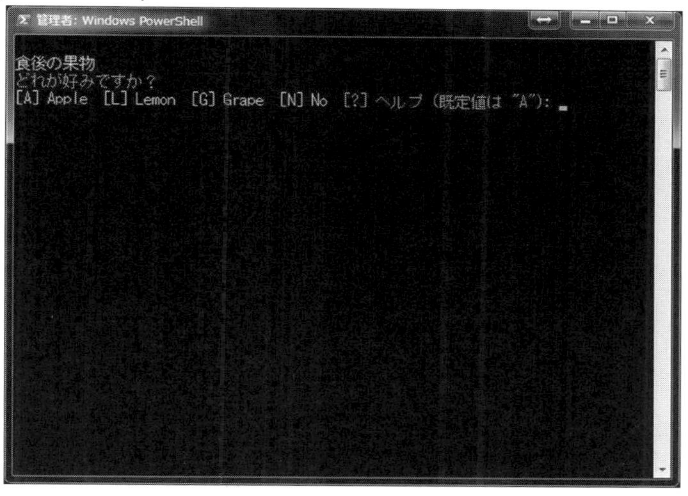

まず、2行目ではSystem.Management.Automation.Host.ChoiceDescriptionのクラス名を変数「$typename」に代入しています。

次に5・8・11・14行目にて、2行目で$typenameに代入したSystem.Management.Automation.Host.ChoiceDescriptionをNew-Objectコマンドレットでインスタンス化し、その際に選択肢の内容と選択肢のヘルプに表示する内容をパラメータに指定します。例えば、5行目の

05:	$apple = New-Object $typename("&Apple", "リンゴ")

の場合、選択肢の内容は「Apple」、選択肢のヘルプの内容は「リンゴ」となります。選択肢の内容の先頭文字列の“&”は、選択肢のショートカットキーです。ショートカットキーを入力、もしくは選択したい内容を入力して[Enter]キーを押下することで、ユーザーは選択肢の内容を選択します。選択肢のヘルプは、「?」を入力して[Enter]キーを押下すると次のように表示されます。

実行結果

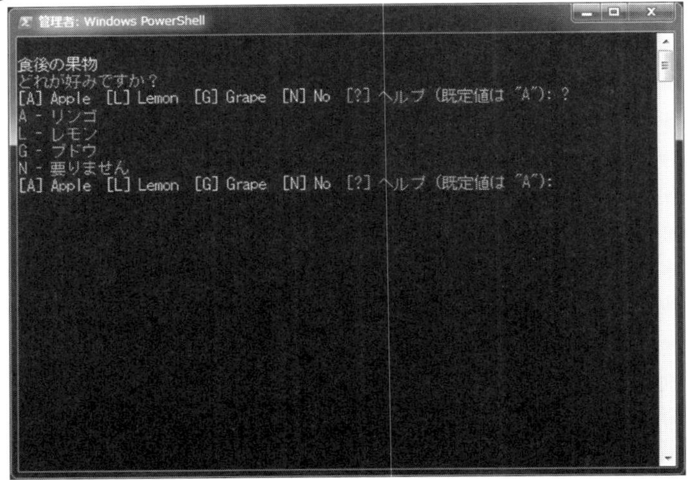

17行目では、作成した選択肢を定義し、そのインスタンスを変数「$choice」に格納しています。

20行目では、選択肢をコンソールウィンドウ上に表示し、ユーザーに選択肢を入力させます。ユーザーの選択肢は、選択肢のインデックスで戻ります。インデックスは、最初の選択肢が0から始まり1つずつ増えます。戻り値のインデックスは、変数「$answer」に格納します。選択肢の既定値は、インデックスが0の内容です。つまり、この場合では「Apple」が既定値となります。

23行目から29行目では、ユーザーが選択した内容に該当するインデックスが格納された変数「$answer」によってコンソール上に表示するメッセージを切り替える処理をしています。

「ファイルを開く」「名前を付けて保存」ダイアログを表示する

本書で紹介するサンプルスクリプトは、例えばファイルの出力先や読み込み対象とするファイルのパスをスクリプト内に固定で埋め込んでいるものがほとんどです。しかし、実業務においてはスクリプトの実行時に出力先や読み込み元のファイルを指定したい場合もあるでしょう。その都度、スクリプトを編集するのは少々面倒です。そのような場合、一般的な「ファイルを開く」「名前を付けて保存」ダイアログをスクリプトから起動させるのが良いでしょう。まずは、「ファイルを開く」ダイアログをPowerShellスクリプトから表示するサンプルスクリプトをみてみましょう。

スクリプト　➡4-0-11_01.ps1

```
01: #System.Windows.Form名前空間を使用します
02: [Void][Reflection.Assembly]::LoadWithPartialName("System.
    Windows.Forms")
03:
04: #「ファイルを開く」ダイアログのインスタンスを生成します
05: $dialog = New-Object Windows.Forms.OpenFileDialog
06:
07: #ダイアログのタイトルを指定します
08: $dialog.Title = "これは、テストです。"
09:
10: #ダイアログで選択可能なファイルの拡張子を指定します
11: $dialog.Filter = "テキストファイル(*.txt)|*.txt"
12:
13: #ダイアログが表示する初期ディレクトリを指定します
14: $dialog.InitialDirectory = "C:¥"
15:
16: #ダイアログを表示します
17: $ret = $dialog.ShowDialog()
18:
19: #ダイアログで「OK」ボタンが押されたのであれば、選択されたファイル名を表示しま
    す
20: if ($ret -eq [System.Windows.Forms.DialogResult]::OK)
21: {
22:     Write-Host 選択されたファイルは、:($dialog.FileName)
23: }
```

実行結果

「ファイルを開く」ダイアログは、.NETライブラリの「System.Windows.Forms.OpenFileDialog」クラスを使用します。2行目でこのクラスが存在する名前空間の使用を宣言し、5行目でOpenFileDialogクラスのインスタンスを生成します。

OpenFileDialogクラスに対して、8行目でダイアログのタイトルを、11行目でダイアログから選択可能な拡張子を、14行目で初期表示するディレクトリを指定し、17行目でダイアログを表示します。ダイアログを表示したら、その時点でスクリプトはダイアログの戻りを待機します。19行目では、ダイアログに「OK」ボタンがクリックされた場合のみ、22行目で選択されたファイル名を画面に表示します。

「名前を付けて保存」ダイアログの場合も、「ファイルを開く」ダイアログの場合と同様、System.Windows.Forms名前空間にあるクラスを使用します。「名前を付けて保存」ダイアログの場合、「SaveFileDialog」クラスを使用します。

スクリプト　➡4-0-11_02.ps1

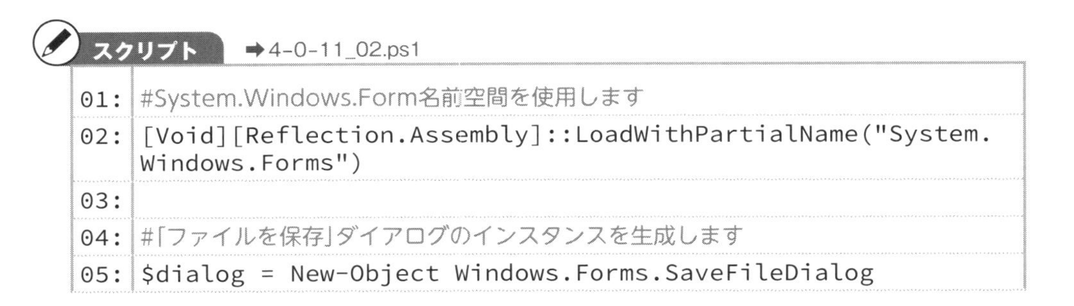

```
01: #System.Windows.Form名前空間を使用します
02: [Void][Reflection.Assembly]::LoadWithPartialName("System.
    Windows.Forms")
03:
04: #「ファイルを保存」ダイアログのインスタンスを生成します
05: $dialog = New-Object Windows.Forms.SaveFileDialog
```

```
06:
07: #ダイアログのタイトルを指定します
08: $dialog.Title = "これは、テストです。"
09:
10: $dialog.Filter = "テキストファイル(*.txt)|*.txt"
11:
12: $dialog.InitialDirectory = "C:¥windows"
13:
14: $dialog.FileName = "新しいファイル.txt"
15:
16: $ret = $dialog.ShowDialog()
17:
18: if ($ret -eq [System.Windows.Forms.DialogResult]::OK)
19: {
20:     Write-Host 保存するファイル名:($dialog.FileName)
21: }
```

実行結果

これらのダイアログについては、関数化して例えばprofile.ps1に記述し、いつでも呼び出せるようにしておくと便利です。

「フォルダを参照」ダイアログを表示する

次は、「フォルダを参照」ダイアログを表示するサンプルです。「フォルダを参照」ダイアログも、「ファイルを開く」「名前を付けて保存」ダイアログ同様、System.Windows.Forms名前空間内のクラスを使用します。「フォルダを参照」ダイアログを表示するためのクラスは、FolderBrowserDialogクラスです。

スクリプト　➡4-0-12_01.ps1

```
01: #System.Windows.Form名前空間を使用します
02: [void][System.Reflection.
    Assembly]::LoadWithPartialName("System.Windows.Forms")
03:
04: #「フォルダを参照」ダイアログのインスタンスを生成します
05: $dialog = New-Object System.Windows.Forms.
    FolderBrowserDialog
06:
07: #ダイアログに表示する文言を指定します
08: $dialog.Description = "フォルダを選択してください"
09:
10: #ダイアログを表示します
11: $ret = $dialog.ShowDialog()
12:
13: #ダイアログで「OK」ボタンが押されたのであれば、選択されたフォルダ名を表示しま
    す
14: if ($ret -eq [System.Windows.Forms.DialogResult]::OK)
15: {
16:    Write-Host $dialog.SelectedPath
17: }
```

実行結果

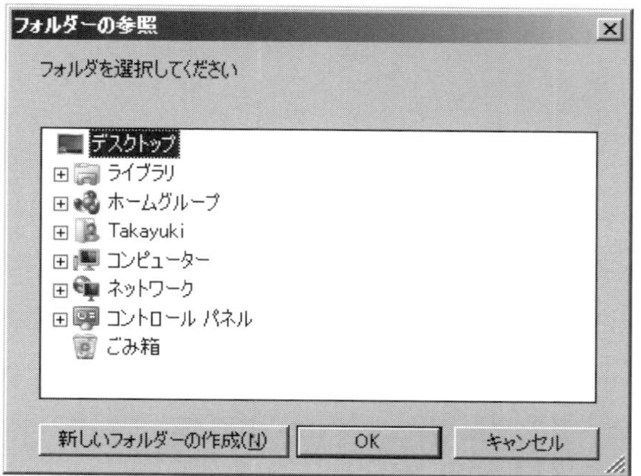

このサンプルスクリプトでは、.NETライブラリを使用して「フォルダを参照」ダイアログを表示する例を示しましたが、WSHでCOMオブジェクトを使用して「フォルダを参照」ダイアログを表示していたように、PowerShellからCOMを利用してダイアログを表示する方法も可能です。

指定したフォルダに存在するすべてのExcelファイルをPDFに変換する

業務において、電子メールでドキュメントの送受信を行う場合、添付するファイルの種類として非常に多く使用されている形式に、PDFファイルがあります。PDFとは、Portable Document Format（ポータブル・ドキュメント・フォーマット）の略で、Acrobat System社が開発した電子文書のためのフォーマットです。PDFは、テキスト文書だけでなく、フォントに関する情報や画像なども1つのファイルに保存しておくことができます。

PDFファイルの作成は、ドライバとして提供されているソフトウェアを経由し、多くはプリンタドライバとして文書を印刷するのと同じ手段でPDFファイルを作成します。つまり、PDFファイルに変換したいファイルを開いて印刷メニューからPDFファイルのドライバに対して印刷し、任意のフォルダにPDFファイルを作成します。そのため、複数のファイルをPDFファイルに変換したい場合、そのファイルを1つずつ開いて印刷するのは、ファイル数によっては結構な手間がかかります。そこで、複数のExcelファイルをまとめてPDFファイルに変換するスクリプトを作成してみました。

このスクリプトは、「C:¥TEMP」フォルダに存在するすべてのExcelファイルからPDFファイルを作成するスクリプトです。作成したスクリプトファイルは、「C:¥TEMP」フォルダに元となるExcelファイルの拡張子を「pdf」に変更したファイル名で保存されます。

スクリプト　➡4-0-13_01.ps1

```
01: #指定したフォルダに存在するすべてのExcelファイルを取得します
02: $xlList = Resolve-Path "C:¥TEMP¥*.xlsx"
03:
04: #取得したExcelファイルのリストから1件ずつPDFファイルを作成します
05: foreach ($xlfile in $xlList)
06: {
07:   #作成するPDFファイルの名前を確定します
08:     $pdffile =  [System.
    IO.Path]::ChangeExtension($xlfile,".pdf")
09:
10:   #PDFファイルを作成します
11:     try
12:     {
13:         XlsToPdf $xlfile $pdffile
14:     }
15:     catch
16:     {
17:     #PDF変換に失敗したファイル名を表示します
18:         Write-Host "失敗: $xlfile"
19:         continue
20:     }
21:
22:   #PDF変換に成功したファイル名を表示します
23:     Write-Host "成功: $xlfile"
24: }
25:
26: #指定されたExcelファイルからPDFファイルを作成します
27: function XlsToPdf($xlFile, $pdfFile)
28: {
```

```
29:   #Excelオブジェクトを生成します
30:     $xl = New-Object -ComObject Excel.Application
31:
32:   #Excelを非表示にします
33:     $xl.Visible = $False
34:
35:   #Excelワークブックを開きます
36:     $wb = $xl.Workbooks.Open($xlFile)
37:
38:   #Excelファイルの出力形式を定義します
39:     $xlFixedFormat ="Microsoft.Office.Interop.Excel.
    xlFixedFormatType" -as [ty]
40:
41:   #ExcelファイルをPDF形式で出力します
42:     $wb.ExportAsFixedFormat($xlFixedFormat::xlTypePDF,
    $pdfFile)
43:
44:   #Excelファイルを閉じます
45:     $wb.Close()
46:
47:   #Excelアプリケーションを終了します
48:     $xl.Quit
49: }
```

少々長めのスクリプトですが、まずは26行目から49行目までに着目してください。この部分は、ExcelファイルからPDFファイルを作成するための関数です。27行目が、関数の開始行です。

関数「XlsToPdf」には、2つのパラメータを指定します。1つめのパラメータには、PDFファイルを作成する元となるExcelファイルのフルパスを指定します。2つめのパラメータには、作成したPDFファイルの出力先のパスを指定します。

30行目では、ExcelアプリケーションのCOMオブジェクトを参照し、33行目ではExcelアプリケーションの操作をバックグラウンドで行うよう、VisibleプロパティにFalseを設定しています。VisibleプロパティにFalseを設定すると、Excelアプリケーションは画面に表示されません。

36行目では、この関数の1つめのパラメータとして指定されたExcelファイルを開き、そのインスタンスを変数「$wb」に格納しています。

39行目では、Excelを出力するための形式を定義するクラスを定義し、42行目では変数「$wb」に格納されているExcelファイルを、この関数の2つめのパラメータに指定されたPDFファイルのパスにPDFファイルとして出力しています。

45行目では、開いていたExcelファイルを閉じ、48行目でExcelアプリケーションを終了しています。

「C:¥TEMP」フォルダに存在するすべてのExcelファイルを取得しているのは、2行目です。Resolve-Pathコマンドレットによって、ワイルドカードで指定された文字列に合致するファイル名を一覧を取得し、変数「$xllist」に格納しています。Resolve-Pathコマンドレットについては、第3章「機能によるコマンドレットとスクリプト」の「ファイルシステム管理」、230ページをご覧ください。

取得したファイルの一覧は、5行目から24行目でファイルを1つずつPDFに変換しています。

8行目では、元となるExcelファイルの名前から拡張子だけを変更し、作成するPDFファイルの名前を取得しています。

13行目では、前述のXlsToPdf関数を実行し、ExcelファイルからPDFファイルを作成しています。これをtry catchで囲うことにより、例外が発生してPDFファイルの作成に失敗した場合は画面上に失敗したファイル名を表示しています。例外が発生せず、PDFファイルの作成に成功した場合は、23行目でそのファイル名を表示しています。

ショートカットを作成する

本書の読者の中に、自社開発のアプリケーションのインストーラーを、VBScriptで開発された方もいることでしょう。自社開発のアプリケーションに必要な環境がインストール先のコンピューターに揃っているかをVBScript側でチェックし、なければ環境を整え、その後必要なコンポーネントの所定のフォルダに配置するなどの処理は、VBScriptなら簡単です。さらに、そのインストーラーでアプリケーションのショートカットをデスクトップに配置することもあるでしょう。

ここでは、PowerShellでファイルのショートカットを作成するサンプルスクリプトを紹介します。PowerShellの場合、VBScriptと違い、スクリプトの実行はPowerShellの初期設定では不可能であるため、PowerShellスクリプトをインストーラーとして使用されることは少ないかと思いますが、それでもシステム管理者の場合、全社員のパソコンのデスクトップに共有フォルダのショートカットを作成するといったケースにPowerShellを使用することが考えれます。

下のサンプルスクリプトは、Windows標準のメモ帳（notepad.exe）のショートカットをデスクトップに作成するためのスクリプトです。

スクリプト ➡4-3-14_01.ps1

```
01: #COMオブジェクト(WScript.Shell)を生成します
02: $shell = New-Object -ComObject WScript.Shell
03:
04: #デスクトップのパスを取得します
05: $dskPath = [Environment]::GetFolderPath("Desktop")
06:
07: #作成するショートカットのパスを取得します
08: $srtPath = $dskPath + "¥テスト.lnk"
09:
10: #ショートカットのオブジェクトを生成します
11: $shortcut = $shell.CreateShortcut($srtPath)
12:
13: #メモ帳のパスを取得します
14: $npdPath = $env:SystemRoot + "¥System32¥notepad.exe"
15:
16: #ショートカットのパスを指定します
17: $shortcut.TargetPath = $npdPath
18:
19: #ショートカットの属性を指定します
20: $shortcut.Arguments = "C:¥TEMP¥test.txt"
21:
22: #ショートカットを作成します
23: $shortcut.Save()
```

このスクリプトを実行すると、「C:¥TEMP」フォルダの「test.txt」ファイルをメモ帳で開くためのショートカットを、「テスト」という名前でデスクトップ上に作成します。

2行目では、WScript.ShellのCOMオブジェクトを参照し、そのオブジェクトを変数「$shell」に格納しています。

5行目でデスクトップのパスを取得し、8行目で作成するショートカットの名前を決定しています。

ショートカットの実態は、拡張子が「lnk」のファイルです。この「lnk」ファイルを開くことで、リンク先のファイルを起動します。ショートカットファイルの名前を決定したら、今度はショートカットのオブジェクトを生成します。ショートカットのオブジェクトは、WScript.ShellのCreateShortcutメソッドを実行して生成します。CreateShortcutメソッドには、作成するショートカットのファイルパスをパラメータとして指定します。ショートカットのオブジェクトを生成したら、今度はそのオブジェクトのプロパティを設定するためのデータを収集します。まずは、ショートカットを開いたときに起動するアプリケーションを指定します。

14行目では、メモ帳アプリケーションの実体である「notepad.exe」のパスを取得し、17行目でショートカットオブジェクトのTargetPathプロパティにセットしています。

20行目では、そのショートカットのリンク先である「C:¥TEMP¥test.txt」を、Argumentsプロパティにセットしています。

ショートカットオブジェクトのプロパティをセットし終えたら、23行目にてSaveメソッドを実行し、ショートカットをファイルとして保存します。

コンピューターに関する様々な情報を取得する

システム管理の業務では、どの社員のパソコンにどのようなアプリケーションがインストールされているかだとか、ドライブの空き容量はひっ迫していないか、搭載しているメモリは今後導入予定のシステムの推奨スペックを満たしているかなどを、すべての社員のパソコンにて調査が必要となってくる場合もあります。これらの作業をすべての社員のパソコンで1台ずつ調査していたのでは、かなりの時間と労力が必要となってきます。

そのような場合、これらのようなコンピューターに関する情報を取得するスクリプトを作成しておき、それを自動的に取得することができれば、はるかに作業が楽になります。

社内のコンピューターがドメイン管理されているのであれば、ユーザーがWindowsにログインする際に共有フォルダにシステム情報をテキストファイルとして吐き出すスクリプトを実行させるだとか、ドメイン管理されていない場合でも各ユーザーのスタートアップにスクリプトのショートカットを送り込み、同様にWindowsログイン時にテキストファイルを収集するといった方法が考えられます。

スクリプトを実行する方法についてはさておき、これらコンピューターに関する情報をPowerShellから取得する方法について、ここで説明します。

コンピューターに関する情報は、WMI（Windows Management Instrumentation）を利用します。WMIとは、Windows OSを管理するためのインターフェイスです。PowerShellでは、WMIから必要なデータを取得するためのGet-WmiObjectコマンドレットが用意されており、前述のようなコンピューターに関する情報は、すべてGet-WmiObjectコマンドレットで取得することが可能です。

Get-WmiObjectコマンドレットの構文は、次のとおりです。

```
Get-WmiObject WMIClassName
```

変数・パラメーター	説明
WMIClassName	取得するWMIクラス名

上記構文にて、WMIClassNameに指定できる文字列のリストは、以下のコマンドで確認できます。

コマンド

```
> Get-WmiObject -List


  NameSpace: ROOT¥CIMV2

Name                                Methods              Properties
----                                -------              ----------
__SystemClass                       {}                   {}
__thisNAMESPACE                     {}                   {SECURITY_DESCRIPTOR}
__NAMESPACE                         {}                   {Name}
__Provider                          {}                   {Name}
__Win32Provider                     {}                   {ClientLoadableCLSID,
CLSID, Concurrency,...
__ProviderRegistration              {}                   {provider}
__EventProviderRegistration         {}                   {EventQueryList,
provider}
__ObjectProviderRegistration        {}                   {InteractionType,
provider, QuerySupportL...
__ClassProviderRegistration         {}                   {CacheRefreshInterval,
InteractionType, P...
__InstanceProviderRegistration      {}                   {InteractionType,
provider, QuerySupportL...
__MethodProviderRegistration        {}                   {provider}
```

```
__PropertyProviderRegistration      {}                    {provider, SupportsGet,
SupportsPut}
__EventConsumerProviderRegistration {}                    {ConsumerClassNames,
provider}
__IndicationRelated                 {}                    {}
__EventFilter                       {}                    {CreatorSID,
EventAccess, EventNamespace,...
__EventConsumer                     {}                    {CreatorSID,
MachineName, MaximumQueueSize}
__FilterToConsumerBinding           {}                    {Consumer, CreatorSID,
DeliverSynchronous...
__AggregateEvent                    {}                    {NumberOfEvents,
Representative}
__TimerNextFiring                   {}                    {NextEvent64BitTime,
TimerId}
__Event                             {}                    {SECURITY_DESCRIPTOR,
TIME_CREATED}
__ExtrinsicEvent                    {}                    {SECURITY_DESCRIPTOR,
TIME_CREATED}
Win32_DeviceChangeEvent             {}                    {EventType, SECURITY_
DESCRIPTOR, TIME_CRE...
Win32_SystemConfigurationChangeE... {}                    {EventType, SECURITY_
DESCRIPTOR, TIME_CRE...
Win32_VolumeChangeEvent             {}                    {DriveName, EventType,
SECURITY_DESCRIPTO...
MSFT_WMI_GenericNonCOMEvent         {}                    {ProcessId,
PropertyNames, PropertyValues...
MSFT_NCProvEvent                    {}                    {Namespace,
ProviderName, Result, SECURIT...
MSFT_NCProvCancelQuery              {}                    {ID, Namespace,
ProviderName, Result...}
MSFT_NCProvClientConnected          {}                    {Inproc, Namespace,
ProviderName, Result...}
MSFT_NCProvNewQuery                 {}                    {ID, Namespace,
ProviderName, Query...}
MSFT_NCProvAccessCheck              {}                    {Namespace,
ProviderName, Query, QueryLan...
...以下略
```

本書では、Get-WmiObjectコマンドレットの例として、次の3つのコンピューター情報を取得するサンプルを作成しました。

- 物理メモリの取得
- ディスク容量の取得
- インストール済みアプリケーションの取得

この他にも、BIOSの情報やCPUの情報などといった物理的な情報や、共有フォルダやドメインに関する情報といった論理的な情報もGet-WmiObjectコマンドレットによって取得することができます。

物理メモリを取得する

物理メモリを取得する場合は、Get-WmiObjectコマンドレットにWin32_PhysicalMemoryを指定します。

スクリプト ➡4-0-16_01.ps1

```
01: #調査するコンピューター名を定義します
02: $computerName = "[コンピューター名]"
03:
04: #物理メモリを取得します
05: Get-WmiObject Win32_PhysicalMemory -ComputerName
    $computerName | Format-List Name, Capacity
```

実行結果

```
Name     : 物理メモリ
Capacity : 2147483648
```

本書の例では、NameプロパティとCapacityプロパティから値を取得しています。

Win32_PhysicalMemoryクラスによって取得できるプロパティの種類は、以下のサイトに掲載されています。

● Win32_PhysicalMemory class

http://msdn.microsoft.com/en-us/library/aa394347(v=vs.85).aspx

ディスク容量を取得する

ディスク容量を取得する場合は、Get-WmiObjectコマンドレットにWin32_LogicalDiskを指定します。

スクリプト　➡4-0-16_02.ps1

```
01: #調査するコンピューター名を定義します
02: $computerName = "[コンピューター名]"
03:
04: #ディスク容量を取得します
05: Get-WmiObject Win32_LogicalDisk -ComputerName
    $computerName | Format-List DeviceID, Size, FreeSpace
```

実行結果

```
DeviceID  : C:
Size      : 111510810624
FreeSpace : 28625895424

DeviceID  : D:
Size      : 32476491776
FreeSpace : 24646512640

DeviceID  : E:
Size      :
FreeSpace :

DeviceID  : H:
Size      :
FreeSpace :
```

本書の例では、DeviceIDプロパティとSizeプロパティとFreeSpaceプロパティから値を取得しています。Win32_LogicalDiskクラスによって取得できるプロパティの種類は、以下のサイトに掲載されています。

- Win32_LogicalDisk class
  http://msdn.microsoft.com/en-us/library/aa394173%28v=vs.85%29.aspx

インストール済みアプリケーションを取得する

インストール済みアプリケーションを取得する場合は、Get-WmiObjectコマンドレットにWin32_Productを指定します。

スクリプト ➡4-C-16_03.ps1

```
01: #調査するコンピューター名を定義します
02: $computerName = "[コンピューター名]"
03:
04: #インストール済みアプリケーションを取得します
05: Get-WmiObject Win32_Product -ComputerName $computerName
```

実行結果

```
IdentifyingNumber : {6F73D954-67A5-4F8C-BC5D-797534C03F21}
Name              : EPSON APD5 PrinterReg for TM-T88V
Vendor            : SEIKO EPSON CORPORATION
Version           : 5.01.0.0
Caption           : EPSON APD5 PrinterReg for TM-T88V

IdentifyingNumber : {C5820FF9-A0F6-3069-9CCD-5F4E0E5394A2}
Name              : Microsoft Help Viewer 1.0 Language Pack - JPN
Vendor            : Microsoft Corporation
Version           : 1.0.30319
Caption           : Microsoft Help Viewer 1.0 Language Pack - JPN
```

```
IdentifyingNumber : {59FEFE3F-8119-457C-A4EE-CF24202DD9D2}
Name              : Visual Basic 6.0 SP6 ランタイムライブラリ 第4版
Vendor            : NTSOFT
Version           : 1.0.0.4
Caption           : Visual Basic 6.0 SP6 ランタイムライブラリ 第4版

IdentifyingNumber : {90120000-0020-0411-0000-0000000FF1CE}
Name              : 2007 Office system 互換機能パック
Vendor            : Microsoft Corporation
Version           : 12.0.6612.1000
Caption           : 2007 Office system 互換機能パック

IdentifyingNumber : {90120000-0016-0411-0000-0000000FF1CE}
Name              : Microsoft Office Excel MUI (Japanese) 2007
Vendor            : Microsoft Corporation
Version           : 12.0.6612.1000
Caption           : Microsoft Office Excel MUI (Japanese) 2007

...以下略
```

Win32_Productクラスによって取得できるプロパティの種類は、以下のサイトに掲載されています。

- Win32_Product class
  http://msdn.microsoft.com/en-us/library/aa394378%28v=vs.85%29.aspx

PowerShellでGrepするには

UNIX系のオペレーティングシステムには、テキスト検索のコマンドとして「grep」というコマンドがあります。Windowsユーザーにも有名なコマンドで、有償のテキストエディタである「秀丸」にもメニューの中にテキスト検索のための「grep」というメニューがあります。grepコマンドは、指定したフォルダに存在する複数のテキストファイルに対し、一気に文字列検索を行う便利なコマンドです。

PowerShellでgrepコマンドに代替するコマンドとして、Select-Stringコマンドレットがあります。Select-Stringコマンドレットについては、第2章で簡単に触れましたが、もう少し詳しくみてみましょう。

例えば、「C:¥TEMP」フォルダに存在するすべての拡張子が「txt」であるすべてのファイルに対して文字列検索を行うには、次のようにします。

```
> Select-String -Path "C:¥TEMP¥*.txt" -Pattern "hoge" -Encoding default

C:¥TEMP¥test01.txt:1:My Name is hoge.
C:¥TEMP¥test02.txt:2:Your Name is hoge.
```

テキストファイルの読み込みの際、文字コードの指定には注意してください。上記のコマンドの場合、文字コードには“default”、つまり日本語環境ではShift-JISのテキストファイルを読み込む場合です。Shift-JIS以外の文字コードで保存されているテキストファイルの場合、文字化けが発生してしまいます。そのため、検索文字列に日本語を含んでいる場合、-Encodingオプションに指定した文字コードで保存されているテキストファイルしか正常な検索が行われません。

上記コマンドの場合、サブフォルダに含まれるテキストファイルまでは検索の対象となりませんが、サブフォルダも含めて検索の対象としたい場合は、次のようにします。

コマンド

```
> cd "C:¥TEMP¥"
> dir -Recurse -Filter "*.txt" | Select-String -Pattern "hoge" -Encoding default

test01.txt:1:My Name is hoge.
test02.txt:2:Your Name is hoge.
新しいフォルダー¥test_sub01.txt:1:This is a hoge.
新しいフォルダー¥test_sub02.txt:2:That is a hoge.
```

複数のSelect-Stringコマンドをパイプラインで結合することにより、指定した文字列をすべて含む行のみを取得することもできます(AND検索)。

コマンド

```
> Select-String "hoge" *.txt | Select-String "My"

test01.txt:1:My Name is hoge.
```

-Patternに複数の文字列を指定した場合、それらの文字列を含むテキストファイルが抽出対象となります(OR検索)。

コマンド

```
> Select-String -Path "C:¥TEMP¥*.txt" -Pattern "foo", "bar" -Encoding default

test01.txt:2:Your Name is foo.
test01.txt:3:His Name is bar.
test02.txt:1:My Name is bar.
test02.txt:3:His Name is foo.
```

-NotMatchを指定することで、その文字列を含まない行を抽出することもできます(NOT検索)。

コマンド

```
> Select-String -Path "*.txt" -NotMatch -Pattern "foo", "bar"

test01.txt:1:My Name is hoge.
test02.txt:2:Your Name is hoge.
```

ファイル名のみを取得したい場合は、Select-Stringコマンドレットの実行結果を、Select-ObjectコマンドレットとGet-Uniqueコマンドレットでパイプ結合します。

付録：1
代表的なSQL

SQLは、データベースの世界におけるもっとも標準的な言語です。データベースの種類によって多少の方言はあるものの、ANSI（American National Standards Institute：アメリカ規格協会）によって標準化されています。

SQLの言語仕様は単純明快です。データ操作に限っていえば、基本的な命令は次の4つしかありません。

- データベースからデータを取得する（SELECTコマンド）
- データベースにデータを追加する（INSERTコマンド）
- データベースのデータを更新する（UPDATEコマンド）
- データベースのデータを削除する（DELETEコマンド）

これら4種類の基本的なSQLコマンドのことを、DML（Data Manipulation Language：データ操作言語）といいます。

SELECTコマンドは、一番基本的な構文です。

SELECTコマンドの後ろにフィールド名を指定し、FROM句の後ろにテーブル名を指定することで、テーブルからデータを取得することができます。また条件（WHERE句）を付けて、取得するレコードを絞り込むことが可能です。

構文

```
SELECT fieldName [, fieldName ...]
FROM tableName [, tableName ...]
[WHERE expression]
```

変数・パラメーター	説明
fieldName	フィールド名
tableName	テーブル名
expression	条件式

フィールド名は、カンマ(,)区切りで複数指定することができます。また、フィールド名の代わりにアスタリスク(*)を指定すると、すべてのフィールドを取得することができます。WHERE句は省略することができます。その場合、すべてのレコードが取得されます。

テーブルにデータを追加するには、INSERTコマンドを使用します。

テーブル名の後ろにデータを追加するフィールド名を、VALUES句の後ろに追加するデータを指定します。

構文

```
INSERT INTO tableName
(fieldName [, fieldName ...]) VALUES
(value [, value ...])
```

変数・パラメーター	説明
tableName	テーブル名
fieldName	フィールド名
value	値

INSERTコマンドでは、フィールド名の指定を省略することができます。その場合、テーブルに定義されたフィールドの順番で、追加する値を指定します。

既存データを更新するには、UPDATEコマンドを使用します。

変更したいフィールドを指定し、また条件(WHERE句)を付けて更新するレコードを絞り込みます。

構文

```
UPDATE tableName
SET fieldName = value [, fieldName = value ...]
[WHERE expression]
```

変数・パラメーター	説明
tableName	テーブル名
fieldName	フィールド名
value	値
expression	条件式

WHERE句は省略することができ、その場合はすべてのレコードが更新の対象となります。

既存データを削除するには、DELETEコマンドを使用します。

```
DELETE FROM tableName
[WHERE expression]
```

変数・パラメーター	説明
tableName	テーブル名
expression	条件式

WHERE句を省略すると、すべてのレコードがテーブルから削除されます。

付録：2
PowerShellコンソールウィンドウのショートカットキー

PowerShellコンソールウィンドウには、様々なショートカットキーが存在します。テキストエディタと違い、プロンプトの入力画面は些か入力が不便ですので、幾つか覚えておくと入力の手助けとなるでしょう。

ショートカットキー	内容
↑キー	コマンド履歴を新しい方から古い方に向かってさかのぼります。
↓キー	コマンド履歴を古い方から新しい方に向かって進みます。
PageUp キー	コマンド履歴における最初のコマンドを表示します。
PageDown キー	コマンド履歴における最後のコマンドを表示します。
←キー	コマンド ラインで、カーソルを 1 文字分だけ左に移動します。
→キー	コマンド ラインで、カーソルを 1 文字分だけ右に移動します。
Home キー	カーソルをコマンド ラインの先頭に移動します。
End キー	カーソルをコマンド ラインの末尾に移動します。
Ctrl + ←キー	コマンド ラインで、カーソルを "単語" 1 つ分だけ左に移動します。
Ctrl + →キー	コマンド ラインで、カーソルを "単語" 1 つ分だけ右に移動します。
Ctrl + C キー	現在のコマンドをキャンセルします。
F2 キー	最後に入力したコマンド ラインの一部から、新しいコマンド ラインを作成します。
F3 キー	最後に入力したコマンドを表示します。
F4 キー	現在のカーソル位置から指定した文字までを削除します。
F5 キー	↑キーのように、コマンド履歴を新しい方から古い方に向かってさかのぼります。
F7 キー	コマンド履歴からコマンドを選択できるダイアログ ボックスを表示します。
F8 キー	コマンド履歴を新しい方から古い方にさかのぼりますが、コマンド プロンプトで入力したテキストと一致するコマンドのみを表示します。
F9 キー	コマンド履歴から、特定のコマンドを実行できます。

付録：3

PowerShell ISEのショートカットキー

　メモ帳のようなテキストエディタと同様に、PowerShell ISEでもコピーや貼り付けといった一般的なショートカットキーを使用することができます。また、Microsoft製品のC#やVBの開発環境と同様、F5キー押下によるプログラムの実行やF9キー押下によるブレイクポイントの設定・解除などのショートカットキーも健在です。

■テキストを編集するためのキーボード ショートカット

　テキストを編集するときに次のキーボード ショートカットを使用できます。

アクション	キーボード ショートカット	使用する場所
コピー	Ctrl + C	スクリプト ペイン、コマンド ペイン、出力ペイン
切り取り	Ctrl + X	スクリプト ペイン、コマンド ペイン
スクリプト内を検索	Ctrl + F	スクリプト ペイン
スクリプト内で次を検索	F3	スクリプト ペイン
スクリプト内で前を検索	Shift + F3	スクリプト ペイン
貼り付け	Ctrl + V	スクリプト ペイン、コマンド ペイン
やり直し	Ctrl + Y	スクリプト ペイン、コマンド ペイン
スクリプト内で置換	Ctrl + H	スクリプト ペイン
保存	Ctrl + S	スクリプト ペイン
すべて選択	Ctrl + A	スクリプト ペイン、コマンド ペイン、出力ペイン
取り消し	Ctrl + Z	スクリプト ペイン、コマンド ペイン

■スクリプトを実行するためのキーボード ショートカット

スクリプト ペインでスクリプトを実行するときに次のキーボード ショートカットを使用できます。

アクション	キーボード ショートカット
新規作成	Ctrl + N
開く	Ctrl + O
実行	F5
選択項目を実行	F8
実行を中止	Ctrl + Break。コンテキストが明確である (テキストが選択されていない) 場合には、Ctrl + C も使用できます。
タブ移動 (次のスクリプトへ)	Ctrl + Tab **注意事項:** 次のスクリプトへのタブ移動は、1 つの PowerShell タブが開いている場合、またはスクリプト ペインにフォーカスがあるときに複数の PowerShell タブが開いている場合に有効です。
タブ移動 (前のスクリプトへ)	Ctrl + Shift + Tab **注意事項:** 前のスクリプトへのタブ移動は、1 つの PowerShell タブが開いている場合、またはスクリプト ペインにフォーカスがあるときに複数の PowerShell タブが開いている場合に有効です。

■表示をカスタマイズするためのキーボード ショートカット

Windows PowerShell ISE で表示をカスタマイズするときに次のキーボード ショートカットを使用できます。アプリケーションのすべてのペインから利用可能です。

アクション	キーボード ショートカット
コマンド ペインに移動	Ctrl + D
出力ペインに移動	Ctrl + Shift + O
スクリプト ペインに移動	Ctrl + I
スクリプト ペインの表示	Ctrl + R
スクリプト ペインの非表示	Ctrl + R
スクリプト ペインを上へ移動	Ctrl + 1
スクリプト ペインを右へ移動	Ctrl + 2
スクリプト ペインの最大表示	Ctrl + 3
拡大	Ctrl + プラス記号
縮小	Ctrl + マイナス記号

■スクリプトをデバッグするためのキーボード ショートカット

スクリプトをデバッグするときに次のキーボード ショートカットを使用できます。

アクション	キーボード ショートカット	使用する場所
実行/続行	F5	スクリプト ペイン(スクリプトのデバッグ時)
ステップ イン	F11	スクリプト ペイン(スクリプトのデバッグ時)
ステップ オーバー	F10	スクリプト ペイン(スクリプトのデバッグ時)
ステップ アウト	Shift + F11	スクリプト ペイン(スクリプトのデバッグ時)
呼び出し履歴の表示	Ctrl + Shift + D	スクリプト ペイン(スクリプトのデバッグ時)
ブレークポイントの一覧を表示	Ctrl + Shift + L	スクリプト ペイン(スクリプトのデバッグ時)
ブレークポイントの設定/解除	F9	スクリプト ペイン(スクリプトのデバッグ時)
すべてのブレークポイントを削除	Ctrl + Shift + F9	スクリプト ペイン(スクリプトのデバッグ時)
デバッガーの停止	Shift + F5	スクリプト ペイン(スクリプトのデバッグ時) 注意事項: Windows PowerShell ISE でスクリプトをデバッグするときに、Windows PowerShell コンソール用に指定されたキーボード ショートカットを使用することもできます。それらのショートカットを使用するには、コマンド ペインでショートカットを入力してから Enter キーを押します。
続行	C	コマンド ペイン(スクリプトのデバッグ時)
ステップ イン	S	コマンド ペイン(スクリプトのデバッグ時)
ステップ オーバー	V	コマンド ペイン(スクリプトのデバッグ時)
ステップ アウト	O	コマンド ペイン(スクリプトのデバッグ時)
最後のコマンドを繰り返す(ステップ インまたはステップ オーバーで使用)	Enter	コマンド ペイン(スクリプトのデバッグ時)
呼び出し履歴の表示	K	コマンド ペイン(スクリプトのデバッグ時)
デバッグの停止	Q	コマンド ペイン(スクリプトのデバッグ時)
スクリプトの一覧を表示	L	コマンド ペイン(スクリプトのデバッグ時)
コンソールのデバッグ コマンドの表示	H または ?	コマンド ペイン(スクリプトのデバッグ時)

■ Windows PowerShell タブのためのキーボード ショートカット

Windows PowerShell タブを使用するときに次のキーボード ショートカットを使用できます。

アクション	キーボード ショートカット
PowerShell タブを閉じる	Ctrl + W
PowerShell タブの新規作成	Ctrl + T
前の PowerShell タブ	Ctrl + Shift + Tab。このショートカットは、PowerShell タブでファイルが開かれていない場合にのみ有効です。
次の Windows PowerShell タブ	Ctrl + Tab。このショートカットは、PowerShell タブでファイルが開かれていない場合にのみ有効です。

■ 開始と終了のキーボード ショートカット

次のキーボード ショートカットを使用して、Windows PowerShell コンソール (PowerShell.exe) を起動または Windows PowerShell ISE を終了できます。

アクション	キーボード ショートカット
終了	Alt + F4
PowerShell.exe を起動 (Windows PowerShell コンソール)	Ctrl + Shift + P

出典：http://technet.microsoft.com/ja-jp/library/dd819497.aspx

付録：4

PowerShellで使用されている動詞の一覧

PowerShellの特徴の1つとして、コマンドの推測のしやすさを挙げることができます。

では、実際、PowerShellで使用されている動詞には、どのようなものがあるのでしょうか。

PowerShellで使用されている動詞を確認するには、次のコマンドを実行します。

```
> Get-Verb

Verb        Group
----        -----
Add         Common
Clear       Common
Close       Common
Copy        Common
Enter       Common
Exit        Common
Find        Common
Format      Common
Get         Common
Hide        Common
Join        Common
Lock        Common
Move        Common
New         Common
Open        Common
Optimize    Common
Pop         Common
Push        Common
Redo        Common
Remove      Common
Rename      Common
Reset       Common
Resize      Common
Search      Common
Select      Common
Set         Common
Show        Common
```

```
Skip        Common
...以下、略
```

さらに、どのような動詞の使用頻度が高いのかを調べるには、次のコマンドを実行します。

```
> Get-Command | Group-Object verb | Select-Object Count, Name | Sort Count
-Descending

Count Name
----- ----
  174
   46 Get
   19 Set
   17 New
   14 Remove
    8 Export
    8 Write
    7 Import
    7 Out
    6 Clear
    6 Start
    6 Invoke
    6 Add
    5 Stop
    5 Test
    5 Enable
    4 Format
    4 ConvertTo
    4 Disable
    4 Register
    3 Select
    3 ConvertFrom
    3 Update
    3 Wait
    2 Unregister
    2 Rename
    2 Copy
    2 Move
    2 Restart
    2 Measure
    1 Show
    1 Where
    1 Send
    1 Pop
    1 Suspend
    1 Tee
    1 Undo
```

```
  1 Use
  1 Sort
  1 Split
  1 Trace
  1 Resume
  1 ForEach
  1 Connect
  1 Group
  1 Complete
  1 Exit
  1 Debug
  1 Convert
  1 Enter
  1 Disconnect
  1 Join
  1 Reset
  1 Checkpoint
  1 Restore
  1 Resolve
  1 Receive
  1 Compare
  1 Limit
  1 Read
  1 Push
```

やはり、圧倒的に多いのが「Get」と「Set」、さらにオブジェクトを生成するための「New」と破棄するための「Remove」、追加するための「Add」、活性非活性を切り替える「Enable」「Disable」が上位に並んでいます。

動詞のランキングを取得するコマンドは、「ダッチノート」さんのブログからいただきました。

● メソッド名ランキング
http://blogs.wankuma.com/youryella/archive/2007/06/17/81020.aspx

付録：5
.NETの主な例外について

■ .NET の主な例外について

以下の表は、事前定義の例外クラス、その発生原因、およびその派生クラスをまとめたものです。

例外クラス	スローされるタイミング	派生クラス
AppDomainUnloadedException	アンロードされたアプリケーション ドメインにアクセスしようとしたとき	なし
ArgumentException	メソッドに渡された引数が 1 つ以上無効であるとき	ArgumentNullException ArgumentOutOfRangeException
		ComponentModel.InvalidEnumArgumentException
		DuplicateWaitObjectException
ArithmeticException	演算処理、キャスト、または変換処理でエラーが発生したとき	DivideByZeroException NotFiniteNumberException
		OverflowException
ArrayTypeMismatchException	配列内で不正な型の要素を保存しようとしたとき	なし
BadImageFormatException	DLL または実行可能プログラムのファイル イメージが無効なとき	なし
CannotUnloadAppDomainException	アプリケーション ドメインのアンロードに失敗したとき	なし
ComponentModel.Design.SerializationCodeDomSerializerException	シリアル化エラーの行番号情報が存在するとき	なし

例外クラス	スローされるタイミング	派生クラス
ComponentModel.LicenseException	コンポーネントにライセンスを許可できないとき	なし
ComponentModel.WarningException	例外がエラーではなく、警告として処理されたとき	なし
Configuration. ConfigurationException	構成の設定でエラーが発生したとき	なし
Configuration.Install.InstallException	インストールのコミット、ロールバック、またはアンインストールの段階でエラーが発生したとき	なし
ContextMarshalException	コンテキストの境界をまたいだ、1 つのオブジェクトに対するマーシャリングが失敗したとき	なし
Data.DataException	ADO.NET コンポーネントにより、エラーが生成されたとき	Data.ConstraintException Data.DeletedRowInaccessibleException Data.DuplicateNameException Data.InRowChangingEventException Data.InvalidConstraintException Data.InvalidExpressionException Data.MissingPrimaryKeyException Data.NoNullAlllowedException Data.ReadOnlyException Data.RowNotInTableException Data.StringTypingException Data.TypedDataSetGeneratorException Data.VersionNotFoundException
Data.DBConcurrencyException	更新処理の結果、更新された行がないことを DataAdapter が検知したとき	なし
Data.SqlClient.SqlException	SQL Server が警告またはエラーを返したとき	なし
Data.SqlTypes.SqlTypeException	Data.SqlTypes の基本例外クラス	Data.SqlTypes.SqlNullValueException Data.SqlTypes.SqlTruncateException

例外クラス	スローされるタイミング	派生クラス
Drawing.Printing.InvalidPrinterException	無効なプリンタ設定でプリンタにアクセスしようとしたとき	なし
EnterpriseServices.RegistrationException	登録エラーが検出されたとき	なし
EnterpriseServices.ServicedComponentException	サービス コンポーネントでエラーが検出されたとき	なし
ExecutionEngineException	共通言語ランタイムの実行エンジンで内部エラーが発生したとき	なし
FormatException	引数の形式が、呼び出されたメソッドのパラメータ仕様を満たさないとき	Net.CookieException Reflection.CustomAttributeFormatException UriFormatException
IndexOutofRangeException	配列範囲外のインデックスを使用して配列の要素にアクセスしようとしたとき	なし
InvalidCastException	無効なキャストまたは明示的な変換を実行したとき	なし
InvalidOperationException	オブジェクトの現在の状態では、メソッドの呼出しが無効なとき	Net.ProtocolViolationException Net.WebException ObjectDisposedException
InvalidProgramException	プログラムに無効な Microsoft 中間言語またはメタデータが含まれているとき	なし
IO.InternalBufferOverflowException	内部バッファでオーバーフローが発生したとき	なし
IO.IOException	I/O エラーが発生したとき	IO.DirectoryNotFoundException IO.EndOfStreamException IO.FileLoadException IO.FileNotFoundException IO.PathTooLongException
Management.ManagementException	管理エラーが発生したとき	なし

例外クラス	スローされるタイミング	派生クラス
MemberAccessException	クラス メンバへのアクセスに失敗したとき	FieldAccessException MethodAccessException MissingFieldException MissingMemberException MissingMethodException
MulticastNotSupportedException	NULL 参照ではないオペランドを持つ、組合せ不可能な代理タイプ 2 つを結合しようとしたとき	なし
NotImplementedException	要求されたメソッドまたは操作が実装されていないとき	なし
NotSupportedException	呼び出したメソッドがサポートされていないとき、または呼び出した機能をサポートしないストリームに対する読み取り、検索、または書き込みを実行しようとしたとき	PlatformNotSupportedException
NullReferenceException	NULL オブジェクト参照を解除しようとしたとき	なし
OutOfMemoryException	プログラムの実行を完了するためのメモリが不足しているとき	なし
RankException	間違った次元数の配列がメソッドに渡されたとき	なし
Reflection.AmbiguousMatchException	バインド条件に合致した複数メソッドで、いずれかのメソッド結果にバインドしたとき	なし

例外クラス	スローされるタイミング	派生クラス
Reflection.ReflectionTypeLoadException	モジュール内の 1 つ以上のクラスが読み込めないことを、Module.GetTypes メソッドが検知したとき	なし
Resources.MissingManifestResourceException	メイン アセンブリにニュートラル カルチャのリソースが含まれていないにもかかわらず、適切なサテライト アセンブリがないためにそのリソースが要求されたとき	なし
Runtime.InteropServices.ExternalException	COM 相互運用機能の例外と構造化例外処理の例外に対する基本例外タイプ	ComponentModel.Design.CheckoutException ComponentModel.Win32Exception
		Data.OleDb.OleDbException
		Messaging.MessageQueueException
		Runtime.InteropServices.COMException
		Runtime.InteropServices.SEHException
		Web.HttpException
Runtime.InteropServices.InvalidComObjectException	無効な COM オブジェクトが使用されたとき	なし
Runtime.InteropServices.InvalidOleVariantTypeException	Marshaler が、マネージ コードにマーシャリングできない変数タイプの引数を検出したとき	なし
Runtime.InteropServices.MarshalDirectiveException	Marshaler が、サポートしていない MarshalAsAttribute を検出したとき	なし
Runtime.InteropServices.SafeArrayRankMismatchException	受信した SAFEARRAY の順位が、マネージされたサインで指定されている順位と合致しないとき	なし

例外クラス	スローされるタイミング	派生クラス
Runtime.InteropServices.SafeArrayTypeMismatchException	受信したSAFE ARRAYのタイプが、マネージされたサインで指定されているタイプと合致しないとき	なし
Runtime.Remoting.RemotingException	リモート処理でエラーが発生したとき	Runtime.Remoting.RemotingTimeOutException
Runtime.Remoting.ServerException	クライアントが、例外をスローできない.NET framework 以外のアプリケーションと接続して、例外と通信した場合に使用	なし
Runtime.Serialization.SerializationException	シリアル化またはシリアル解除中にエラーが発生したとき	なし
Security.Crytography.CryptographicException	暗号処理中にエラーが発生したとき	Security.Cryptography.CryptographicUnexpectedOperationException
Security.Policy.PolicyException	ポリシーにより、コードの実行が禁止されているとき	なし
Security.SecurityException	セキュリティ エラーが検出されたとき	なし
Security.VerificationException	セキュリティ ポリシーにより、タイプセーフなコードが要求されている状態で、確認プロセスではコードがタイプセーフであることを確認できないとき	なし
Security.XmlSyntaxException	XML 解析で構文エラーが発生したとき	なし
ServiceProcess.TimeoutException	指定のタイムアウトを超過したとき	なし
StackOverflowException	保留中のメソッド呼出しが多すぎるため、実行スタックがオーバーフローしたとき	なし

例外クラス	スローされるタイミング	派生クラス
Threading. SynchronizationLockException	同期化されたメソッドを、非同期のコード ブロックから呼出したとき	なし
Threading.ThreadAbortException	Abort メソッドを呼出したとき	なし
Threading. ThreadInterruptedException	WaitSleepJoin 状態でスレッドが中断したとき	なし
Threading.ThreadStateException	メソッド呼出しに対して、無効な ThreadState のスレッドがあるとき	なし
TypeInitializationException	クラス初期化式によりスローされた例外のラッパーとして例外がスローされたとき	なし
TypeLoadException	タイプの読み込みエラーが発生したとき	DllNotFoundException EntryPointNotFoundException
TypeUnloadedException	アンロードされたクラスにアクセスしようとしたとき	なし
UnauthorizedAccessException	I/O エラーまたは特定タイプのセキュリティ エラーのため、オペレーティングシステムがアクセスを拒否したとき	なし
Web.Services.Protocols. SoapException	SOAP によって呼び出された WML Web Services メソッドの結果としてエラー発生	Web.Services.Protocols. SoapHeaderException
Xml.Schema.XmlSchemaException		なし
Xml.XmlException		なし
Xml.Xpath.XpathException	Xpath 式の処理中にエラー発生	なし
Xml.Xsl.XsltException	XSL 変換処理中にエラー発生	System.Xml.Xsl.XsltCompileException

Microsoft Developer Network「Visual Basic .NET の例外処理の概要」より。
出典：http://msdn.microsoft.com/ja-jp/library/cc404932(v=vs.71).aspx

付録：6
EnvironmentSpecialFolder 列挙体

EnvironmentSpecialFolder 列挙体

メンバー名	説明
AdminTools	個々のユーザーの管理ツールを格納するために使用されるファイル システム ディレクトリ。 Microsoft 管理コンソール (MMC: Microsoft Management Console) は、カスタマイズされたコンソールをこのディレクトリに保存します。このディレクトリは、ユーザーと共に移動します。 .NET Framework 4 に追加されました。
ApplicationData	現在のローミング ユーザーのアプリケーション固有のデータの共通リポジトリとして機能するディレクトリ。ローミング ユーザーは、ネットワーク上の複数のコンピューターで作業します。 ローミング ユーザーのプロファイルはネットワーク上のサーバーで保持され、ユーザーがログオンするとシステムに読み込まれます。
CDBurning	CD への書き込みを待機しているファイルのステージング領域として機能するファイル システム ディレクトリ。 .NET Framework 4 に追加されました。
CommonAdminTools	コンピューターのすべてのユーザーの管理ツールを格納するファイル システム ディレクトリ。 .NET Framework 4 に追加されました。
CommonApplicationData	すべてのユーザーが使用するアプリケーション固有のデータの共通リポジトリとして機能するディレクトリ。
CommonDesktopDirectory	すべてのユーザーのデスクトップに表示されるファイルおよびフォルダーを格納するファイル システム ディレクトリ。 この特別なフォルダーは、Windows NT システムでのみ有効です。 .NET Framework 4 に追加されました。
CommonDocuments	すべてのユーザーに共通のドキュメントを格納するファイル システム ディレクトリ。 この特別なフォルダーは、Shfolder.dll がインストールされている Windows NT システム、Windows 95 システム、および Windows 98 システムで有効です。 .NET Framework 4 に追加されました。
CommonMusic	すべてのユーザーに共通のミュージック ファイルを格納するリポジトリの役割をするファイル システム ディレクトリ。 .NET Framework 4 に追加されました。

メンバー名	説明
CommonOemLinks	Windows Vista では、この値は下位互換性のために認識されますが、特別なフォルダー自体は使用されなくなりました。 .NET Framework 4 に追加されました。
CommonPictures	すべてのユーザーに共通のイメージ ファイルを格納するリポジトリの役割をするファイル システム ディレクトリ。 .NET Framework 4 に追加されました。
CommonProgramFiles	アプリケーション間で共有されるコンポーネント用のディレクトリ。x86 以外のシステムに x86 共通の Program Files ディレクトリを取得するには、ProgramFilesX86 メンバーを使用します。
CommonProgramFilesX86	Program Files フォルダー。 .NET Framework 4 に追加されました。
CommonPrograms	アプリケーション間で共有されるコンポーネントを格納するフォルダー。 この特別なフォルダーは、Windows NT、Windows 2000、および Windows XP の各システムでのみ有効です。 .NET Framework 4 に追加されました。
CommonStartMenu	すべてのユーザーの [スタート] メニューに表示されるプログラムおよびフォルダーを格納するファイル システム ディレクトリ。 この特別なフォルダーは、Windows NT システムでのみ有効です。 .NET Framework 4 に追加されました。
CommonStartup	すべてのユーザーの [スタートアップ] フォルダーに表示されるプログラムを格納するファイル システム ディレクトリ。 この特別なフォルダーは、Windows NT システムでのみ有効です。 .NET Framework 4 に追加されました。
CommonTemplates	すべてのユーザーが使用できるテンプレートを格納するファイル システム ディレクトリ。 この特別なフォルダーは、Windows NT システムでのみ有効です。.NET Framework 4 に追加されました。
CommonVideos	すべてのユーザーに共通のビデオ ファイルを格納するリポジトリの役割をするファイル システム ディレクトリ。 .NET Framework 4 に追加されました。
Cookies	インターネット cookies の共通リポジトリとして機能するディレクトリ。
Desktop	物理的なファイル システム上の場所ではない論理的なデスクトップ。
DesktopDirectory	デスクトップ上のファイル オブジェクトを物理的に格納するために使用されるディレクトリ。仮想フォルダーであるデスクトップ フォルダー自体とこのディレクトリ フォルダーを混同しないようにしてください。
Favorites	ユーザーのお気に入り項目の共通リポジトリとして機能するディレクトリ。
Fonts	フォントが含まれる仮想フォルダー。 .NET Framework 4 に追加されました。
History	インターネットの履歴項目の共通リポジトリとして機能するディレクトリ。

メンバー名	説明
InternetCache	一時インターネット ファイルの共通リポジトリとして機能するディレクトリ。
LocalApplicationData	現在の非ローミング ユーザーが使用するアプリケーション固有のデータの共通リポジトリとして機能するディレクトリ。
LocalizedResources	ローカライズされたリソース データを格納するファイル システム ディレクトリ。 .NET Framework 4 に追加されました。
MyComputer	"マイ コンピューター" フォルダー。マイ コンピューター フォルダーに対するパスが定義されていないので、MyComputer 定数は、常に空の文字列 ("") を生成します。
MyDocuments	"マイ ドキュメント" フォルダー。このメンバーは Personal に対応しています。
MyMusic	"マイ ミュージック" フォルダー。
MyPictures	"マイ ピクチャ" フォルダー。
MyVideos	ユーザーが所有しているビデオを格納するリポジトリの役割をするファイル システム ディレクトリ。.NET Framework 4 に追加されました。
NetworkShortcuts	"マイ ネットワーク" 仮想フォルダーに表示できるリンク オブジェクトを格納するファイル システム ディレクトリ。 .NET Framework 4 に追加されました。
Personal	ドキュメントの共通リポジトリとして機能するディレクトリ。このメンバーは MyDocuments に対応しています。
PrinterShortcuts	"プリンター" 仮想フォルダーに表示できるリンク オブジェクトを格納するファイル システム ディレクトリ。 .NET Framework 4 に追加されました。
ProgramFiles	プログラム ファイル ディレクトリ。x86 以外のシステムでは、GetFolderPath メソッドに ProgramFiles を渡すと x86 以外のプログラムのパスを返します。 x86 以外のシステムに x86 の Program Files ディレクトリを取得するには、ProgramFilesX86 メンバーを使用します。
ProgramFilesX86	Program Files フォルダー。 .NET Framework 4 に追加されました。 x86 システムでは、Environment.GetFolderPath メソッドに ProgramFilesX86 メンバーを渡すと、String.Empty を返します。代わりに ProgramFiles メンバーを使用してください。 Environment.Is64BitOperatingSystem プロパティを呼び出すことで、Windows が 32 ビット オペレーティング システムであるかどうかを判断できます。
Programs	ユーザーのプログラム グループを格納するディレクトリ。
Recent	ユーザーが最近使用したドキュメントを格納するディレクトリ。
Resources	リソース データを格納するファイル システム ディレクトリ。 .NET Framework 4 に追加されました。
SendTo	[送る] メニュー項目を格納するディレクトリ。
StartMenu	[スタート] メニュー項目を格納するディレクトリ。

メンバー名	説明
Startup	ユーザーの [スタート アップ] プログラム グループに対応するディレクトリ。ユーザーが Windows NT 以降のバージョンの Windows にログオンするか、それを起動するか、または Windows 98 を起動すると、これらのプログラムが起動されます。
System	System ディレクトリ。
SystemX86	Windows のシステム フォルダー。 .NET Framework 4 に追加されました。
Templates	ドキュメント テンプレートの共通リポジトリとして機能するディレクトリ。
UserProfile	ユーザーのプロファイル フォルダー。 アプリケーションでは、この階層にファイルやフォルダーを作成しないでください。アプリケーションのデータは、ApplicationData で参照される場所に配置する必要があります。 .NET Framework 4 に追加されました。
Windows	Windows ディレクトリまたは SYSROOT。 これは、%windir% 環境変数または %SYSTEMROOT% 環境変数に対応します。 .NET Framework 4 に追加されました。

Environment.SpecialFolder 列挙体
出典：http://msdn.microsoft.com/ja-jp/library/system.environment.specialfolder(v=vs.110).aspx

■参考文献

本書の執筆の際に参考にさせていただいた文献です。

- Windows PowerShell宣言!
  吉岡 洋(著)、ソフトバンククリエイティブ(刊)
- プログラマブル PowerShell ～プログラマのための活用バイブル～
  荒井 省三(著)、技術評論社(刊)
- Windows PowerShellクックブック
  Lee Holmes (著)、マイクロソフト株式会社ITプロ エバンジェリストチーム(監訳)、菅野 良二(翻訳)、オライリージャパン(刊)
- WINDOWS POWERSHELL 実践システム管理ガイド
  目時 秀典(著)、横田 秀之(著)、日経BP社(刊)
- 【改訂新版】Windows PowerShell ポケットリファレンス
  牟田口 大介(著)、技術評論社(刊)
- Windows PowerShell超入門 [4.0対応]
  新丈 径(著)、インプレス(刊)

おわりに

冒頭の「はじめに」でも述べたとおり、本書はWSHやコマンドプロンプトといった旧来の技術からの乗り換えを意識して著しました。

本書を読み終えた後、「PowerShellって凄い！」「これからバッチ処理はPowerShellで作成しよう！」という気持ちが少しも湧いてこなかったとしたら、それは私の力量不足です。

すでに何度も述べているとおり、PowerShellスクリプトはPowerShellの初期状態では実行することができません。PowerShellスクリプトを使用する意思なくして使用することができないようにすることで、PowerShell開発チームはセキュアなスクリプトを目指しました。

しかしその反面、PowerShellスクリプトの使用範囲は使用を許可したコンピューターのみに狭まってしまいました。

これは、PowerShellがもっと多くのユーザーに使用されるための足枷になっているかも知れません。

さらに、WSHと比較した場合に、PowerShellの方が不便だと感じることがあります。

著者はまず、テキストファイルにおける2バイト文字の扱いが、WSHと比較すると少々面倒だと感じています。出力時／読込時ともに、テキストファイルの文字コードを常に意識しなくてはなりません。WSHの場合、日本語環境におけるWindows OSの標準文字コード（Shift-JIS）以外の文字コードで記入されているテキストファイルを読み込む場合のみ、文字コードを意識すればよいだけです。

また、COMオブジェクトの扱いも、WSHの方が得意です。

ExcelのCOMオブジェクトを参照した際、WSHではExcelアプリケーションオブジェクトをQuitするだけでプロセスは解放されますが、PowerShellではQuitしてもプロセスは残ったままです。

Internet ExplorerのCOMオブジェクトに関しても、.NET Framework SDKがインストールされていない環境では正常に動作しないなど、いまいち挙動に信憑性がありません。

少々著者が不満を感じている点を述べましたが、やはりコマンドプロンプトのような対話型シェルでありながら.NET Frameworkライブラリを利用できる点は、PowerShellの大きなメリットになるでしょう。

今度からは

①「Windows」キー＋「R」キーを押下し、「ファイル名を指定して実行」ウィンドウを起動。
②「名前」欄に"cmd"と入力して「Enter」キーを押下し、コマンドプロンプトを起動。

とするよりも、ぜひ、

①「Windows」キー＋「R」キーを押下し、「ファイル名を指定して実行」ウィンドウを起動。
②「名前」欄に"powershell"と入力して「Enter」キーを押下し、PowerShellコンソールウィンドウを起動。

してみてください。
コマンドプロンプトに入力していたお馴染みのコマンドは、PowerShellのエイリアスに登録されているものが数多くあるはずです。pingコマンドのようなネイティブコマンドも実行できるのですから、まずはPowerShellに慣れ親しもうとすることから始めてください。
PowerShellスクリプトに関しても、使用が許可された環境であれば、同じく.NET Frameworkのライブラリを利用できる強力なスクリプトも作成できます。

本書を読み終えたことにより、PowerShellスクリプトを業務に取り入れてもらえるきっかけになったとしたら、著者はこれ以上の喜びはありません。

それでは、あなたのPowerShellライフをお楽しみください。

コマンドレットインデックス

索　引

●記号

●A, B, C

●D, E, F

●G, H, I

●J, L, M

●N, O, P

●R, S, T

●U, V, W

●X, Y

●あ

●か

●さ

●た

●な

●は

●ま

●や

●ら

●わ

五十嵐　貴之（いからし　たかゆき）
1975年2月生まれ。新潟県長岡市（旧越路町地区）出身。東京情報大学卒業。ソフトウェア開発技術者。
著書、「Windows自動処理のためのWSHプログラミングガイド」（ソシム）など。
Vectorよりダウンロード総数20万を誇る、「かんたん画像サイズ変更」を開発。

カバーデザイン　小島トシノブ（NONdesign）
カバーイラスト　小杉綾
本文レイアウト　Nakame Design（http://www.nakame.net）
協力　鳥羽水族館（http://www.aquarium.co.jp/）
鳥羽水族館は飼育種類数で日本一を誇り、また、ジュゴンを飼育する
日本で唯一の水族館としても有名。

動くサンプルで学べる
Windows PowerShellコマンド&スクリプティングガイド
PowerShell 4.0対応

2015年 3月25日　初版第1刷発行
2024年 12月5日　初版第11刷発行

著者　五十嵐貴之
発行人　片柳 秀夫
編集人　三浦 聡
発行所　ソシム株式会社
https://www.socym.co.jp/
〒101-0064 東京都千代田区神田猿楽町1-5-15猿楽町SSビル
TEL　03-5217-2400（代表）
FAX　03-5217-2420
印刷・製本　株式会社暁印刷

定価はカバーに表示してあります。
落丁・乱丁は弊社販売部までお送りください。送料弊社負担にてお取り替えいたします。

ISBN978-4-88337-974-3